U0151023

电气自动化工程师自学宝典
（基础篇）

蔡杏山　编著

机械工业出版社

本书主要介绍了电气基础与安全用电、电工基本操作技能、电工仪表、低压电器、电子元器件、传感器、变压器、电动机、三相异步电动机常用控制电路识图与安装、电液装置和液压气动系统、室内配电与照明插座电路的安装、变频器的使用和 PLC 入门。

本书具有基础起点低、内容由浅入深、语言通俗易懂和结构安排符合学习认知规律的特点。本书适合作为电气自动化工程师入门的自学图书，也适合作为职业学校和社会培训机构的电工技术入门教材。

图书在版编目（CIP）数据

电气自动化工程师自学宝典. 基础篇/蔡杏山编著. —北京：机械工业出版社，2020.2（2025.2重印）
ISBN 978-7-111-64619-8

Ⅰ.①电… Ⅱ.①蔡… Ⅲ.①电气系统-自动化Ⅳ.①TM92

中国版本图书馆 CIP 数据核字（2020）第 024726 号

机械工业出版社（北京市百万庄大街 22 号　邮政编码 100037）
策划编辑：任　鑫　责任编辑：任　鑫　杨　琼　吕　潇
责任校对：张晓蓉　封面设计：马精明
责任印制：单爱军
北京虎彩文化传播有限公司印刷
2025 年 2 月第 1 版第 6 次印刷
184mm×260mm・20 印张・493 千字
标准书号：ISBN 978-7-111-64619-8
定价：79.00 元

电话服务

客服电话：010-88361066
　　　　　010-88379833
　　　　　010-68326294
封底无防伪标均为盗版

网络服务

机　工　官　网：www.cmpbook.com
机　工　官　博：weibo.com/cmp1952
金　书　　网：www.golden-book.com
机工教育服务网：www.cmpedu.com

前　言

随着科学技术的快速发展，社会各领域的电气自动化程度越来越高，使得电气及相关行业需要越来越多的电气自动化技术人才。对于一些对电气技术一无所知或略有一点基础的人来说，要想成为一名电气自动化工程师或达到相同的技术程度，既可以在培训机构参加培训，也可以在职业学校进行系统学习，还可以自学成才，不管是哪种情况，都需要一些合适的学习图书。选择一些好图书，不但可以让学习者轻松迈入专业技术的大门，而且能让学习者的技术水平迅速提高，快速成为本领域的行家里手。

"电气自动化工程师自学宝典"是一套零基础起步、由浅入深、知识技能系统全面的电气自动化技术学习图书，读者只要具有初中文化水平，通过系统阅读本丛书，就能很快达到电气自动化工程师的技术水平。本丛书分为基础篇、提高篇和精通篇三册，其内容说明如下：

《电气自动化工程师自学宝典（基础篇）》主要介绍了电气基础与安全用电、电工基本操作技能、电工仪表、低压电器、电子元器件、传感器、变压器、电动机、三相异步电动机常用控制电路识图与安装、电液装置和液压气动系统、室内配电与照明插座电路的安装、变频器的使用和 PLC 入门。

《电气自动化工程师自学宝典（提高篇）》主要介绍了电气识图基础、电气测量电路、照明与动力配电电路、常用机床电气控制电路、供配电系统电气线路、模拟电路、数字电路、电力电子电路、常用集成电路及应用电路、电工电子实用电路、单片机入门、单片机编程软件的使用和单片机开发实例。

《电气自动化工程师自学宝典（精通篇）》主要介绍了 PLC 入门与实践操作，三菱 FX3U 系列 PLC 硬件接线和软元件说明，三菱 PLC 编程与仿真软件的使用，基本梯形图元件与指令的使用及实例，步进指令的使用及实例，应用指令的使用举例，模拟量模块的使用，PLC 通信，变频器的使用，变频器的典型控制功能及应用电路，变频器的选用、安装与维护，PLC 与变频器的综合应用，触摸屏与 PLC 的综合应用，交流伺服系统的组成与原理，三菱通用伺服驱动器的硬件系统，三菱伺服驱动器的显示操作与参数设置，伺服驱动器三种工作模式的应用举例与标准接线，步进电机与步进驱动器的使用及应用实例，三菱定位模块的使用等内容。

"电气自动化工程师自学宝典"主要有以下特点：

◆ 基础起点低。读者只需具有初中文化程度即可阅读本丛书。

◆ 语言通俗易懂。书中少用专业化的术语，遇到较难理解的内容用形象比喻说明，尽量避免复杂的理论分析和烦琐的公式推导，阅读起来感觉会十分顺畅。

◆内容解说详细。考虑到自学时一般无人指导，因此在编写过程中对书中的知识技能进行详细解说，让读者能轻松理解所学内容。

◆采用图文并茂的表现方式。书中大量采用直观形象的图表方式表现内容，使阅读变得非常轻松，不易产生阅读疲劳。

◆内容安排符合认识规律。按照循序渐进、由浅入深的原则来确定各章节内容的先后顺序，读者只需从前往后阅读，便会水到渠成。

◆突出显示知识要点。为了帮助读者掌握书中的知识要点，书中用阴影和文字加粗的方式突出显示知识要点，指示学习重点。

◆网络免费辅导。读者在阅读时遇到难理解的问题，可添加易天电学网微信公众号etv100，观看有关辅导材料或向老师提问进行学习。

本书在编写过程中得到了许多教师的支持，在此一并表示感谢。由于我们水平有限，书中的错误和疏漏在所难免，望广大读者和同仁予以批评指正。

编　者

目　录

前　言

第1章　电气基础与安全用电 ……… 1

1.1　电路基础 ……… 1

1.1.1　电路与电路图 ……… 1

1.1.2　电流与电阻 ……… 1

1.1.3　电位、电压和电动势 ……… 3

1.1.4　电路的三种状态 ……… 4

1.1.5　接地与屏蔽 ……… 4

1.2　欧姆定律 ……… 5

1.2.1　部分电路欧姆定律 ……… 5

1.2.2　全电路欧姆定律 ……… 6

1.3　电功、电功率和焦耳定律 ……… 7

1.3.1　电功 ……… 7

1.3.2　电功率 ……… 8

1.3.3　焦耳定律 ……… 8

1.4　电阻的串联、并联和混联 ……… 9

1.4.1　电阻的串联 ……… 9

1.4.2　电阻的并联 ……… 9

1.4.3　电阻的混联 ……… 10

1.5　直流电与交流电 ……… 10

1.5.1　直流电 ……… 10

1.5.2　单相交流电 ……… 11

1.5.3　三相交流电 ……… 13

1.6　安全用电与急救 ……… 15

1.6.1　电流对人体的伤害 ……… 15

1.6.2　人体触电的几种方式 ……… 16

1.6.3　接地保护 ……… 18

1.6.4　触电的急救方法 ……… 19

第2章　电工基本操作技能 ……… 21

2.1　常用测试工具及使用 ……… 21

2.1.1　氖管式验电笔 ……… 21

2.1.2　数显式验电笔 ……… 22

2.1.3　校验灯 ……… 23

2.2　导线的选择 ……… 24

2.2.1　绝缘导线的种类 ……… 25

2.2.2　电力电缆的命名 ……… 25

2.2.3　绝缘导线的选择 ……… 27

2.3　导线的剥离、连接和绝缘恢复 ……… 27

2.3.1　导线绝缘层的剥离 ……… 27

2.3.2　导线与导线的连接 ……… 29

2.3.3　导线与接线柱之间的连接 ……… 33

2.3.4　导线绝缘层的恢复 ……… 34

第3章　电工仪表 ……… 35

3.1　指针式万用表的使用 ……… 35

3.1.1　面板介绍 ……… 35

3.1.2　使用前的准备工作 ……… 37

3.1.3　测量直流电压 ……… 37

3.1.4　测量交流电压 ……… 39

3.1.5　测量直流电流 ……… 40

3.1.6　测量电阻 ……… 41

3.1.7　万用表使用注意事项 ……… 41

3.2　数字万用表 ……… 43

3.2.1　面板介绍 ……… 43

3.2.2　测量直流电压 ……… 44

3.2.3　测量交流电压 ……… 44

3.2.4　测量直流电流 ……… 45

3.2.5　测量电阻 ……… 46

3.2.6　测量电路通断 ……… 47

3.3　电能表 ……… 48

3.3.1　电能表的结构与原理 ……… 48

3.3.2　单相电能表的接线方式 ……… 49

3.3.3　三相电能表的接线方式 ……… 49

3.3.4　在大电流高电压电路中的电能表接线方式 ……… 49

3.3.5　用电能表测量电器的功率 ……… 52

3.3.6　电子式电能表 ……… 53

3.3.7　电能表型号与铭牌含义 ……… 55
3.4　钳形表 …………………………… 56
　　3.4.1　钳形表的结构与测量原理 …… 57
　　3.4.2　指针式钳形表的使用 ………… 57
　　3.4.3　数字钳形表的使用 …………… 59
3.5　兆欧表 …………………………… 61
　　3.5.1　摇表工作原理与使用 ………… 61
　　3.5.2　数字兆欧表的使用 …………… 65
3.6　交流电压表 ……………………… 67
　　3.6.1　外形 …………………………… 67
　　3.6.2　使用 …………………………… 67
3.7　交流电流表 ……………………… 68
　　3.7.1　外形 …………………………… 68
　　3.7.2　使用 …………………………… 68

第4章　低压电器 ………………………… 70
4.1　开关 ……………………………… 70
　　4.1.1　照明开关 ……………………… 70
　　4.1.2　按钮开关 ……………………… 70
　　4.1.3　闸刀开关 ……………………… 71
　　4.1.4　铁壳开关 ……………………… 72
　　4.1.5　组合开关 ……………………… 73
　　4.1.6　倒顺开关 ……………………… 73
　　4.1.7　万能转换开关 ………………… 74
　　4.1.8　行程开关 ……………………… 75
　　4.1.9　接近开关 ……………………… 75
　　4.1.10　开关的检测 ………………… 76
4.2　熔断器 …………………………… 77
　　4.2.1　五种类型的熔断器介绍 ……… 78
　　4.2.2　熔断器的检测 ………………… 79
4.3　断路器 …………………………… 80
　　4.3.1　外形与符号 …………………… 80
　　4.3.2　结构与工作原理 ……………… 80
　　4.3.3　型号含义与种类 ……………… 81
　　4.3.4　面板标注参数的识读 ………… 82
　　4.3.5　断路器的检测 ………………… 82
4.4　漏电保护器 ……………………… 83
　　4.4.1　外形与符号 …………………… 84
　　4.4.2　结构与工作原理 ……………… 84
　　4.4.3　在不同供电系统中的接线 …… 85
　　4.4.4　面板介绍及漏电模拟测试 …… 85
　　4.4.5　检测 …………………………… 87
4.5　交流接触器 ……………………… 87
　　4.5.1　结构、符号与工作原理 ……… 88

4.5.2　外形与接线端 ………………… 88
　　4.5.3　辅助触点组的安装 …………… 88
　　4.5.4　铭牌参数的识读 ……………… 89
　　4.5.5　型号含义 ……………………… 90
　　4.5.6　接触器的检测 ………………… 90
　　4.5.7　接触器的选用 ………………… 92
4.6　热继电器 ………………………… 93
　　4.6.1　结构与工作原理 ……………… 93
　　4.6.2　外形与接线端 ………………… 94
　　4.6.3　铭牌参数的识读 ……………… 95
　　4.6.4　型号含义 ……………………… 96
　　4.6.5　选用 …………………………… 96
　　4.6.6　检测 …………………………… 96
4.7　电磁继电器 ……………………… 97
　　4.7.1　电磁继电器的基本结构与原理 … 97
　　4.7.2　电流继电器 …………………… 98
　　4.7.3　电压继电器 …………………… 99
　　4.7.4　中间继电器 …………………… 99
4.8　时间继电器 ……………………… 101
　　4.8.1　外形与符号 …………………… 102
　　4.8.2　种类及特点 …………………… 102
　　4.8.3　电子式时间继电器 …………… 102
　　4.8.4　选用 …………………………… 103
　　4.8.5　检测 …………………………… 103
4.9　速度继电器与压力继电器 ……… 104
　　4.9.1　速度继电器 …………………… 104
　　4.9.2　压力继电器 …………………… 105

第5章　电子元器件 ……………………… 106
5.1　电阻器 …………………………… 106
　　5.1.1　固定电阻器 …………………… 106
　　5.1.2　电位器 ………………………… 110
　　5.1.3　敏感电阻器 …………………… 112
5.2　电感器 …………………………… 114
　　5.2.1　外形与图形符号 ……………… 114
　　5.2.2　主要参数与标注方法 ………… 114
　　5.2.3　性质 …………………………… 116
　　5.2.4　检测 …………………………… 117
5.3　电容器 …………………………… 118
　　5.3.1　结构、外形与图形符号 ……… 118
　　5.3.2　主要参数 ……………………… 118
　　5.3.3　性质 …………………………… 119
　　5.3.4　容量与偏差的标注方法 ……… 121
　　5.3.5　常见故障及检测 ……………… 122

5.4 二极管 ……………………… 123
　5.4.1 半导体 ………………… 123
　5.4.2 二极管 ………………… 123
　5.4.3 发光二极管 …………… 126
　5.4.4 稳压二极管 …………… 127
5.5 晶体管 ……………………… 128
　5.5.1 外形与图形符号 ……… 128
　5.5.2 结构 …………………… 128
　5.5.3 电流、电压规律 ……… 129
　5.5.4 检测 …………………… 132
5.6 其他常用元器件 …………… 135
　5.6.1 光电耦合器 …………… 135
　5.6.2 晶闸管 ………………… 136
　5.6.3 场效应管 ……………… 137
　5.6.4 IGBT …………………… 138
　5.6.5 集成电路 ……………… 140

第6章 传感器 …………………… 142
6.1 温度传感器 ………………… 142
　6.1.1 热敏电阻温度传感器 … 142
　6.1.2 金属热电阻温度传感器 … 144
　6.1.3 热电偶温度传感器 …… 146
　6.1.4 集成温度传感器 ……… 151
　6.1.5 红外线温度传感器 …… 154
6.2 接近开关与光电开关 ……… 156
　6.2.1 电感式接近开关（涡流式接近
　　　　开关） ………………… 156
　6.2.2 电容式接近开关 ……… 157
　6.2.3 霍尔式接近开关（磁性接近
　　　　开关） ………………… 157
　6.2.4 对射型光电开关 ……… 158
　6.2.5 反射型光电开关 ……… 158
　6.2.6 U形槽光电开关 ……… 159
　6.2.7 接近开关和光电开关的输出
　　　　电路及接线 …………… 160
　6.2.8 接近开关的选用 ……… 161
6.3 位移（测距）传感器 ……… 161
　6.3.1 电位器式位移传感器 … 161
　6.3.2 电感式位移传感器 …… 163
　6.3.3 差动变压器式位移传感器 … 163
　6.3.4 磁致伸缩位移传感器 … 164
　6.3.5 超声波位移传感器 …… 165
　6.3.6 位移传感器的接线 …… 166
6.4 压力传感器 ………………… 166

　6.4.1 种类与工作原理 ……… 167
　6.4.2 外形及型号含义 ……… 167
　6.4.3 接线 …………………… 168
6.5 旋转编码器（角度、转速传感器）… 168
　6.5.1 增量型旋转编码器 …… 169
　6.5.2 绝对型旋转编码器 …… 170

第7章 变压器 …………………… 172
7.1 变压器的基础知识 ………… 172
　7.1.1 结构与工作原理 ……… 172
　7.1.2 电压、电流变换功能说明 … 173
　7.1.3 极性判别 ……………… 174
7.2 三相变压器 ………………… 175
　7.2.1 电能的传送 …………… 175
　7.2.2 三相变压器 …………… 176
　7.2.3 三相变压器的工作接线方法 … 177
7.3 电力变压器 ………………… 178
　7.3.1 外形与结构 …………… 179
　7.3.2 型号说明 ……………… 179
　7.3.3 连接方式 ……………… 180
7.4 自耦变压器 ………………… 181
　7.4.1 外形 …………………… 181
　7.4.2 工作原理 ……………… 181
7.5 交流弧焊变压器 …………… 182
　7.5.1 外形 …………………… 182
　7.5.2 结构工作原理 ………… 182
　7.5.3 使用注意事项 ………… 183

第8章 电动机 …………………… 184
8.1 三相异步电动机 …………… 184
　8.1.1 工作原理 ……………… 184
　8.1.2 外形与结构 …………… 186
　8.1.3 三相绕组的接线方式 … 188
　8.1.4 铭牌的识别 …………… 189
　8.1.5 判别三相绕组的首尾端 … 190
　8.1.6 判断电动机的磁极对数和转速 … 192
　8.1.7 测量绕组的绝缘电阻 … 193
　8.1.8 常见故障及处理 ……… 193
8.2 单相异步电动机 …………… 194
　8.2.1 分相式单相异步电动机的基本
　　　　结构与原理 …………… 194
　8.2.2 四种类型的分相式单相异步
　　　　电动机的接线与特点 … 197
　8.2.3 判别分相式单相异步电动机的
　　　　起动绕组与主绕组 …… 199

8.2.4 罩极式单相异步电动机的结构与
原理 ……………………………… 200
8.2.5 转向控制电路 ……………… 201
8.2.6 调速控制电路 ……………… 201
8.2.7 常见故障及处理方法 ……… 203
8.3 直流电动机 ……………………… 204
8.3.1 工作原理 …………………… 204
8.3.2 外形与结构 ………………… 206
8.3.3 五种类型直流电动机的接线及
特点 …………………………… 206
8.4 同步电动机 ……………………… 209
8.4.1 外形 ………………………… 209
8.4.2 结构与工作原理 …………… 209
8.4.3 同步电动机的起动 ………… 210
8.5 步进电动机 ……………………… 211
8.5.1 外形 ………………………… 211
8.5.2 结构与工作原理 …………… 211
8.5.3 驱动电路 …………………… 214
8.6 无刷直流电动机 ………………… 214
8.6.1 外形 ………………………… 215
8.6.2 结构与工作原理 …………… 215
8.6.3 驱动电路 …………………… 217
8.7 开关磁阻电动机 ………………… 219
8.7.1 外形 ………………………… 219
8.7.2 结构与工作原理 …………… 219
8.7.3 开关磁阻电动机与步进电动机的
区别 …………………………… 220
8.7.4 驱动电路 …………………… 221
8.8 直线电动机 ……………………… 221
8.8.1 外形 ………………………… 222
8.8.2 结构与工作原理 …………… 222

第9章 三相异步电动机常用控制
电路识图与安装 ………… 224
9.1 常用控制电路识图 ……………… 224
9.1.1 简单的正转控制电路 ……… 224
9.1.2 自锁正转控制电路 ………… 224
9.1.3 接触器联锁正、反转控制电路 … 226
9.1.4 限位控制电路 ……………… 227
9.1.5 自动往返控制电路 ………… 228
9.1.6 顺序控制电路 ……………… 230
9.1.7 多地控制电路 ……………… 231
9.1.8 星形-三角形减压起动电路 … 232
9.2 控制电路的安装 ………………… 233

9.2.1 画出待安装电路的电路原理图 … 233
9.2.2 列出器材清单并选配器材 …… 234
9.2.3 在配电板上安装元件和导线 …… 235
9.2.4 检查电路 …………………… 236
9.2.5 通电试车 …………………… 237
9.2.6 注意事项 …………………… 238

第10章 电液装置和液压气动系统 …… 239
10.1 电磁和电动装置 ………………… 239
10.1.1 电磁铁 ……………………… 239
10.1.2 电磁阀 ……………………… 241
10.1.3 电动调节阀 ………………… 242
10.1.4 电动推杆 …………………… 243
10.1.5 电磁制动器 ………………… 244
10.1.6 磁粉离合器与磁粉制动器 … 246
10.2 电液装置 ………………………… 247
10.2.1 液压传动的基本原理 ……… 247
10.2.2 液压千斤顶 ………………… 248
10.2.3 电液推杆 …………………… 249
10.2.4 电液换向阀 ………………… 250
10.2.5 电液比例阀 ………………… 251
10.2.6 电液伺服阀和电液数字阀 … 252
10.3 液压和气动系统的组成及说明 … 253
10.3.1 液压系统的组成及说明 …… 253
10.3.2 气动系统的组成及说明 …… 254
10.3.3 气压传动、液压传动、电力拖动及
机械传动的比较 …………… 255

第11章 室内配电与照明插座电路的
安装 ……………………… 257
11.1 照明光源 ………………………… 257
11.1.1 白炽灯 ……………………… 257
11.1.2 荧光灯 ……………………… 258
11.1.3 卤钨灯 ……………………… 261
11.1.4 高压汞灯 …………………… 261
11.2 室内配电布线 …………………… 263
11.2.1 了解整幢楼房的配电系统
结构 ………………………… 263
11.2.2 室内配电方式与配电原则 … 263
11.2.3 配电布线 …………………… 265
11.3 开关、插座和配电箱的安装 …… 272
11.3.1 开关的安装 ………………… 272
11.3.2 插座的安装 ………………… 274
11.3.3 配电箱的安装 ……………… 276

第12章　变频器的使用 ……………… 278

12.1　变频器的基本组成与调速原理 ……… 278

12.1.1　异步电动机的调速方式 ……… 278

12.1.2　变频器的基本组成 …………… 278

12.2　变频器的结构与接线说明 ………… 280

12.2.1　外形、结构与拆卸 …………… 280

12.2.2　端子功能与接线 ……………… 282

12.3　操作面板的使用 …………………… 284

12.3.1　操作面板介绍 ………………… 285

12.3.2　操作面板的使用 ……………… 285

12.4　变频器的使用 ……………………… 288

12.4.1　使用变频器的面板控制电动机正、
反转 ……………………………… 288

12.4.2　使用变频器外接的开关和电位器
控制电动机正、反转和调速 …… 290

12.4.3　变频器带保护电路控制电动机正、
反转和调速 ……………………… 291

第13章　PLC入门 ………………… 293

13.1　认识PLC ……………………………… 293

13.1.1　什么是PLC ………………… 293

13.1.2　PLC面板介绍 ……………… 293

13.1.3　PLC控制与继电器控制的
比较 …………………………… 295

13.2　PLC的组成与工作原理 …………… 296

13.2.1　PLC的组成 ………………… 296

13.2.2　PLC的工作方式 …………… 300

13.2.3　PLC用户程序的执行过程 … 301

13.3　PLC编程软件的使用 ……………… 301

13.3.1　软件的安装和启动 ………… 302

13.3.2　程序的编写 ………………… 303

13.3.3　程序的转换与传送 ………… 305

13.4　PLC应用系统的开发流程及举例 …… 307

13.4.1　PLC应用系统的一般开发
流程 …………………………… 307

13.4.2　PLC控制电动机正、反转的开发
举例 …………………………… 307

第1章　电气基础与安全用电

1.1　电路基础

1.1.1　电路与电路图

图 1-1a 所示为一个简单的实物电路，该电路由电源（电池）、开关、导线和灯泡组成。电源的作用是提供电能；开关、导线的作用是控制和传递电能，称为中间环节；灯泡是消耗电能的用电器，它能将电能转变为光能，称为负载。因此，**电路是由电源、中间环节和负载组成的**。

使用实物图展现电路虽然直观，但有时很不方便，为此人们就**采用一些简单的图形符号代替实物的方法来画电路**，这样画出的图形就称为电路图。图 1-1b 所示的图形就是图 1-1a 所示实物电路的电路图，不难看出，用电路图来表示实际的电路非常方便。

a) 实物电路　　　　　　　　　　　　b) 电路图

图 1-1　一个简单的电路

1.1.2　电流与电阻

1. 电流

在图 1-2 所示电路中，将开关闭合，灯泡会发光，为什么会这样呢？原来当开关闭合时，带负电荷的电子会源源不断地从电源负极经导线、灯泡、开关流向电源正极。这些电子在流经灯泡内的钨丝时，钨丝会发热，引起温度急剧上升而发光。

大量的电荷朝一个方向移动（也称定向移动）就形成了电流，这就像公路上有大量的汽车朝一个方向移动就形成"车流"一样。实际上，我们把电子运动的反方向作为电流方向，即把正电荷在电路中的移动方向规定为电流的方向。图 1-2 所示电路的电流方向是：电源正极→开关→灯泡→电源负极。

图 1-2　电流说明图

电流用字母"I"表示，单位为安培（简称安），用"A"表示，比安培小的单位有毫安（mA）、微安（μA），它们之间的关系为

$$1A = 10^3 mA = 10^6 \mu A$$

2. 电阻

在图 1-3a 所示电路中，给电路增加一个元器件——电阻器，发现灯光会变暗，该电路的电路图如图 1-3b 所示。为什么在电路中增加了电阻器后灯泡会变暗呢？原来电阻器对电流有一定的阻碍作用，从而使流过灯泡的电流减小，灯泡变暗。

a) 实物电路　　　　　　　　b) 电路图

图 1-3　电阻说明图

导体对电流的阻碍称为该导体的电阻，电阻用字母"R"表示，电阻的单位为欧姆（简称欧），用"Ω"表示，比欧姆大的单位有千欧（kΩ）、兆欧（MΩ），它们之间关系为

$$1M\Omega = 10^3 k\Omega = 10^6 \Omega$$

导体的电阻计算公式为

$$R = \rho \frac{L}{S}$$

式中，L 为导体的长度（m）；S 为导体的截面积（m²）；ρ 为导体的电阻率（Ω·m）。不同的导体，ρ 值一般不同。表 1-1 列出了一些常见导体的电阻率（20℃时）。

表 1-1　一些常见导体的电阻率（20℃时）

导　体	电阻率/Ω·m	导　体	电阻率/Ω·m
银	1.62×10^{-8}	锡	11.4×10^{-8}
铜	1.69×10^{-8}	铁	10.0×10^{-8}
铝	2.83×10^{-8}	铅	21.9×10^{-8}
金	2.4×10^{-8}	汞	95.8×10^{-8}
钨	5.51×10^{-8}	碳	3500×10^{-8}

在长度 L 和截面积 S 相同的情况下，电阻率越大的导体其电阻越大，例如，L、S 相同的铁导线和铜导线，铁导线的电阻约是铜导线的 5.9 倍，由于铁导线的电阻率较铜导线大很多，为了减小电能在导线上的损耗，让负载得到较大电流，供电电路通常采用铜导线。

导体的电阻除了与材料有关外，还受温度影响。一般情况下，导体温度越高电阻越大，例如常温下灯泡（白炽灯）内部钨丝的电阻很小，通电后钨丝的温度上升到千摄氏度（℃）以上，其电阻急剧增大；导体温度下降电阻减小，**某些导电材料在温度下降到某一值时（如−109℃），电阻会突然变为零，这种现象称为超导现象，具有这种性质的材料称为超导材料。**

1.1.3　电位、电压和电动势

电位、电压和电动势对初学者较难理解，下面通过图 1-4 所示的水流示意图来说明这些术语。首先来分析图 1-4 中的水流过程。

水泵将河中的水抽到山顶的 A 处，水到达 A 处后再流到 B 处，水到 B 处后流往 C 处（河中），同时水泵又将河中的水抽到 A 处，这样使得水不断循环流动。水为什么能从 A 处流到 B 处，又从 B 处流到 C 处呢？这是因为 A 处水位较 B 处水位高，B 处水位较 C 处水位高。

图 1-4　水流示意图

要测量 A 处和 B 处水位的高度，必须先要找一个基准点（零点），就像测量人身高要选择脚底为基准点一样，这里以河的水面为基准（C 处）。AC 之间的垂直高度为 A 处水位的高度，用 H_A 表示，BC 之间的垂直高度为 B 处水位的高度，用 H_B 表示，由于 A 处和 B 处水位高度不一样，它们存在着水位差，该水位差用 H_{AB} 表示，它等于 A 处水位高度 H_A 与 B 处水位高度 H_B 之差，即 $H_{AB} = H_A - H_B$。为了让 A 处源源不断有水往 B、C 处流，需要水泵将低水位的河水抽到高处的 A 点，这样做水泵是需要消耗能量的（如耗油）。

1. 电位

电路中的电位、电压和电动势与上述水流情况很相似。如图 1-5 所示，电源的正极输出电流，流到 A 点，再经 R_1 流到 B 点，然后通过 R_2 流到 C 点，最后流到电源的负极。

与图 1-4 所示水流示意图相似，图 1-5 所示电路中的 A、B 点也有高低之分，只不过不是水位，而称为电位，A 点电位较 B 点电位高。为了计算电位的高低，也需要找一个基准点作为零点，为了表明某点为零基准点，通常在该点处画一个"⊥"符号，该符号处的电位规定为 0V，电位单位不是米（m），而是伏特（简称伏），用 V 表示。在图 1-5 所示电路中，以 C 点为 0V（该点标有接地符号），A 点的电位为 3V，表示为 $U_A = 3V$，B 点电位为 1V，表示为 $U_B = 1V$。

图 1-5　电位、电压和电动势说明图

2. 电压

图 1-5 电路中的 A 点和 B 点的电位是不同的，有一定

的差距，这种电位之间的差距称为电位差，又称电压。A 点和 B 点之间的电位差用 U_{AB} 表示，它等于 A 点电位 U_A 与 B 点电位 U_B 的差，即 $U_{AB} = U_A - U_B = 3V - 1V = 2V$。因为 A 点和 B 点电位差实际上就是电阻器 R_1 两端的电位差（即电压），R_1 两端的电压用 U_{R1} 表示，所以 $U_{AB} = U_{R1}$。

3. 电动势

为了让电路中始终有电流流过，电源需要在内部将流到负极的电流源源不断地"抽"到正极，使电源正极具有较高的电位，这样正极才会输出电流。当然，电源内部将负极的电流"抽"到正极需要消耗能量（如干电池会消耗掉化学能）。**电源消耗能量在两极建立的电位差称为电动势，电动势的单位也为 V**，图 1-5 所示电路中电源的电动势为 3V。

由于电源内部的电流方向是由负极流向正极，故电源的电动势方向规定为从电源负极指向正极。

1.1.4　电路的三种状态

电路有三种状态：通路、开路和短路，这三种状态的电路如图 1-6 所示。

1. 通路

图 1-6a 所示电路处于通路状态。**电路处于通路状态的特点有：电路畅通，有正常的电流流过负载，负载正常工作。**

2. 开路

图 1-6b 所示电路处于开路状态。**电路处于开路状态的特点有：电路断开，无电流流过负载，负载不工作。**

图 1-6　电路的三种状态

3. 短路

图 1-6c 中的电路处于短路状态。**电路处于短路状态的特点有：电路中有很大电流流过，但电流不流过负载，负载不工作。由于电流很大，很容易烧坏电源和导线。**

1.1.5　接地与屏蔽

1. 接地

接地在电工电子技术中应用广泛，接地常用图 1-7 所示的符号表示。接地主要有以下的含义：

1）**在电路图中，接地符号处的电位规定为 0V。** 在图 1-8a 所示电路中，A 点标有接地符号，规定 A 点的电位为 0V。

2）**在电路图中，标有接地符号处的地方都是相通的。** 图 1-8b 所示的两个电路图虽然从形式上看不一样，但实际的电路连接是一样的，故两个电路中的灯泡都会亮。

3）**在强电设备中，常常将设备的外壳与大地连接，当设备绝缘性能变差而使外壳带电时，可迅速通过接地线泄放到大地，从而避免人体触电，** 如图 1-9 所示。

图 1-7 接地符号

标有接地符号处的电位可规定为0V

a)   b)

图 1-8 接地符号含义说明图

2. 屏蔽

在电气设备中，为了防止某些元器件和电路工作时受到干扰，或者为了防止某些元器件和电路在工作时产生干扰信号影响其他电路正常工作，通常对这些元器件和电路采取隔离措施，这种隔离称为屏蔽。屏蔽常用图 1-10 所示的符号表示。

电动机   接地线

接地装置

图 1-9 强电设备的接地

屏蔽的具体做法是用金属材料（称为屏蔽罩）将元器件或电路封闭起来，再将屏蔽罩接地（通常为电源的负极）。图 1-11 所示为带有屏蔽罩的元器件和导线，外界干扰信号无法穿过金属屏蔽罩干扰内部元器件和电路。

屏蔽罩   屏蔽线

图 1-10 屏蔽符号

图 1-11 带有屏蔽罩的元器件和导线

1.2 欧姆定律

欧姆定律是电工电子技术中的一个最基本的定律，它反映了电路中电阻、电流和电压之间的关系。欧姆定律分为部分电路欧姆定律和全电路欧姆定律。

1.2.1 部分电路欧姆定律

部分电路欧姆定律的内容是：在电路中，流过导体的电流 I 的大小与导体两端的电压 U 成正比，与导体的电阻 R 成反比，即

$$I = \frac{U}{R}$$

也可以表示为 $U = IR$ 或 $R = \frac{U}{I}$。

为了让大家更好地理解欧姆定律，下面以图 1-12 为例来说明。

图 1-12 欧姆定律的几种形式

如图 1-12a 所示，已知电阻 $R = 10\Omega$，电阻两端电压 $U_{AB} = 5V$，那么流过电阻的电流 $I = \dfrac{U_{AB}}{R} = \dfrac{5}{10}A = 0.5A$。

又如图 1-12b 所示，已知电阻 $R = 5\Omega$，流过电阻的电流 $I = 2A$，那么电阻两端的电压 $U_{AB} = IR = (2\times5)V = 10V$。

在图 1-12c 所示电路中，流过电阻的电流 $I = 2A$，电阻两端的电压 $U_{AB} = 12V$，那么电阻的大小 $R = \dfrac{U}{I} = \dfrac{12}{2}\Omega = 6\Omega$。

下面再来说明部分电路欧姆定律在实际电路中的应用，如图 1-13 所示。

在图 1-13 所示电路中，电源的电动势 $E = 12V$，A、D 之间的电压 U_{AD} 与电动势 E 相等，三个电阻器 R_1、R_2、R_3 串接起来，可以相当于一个电阻器 R，$R = R_1 + R_2 + R_3 = (2+7+3)\ \Omega = 12\Omega$。知道了电阻的大小和电阻器两端的电压，就可以求出流过电阻器的电流 I，即

$$I = \frac{U}{R} = \frac{U_{AD}}{R_1 + R_2 + R_3} = \frac{12}{12}A = 1A$$

求出了流过 R_1、R_2、R_3 的电流 I，并且它们的电阻大小已知，就可以求 R_1、R_2、R_3 两端的电压 U_{R1}

图 1-13 部分电路欧姆定律应用说明图

（U_{R1} 实际就是 A、B 两点之间的电压 U_{AB}）、U_{R2}（实际就是 U_{BC}）和 U_{R3}（实际就是 U_{CD}），即

$$U_{R1} = U_{AB} = IR_1 = (1\times2)V = 2V$$
$$U_{R2} = U_{BC} = IR_2 = (1\times7)V = 7V$$
$$U_{R3} = U_{CD} = IR_3 = (1\times3)V = 3V$$

从上面可以看出 $U_{R1} + U_{R2} + U_{R3} = U_{AB} + U_{BC} + U_{CD} = U_{AD} = 12V$

在图 1-13 所示电路中如何求 B 点电压呢？首先要明白，求某点电压指的就是求该点与地之间的电压，所以 B 点电压 U_B 实际就是电压 U_{BD}。求 U_B 有以下两种方法。

方法一：$U_B = U_{BD} = U_{BC} + U_{CD} = U_{R2} + U_{R3} = (7+3)V = 10V$

方法二：$U_B = U_{BD} = U_{AD} - U_{AB} = U_{AD} - U_{R1} = (12-2)V = 10V$

1.2.2 全电路欧姆定律

全电路是指含有电源和负载的闭合回路。**全电路欧姆定律又称闭合电路欧姆定律，其内**

容是：闭合电路中的电流与电源的电动势成正比，与电路的内、外电阻之和成反比，即

$$I = \frac{E}{R + R_0}$$

全电路欧姆定律应用如图 1-14 所示。

图 1-14 中点画线框内为电源，R_0 表示电源的内阻，E 表示电源的电动势。当开关 S 闭合后，电路中有电流 I 流过，根据全电路欧姆定律可求得 $I = \frac{E}{R + R_0} = \frac{12}{10 + 2}$A ＝

图 1-14　全电路欧姆定律应用说明图

1A。电源输出电压（也即电阻 R 两端的电压）$U = IR = 1 \times 10$V ＝ 10V，内阻 R_0 两端的电压 $U_0 = IR_0 = 1 \times 2$V ＝ 2V。如果将开关 S 断开，电路中的电流 $I = 0$A，那么内阻 R_0 上消耗的电压 $U_0 = 0$V，电源输出电压 U 与电源电动势相等，即 $U = E = 12$V。

根据全电路欧姆定律不难看出以下几点：

1) 在电源未接负载时，不管电源内阻多大，内阻消耗的电压始终为 0V，电源两端电压与电动势相等。

2) 当电源与负载构成闭合回路后，由于有电流流过内阻，内阻会消耗电压，从而使电源输出电压降低。内阻越大，内阻消耗的电压越大，电源输出电压越低。

3) 在电源内阻不变的情况下，如果外阻越小，电路中的电流越大，内阻消耗的电压也越大，电源输出电压也会降低。

由于正常电源的内阻很小，内阻消耗的电压很低，故一般情况下可认为电源的输出电压与电源电动势相等。

利用全电路欧姆定律可以解释很多现象。比如用仪表测得旧电池两端电压与正常电压相同，但将旧电池与电路连接后除了输出电流很小外，电池的输出电压也会急剧下降，这是因为旧电池内阻变大的缘故；又如将电源正、负极直接短路时，电源会发热甚至烧坏，这是因为短路时流过电源内阻的电流很大，内阻消耗的电压与电源电动势相等，大量的电能在电源内阻上消耗并转换成热能，故电源会发热。

1.3　电功、电功率和焦耳定律

1.3.1　电功

电流流过灯泡，灯泡会发光；电流流过电炉丝，电炉丝会发热；电流流过电动机，电动机会运转。由此可以看出，**电流流过一些用电设备时是会做功的，电流做的功称为电功**。用电设备做功的大小不但与加到用电设备两端的电压及流过的电流有关，还与通电时间长短有关。电功可用下面的公式计算

$$W = UIt$$

式中，W 表示电功，单位是焦耳（J）；U 表示电压，单位是伏（V）；I 表示电流，单位是

安（A）；t 表示时间，单位是秒（s）。

电功的单位是焦耳（J），在电学中还常用到另一个单位：**千瓦小时（kW·h）**，也称度。1kW·h＝1度。千瓦小时与焦耳的换算关系是

$$1kW \cdot h = 1 \times 10^3 W \times (60 \times 60)s = 3.6 \times 10^6 W \cdot s = 3.6 \times 10^6 J$$

1kW·h 可以这样理解：一个电功率为 100W 的灯泡连续使用 10h，消耗的电功为 1kW·h（即消耗 1 度电）。

1.3.2 电功率

电流需要通过一些用电设备才能做功。为了衡量这些设备做功能力的大小，引入一个电功率的概念。**电流单位时间做的功称为电功率。电功率用 P 表示，单位是瓦（W）**，此外还有千瓦（kW）和毫瓦（mW）等，它们之间的换算关系是

$$1kW = 10^3 W = 10^6 mW$$

电功率的计算公式是

$$P = UI$$

根据欧姆定律可知 $U=IR$，$I=U/R$，所以电功率还可以用公式 $P=I^2R$ 和 $P=U^2/R$ 来求。

下面以图 1-15 所示电路来说明电功率的计算方法。

图 1-15　电功率的计算说明图

在图 1-15 所示电路中，白炽灯两端的电压为 220V（它与电源的电动势相等），流过白炽灯的电流为 0.5A，求白炽灯的功率、电阻和白炽灯在 10s 所做的功。

白炽灯的功率　　　　　$P = UI = 220V \times 0.5A = 110VA = 110W$

白炽灯的电阻　　　　　$R = U/I = 220V/0.5A = 440V/A = 440\Omega$

白炽灯在 10s 做的功　　$W = UIt = 220V \times 0.5A \times 10s = 1100J$

1.3.3 焦耳定律

电流流过导体时导体会发热，这种现象称为电流的热效应。电热锅、电饭煲和电热水器等都是利用电流的热效应来工作的。

英国物理学家焦耳通过实验发现：电流流过导体，导体发出的热量与导体流过的电流、导体的电阻和通电的时间有关。**焦耳定律具体内容是：电流流过导体产生的热量，与电流的二次方及导体的电阻成正比，与通电时间也成正比。**由于这个定律除了由焦耳发现外，俄国科学家楞次也通过实验独立发现，故该定律又称焦耳-楞次定律。

焦耳定律可用下面的公式表示

$$Q = I^2 Rt$$

式中，Q 表示热量，单位是焦耳（J）；R 表示电阻，单位是欧姆（Ω）；t 表示时间，单位是秒（s）。

举例：某台电动机的额定电压是 220V，线圈的电阻为 0.4Ω，当电动机接 220V 的电压时，流过的电流是 3A，求电动机的功率和线圈每秒发出的热量。

电动机的功率是　　　　$P = UI = 220\mathrm{V} \times 3\mathrm{A} = 660\mathrm{W}$

电动机线圈每秒发出的热量　　$Q = I^2 Rt = (3\mathrm{A})^2 \times 0.4\Omega \times 1\mathrm{s} = 3.6\mathrm{J}$

1.4　电阻的串联、并联和混联

电阻是电路中应用最多的一种元件，电阻在电路中的连接形式主要有串联、并联和混联三种。

1.4.1　电阻的串联

两个或两个以上的电阻头尾相连串接在电路中，称为电阻的串联，如图 1-16 所示。

电阻串联有以下特点：

1）流过各串联电阻的电流相等，都为 I。

2）电阻串联后的总电阻 R 增大，总电阻等于各串联电阻之和，即

$$R = R_1 + R_2$$

3）总电压 U 等于各串联电阻上电压之和，即

$$U = U_{R1} + U_{R2}$$

4）串联电阻越大，两端电压越高，因为 $R_1 < R_2$，所以 $U_{R1} < U_{R2}$。

图 1-16　电阻的串联

在图 1-16 所示电路中，两个串联电阻上的总电压 U 等于电源电动势，即 $U = E = 6\mathrm{V}$；电阻串联后总电阻 $R = R_1 + R_2 = 12\Omega$；流过各电阻的电流 $I = \dfrac{U}{R_1 + R_2} = \dfrac{6}{12}\mathrm{A} = 0.5\mathrm{A}$；电阻 R_1 上的电压 $U_{R1} = IR_1 = (0.5 \times 5)\mathrm{V} = 2.5\mathrm{V}$，电阻 R_2 上的电压 $U_{R2} = IR_2 = (0.5 \times 7)\mathrm{V} = 3.5\mathrm{V}$。

1.4.2　电阻的并联

两个或两个以上的电阻头头相连、尾尾相连并接在电路中，称为电阻的并联， 如图 1-17 所示。

电阻并联有以下特点：

1）并联的电阻两端的电压相等，即

$$U_{R1} = U_{R2}$$

2）总电流等于流过各个并联电阻的电流之和，即

$$I = I_1 + I_2$$

3）电阻并联总电阻减小，总电阻的倒数等于各并联电阻的倒数之和，即

$$\frac{1}{R} = \frac{1}{R_1} + \frac{1}{R_2}$$

图 1-17　电阻的并联

该式可变形为

$$R = \frac{R_1 R_2}{R_1 + R_2}$$

4）在并联电路中，电阻越小，流过的电流越大，因为 $R_1 < R_2$，所以流过 R_1 的电流 I_1 大于流过 R_2 的电流 I_2。

在图 1-17 所示电路中，并联的电阻 R_1、R_2 两端的电压相等，$U_{R1} = U_{R2} = U = 6V$；流过 R_1 的电流 $I_1 = \frac{U_{R1}}{R_1} = \frac{6}{6}A = 1A$，流过 R_2 的电流 $I_2 = \frac{U_{R2}}{R_2} = \frac{6}{12}A = 0.5A$，总电流 $I = I_1 + I_2 = (1 + 0.5)A = 1.5A$；$R_1$、$R_2$ 并联总电阻为

$$R = \frac{R_1 R_2}{R_1 + R_2} = \frac{6 \times 12}{6 + 12}\Omega = 4\Omega$$

1.4.3 电阻的混联

一个电路中的电阻既有串联又有并联时，称为电阻的混联， 如图 1-18 所示。

对于电阻混联电路，总电阻可以这样求：先求并联电阻的总电阻，然后再求串联电阻与并联电阻的总电阻之和。在图 1-18 所示电路中，并联电阻 R_3、R_4 的总电阻为

$$R_0 = \frac{R_3 R_4}{R_3 + R_4} = \frac{6 \times 12}{6 + 12}\Omega = 4\Omega$$

电路的总电阻为

$$R = R_1 + R_2 + R_0 = (5 + 7 + 4)\Omega = 16\Omega$$

读者如果有兴趣，可求图 1-18 所示电路中总电流 I，R_1 两端电压 U_{R1}，R_2 两端电压 U_{R2}，R_3 两端电压 U_{R3} 和流过 R_3、R_4 的电流 I_3、I_4 的大小。

图 1-18　电阻的混联

1.5　直流电与交流电

1.5.1　直流电

直流电是指方向始终固定不变的电压或电流。 能产生直流电的电源称为直流电源，常见的干电池、蓄电池和直流发电机等都是直流电源，直流电源常用图 1-19a 所示的图形符号表示。直流电的电流方向总是由电源正极流出，再通过电路流到负极。在图 1-19b 所示的直流电路中，电流从直流电源正极流出，经电阻 R 和灯泡流到负极结束。

a）直流电源图形符号　　　b）直流电路

图 1-19　直流电源图形符号与直流电路

直流电又分为稳定直流电和脉动直流电。

1. 稳定直流电

稳定直流电是指方向固定不变并且大小也不变的直流电。稳定直流电可用图 1-20a 所示波形表示，稳定直流电的电流 I 的大小始终保持恒定（始终为 6mA），在图中用直线表示；直流电的电流方向保持不变，始终是从电源正极流向负极，图中的直线始终在 t 轴上方，表示电流的方向始终不变。

2. 脉动直流电

脉动直流电是指方向固定不变，但大小随时间变化的直流电。脉动直流电可用图 1-20b 所示的波形表示，从图中可以看出，脉动直流电的电流 I 的大小随时间作波动变化（如在 t_1 时刻电流为 6mA，在 t_2 时刻电流变为 4mA），电流大小波动变化在图中用曲线表示；脉动直流电的方向始终不变（电流始终从电源正极流向负极），图中的曲线始终在 t 轴上方，表示电流的方向始终不变。

a) 稳定直流电　　　　　　　　　　　　　　b) 脉动直流电

图 1-20 直流电

1.5.2 单相交流电

交流电是指方向和大小都随时间作周期性变化的电压或电流。交流电类型很多，其中最常见的是正弦交流电，因此这里就以正弦交流电为例来介绍交流电。

1. 正弦交流电

正弦交流电的符号、电路和波形如图 1-21 所示。

a) 符号　　　　　b) 电路　　　　　　　　c) 波形

图 1-21 正弦交流电

下面以图 1-21b 所示的交流电路来说明图 1-21c 所示的正弦交流电波形。

1）在 $0\sim t_1$ 期间：交流电源 e 的电压极性是上正下负，电流 I 的方向是：交流电源上正→电阻 R→交流电源下负，并且电流 I 逐渐增大，电流逐渐增大在图 1-21c 中用波形逐渐上升表示，t_1 时刻电流达到最大值；

2）在 $t_1 \sim t_2$ 期间：交流电源 e 的电压极性仍是上正下负，电流 I 的方向仍是：交流电源上正→电阻 R→交流电源下负，但电流 I 逐渐减小，电流逐渐减小在图 1-21c 中用波形逐渐下降表示，t_2 时刻电流为 0；

3）在 $t_2 \sim t_3$ 期间：交流电源 e 的电压极性变为上负下正，电流 I 的方向也发生改变，图 1-21c 中的交流电波形由 t 轴上方转到下方表示电流方向发生改变，电流 I 的方向是：交流电源下正→电阻 R→交流电源上负，电流反方向逐渐增大，t_3 时刻反方向的电流达到最大值；

4）在 $t_3 \sim t_4$ 期间：交流电源 e 的电压极性仍为上负下正，电流仍是反方向，电流的方向是：交流电源下正→电阻 R→交流电源上负，电流反方向逐渐减小，t_4 时刻电流减小到 0；

5）t_4 时刻以后，交流电源的电流大小和方向变化与 $0 \sim t_4$ 期间变化相同。实际上，交流电源不但电流大小和方向按正弦波变化，其电压大小和方向变化也像电流一样按正弦波变化。

2. 周期和频率

周期和频率是交流电最常用的两个概念，下面以图 1-22 所示的正弦交流电波形图来说明。

（1）周期

从图 1-22 可以看出，交流电变化过程是不断重复的，**交流电重复变化一次所需的时间称为周期，周期用 T 表示，单位是秒（s）。** 图 1-22 所示交流电的周期为 $T = 0.02\text{s}$，说明该交流电每隔 0.02s 就会重复变化一次。

（2）频率

交流电在每秒钟内重复变化的次数称为频率，频率用 f 表示，它是周期的倒数，即

图 1-22 正弦交流电的周期、频率和瞬时值说明图

$$f = \frac{1}{T}$$

频率的单位是赫兹（Hz）。 图 1-22 所示交流电的周期 $T = 0.02\text{s}$，那么它的频率 $f = 1/T = 1/0.02 = 50\text{Hz}$，该交流电的频率 $f = 50\text{Hz}$，说明在 1s 内交流电能重复 $0 \sim t_4$ 这个过程 50 次。交流电变化越快，变化一次所需的时间越短，周期就越短，频率就越高。

3. 瞬时值和有效值

（1）瞬时值

交流电的大小和方向是不断变化的，交流电在某一时刻的值称为交流电在该时刻的瞬时值。 以图 1-22 所示的交流电压为例，它在 t_1 时刻的瞬时值为 $220\sqrt{2}\,\text{V}$（约为 311V），该值为最大瞬时值，在 t_2 时刻瞬时值为 0V，该值为最小瞬时值。

（2）有效值

交流电的大小和方向是不断变化的，这给电路计算和测量带来不便，为此引入有效值的概念。下面以图 1-23 所示电路来说明有效值的含义。

图 1-23 所示两个电路中的电热丝完全一样，现分别给电热丝通交流电和直流电，如果

两电路通电时间相同，并且电热丝发出热量也相同，对电热丝来说，这里的交流电和直流电是等效的，那么就将图 1-23b 中直流电的电压值或电流值称为图 1-23a 中交流电的有效电压值或有效电流值。

交流市电电压为 220V 指的就是有效值，其含义是虽然交流电压时刻变化，但它的效果与 220V 直流电是一样的。没特别说明，交流电的大小通常是指有效值，测量仪表的测量值一般也是指有效值。**正弦交流电的有效值与最大瞬时值的关系是**

$$最大瞬时值 = \sqrt{2} \times 有效值$$

例如交流市电的有效电压值为 220V，它的最大瞬时电压值 $= 220\sqrt{2} \approx 311$ （V）。

1.5.3 三相交流电

1. 三相交流电的产生

目前应用的电能绝大多数是由三相发电机产生的，**三相发电机与单相发电机的区别在于：三相发电机可以同时产生并输出三组电源，而单相发电机只能输出一组电源**，因此三相发电机效率较单相发电机更高。三相交流发电机的结构示意图如图 1-24 所示。

图 1-23 交流电有效值的说明图

图 1-24 三相交流发电机的结构示意图

从图中可以看出，三相发电机主要是由互成 120° 且固定不动的 U、V、W 三组线圈和一块旋转磁铁组成。当磁铁旋转时，磁铁产生的磁场切割这三组线圈，这样就会在 U、V、W 三组线圈中分别产生交流电动势，各线圈两端就分别输出交流电压 U_U、U_V、U_W，这三组线圈输出的三组交流电压就称作三相交流电压。一些常见的三相交流发电机每相交流电压大小为 220V。不管磁铁旋转到哪个位置，穿过三组线圈的磁感线都会不同，所以三组线圈产生的交流电压也就不同。

2. 三相交流电的供电方式

三相交流发电机能产生三相交流电压，将这三相交流电压供给用户可采用三种方式：直接连接供电、星形联结供电和三角形联结供电。

（1）直接连接供电方式

直接连接供电方式如图 1-25 所示。

直接连接供电方式是将发电机三组线圈输出的每相交流电压分别用两根导线向用户供电，这种方式共需用到六根供电导线，如果在长距离供电时采用这种供电方式会使成本很高。

（2）星形联结供电方式

星形联结供电方式如图 1-26 所示。

图 1-25　直接连接供电方式

图 1-26　星形联结供电方式

星形联结是将发电机的三组线圈末端都连接在一起，并接出一根线，称为中性线 N，三组线圈的首端各引出一根线，称为相线，这三根相线分别称作 U 相线、V 相线和 W 相线。三根相线分别连接到单独的用户，而中性线则在用户端一分为三，同时连接三个用户，这样发电机三组线圈上的电压就分别提供给各自的用户。在这种供电方式中，发电机三组线圈连接成星形，并且采用四根线来传送三相电压，故称作三相四线制星形联结供电方式。

任意一根相线与中性线之间的电压都称为相电压 U_P，该电压实际上是任意一组线圈两端的电压。**任意两根相线之间的电压称为线电压 U_L**。从图 1-26 中可以看出，线电压实际上是两组线圈上的相电压叠加得到的，但线电压 U_L 的值并不是相电压 U_P 的 2 倍，因为任意两组线圈上的相电压的相位都不相同，不能进行简单的乘 2 来求得。根据理论推导可知，**在星形联结时，线电压是相电压的 $\sqrt{3}$ 倍**，即

$$U_L = \sqrt{3}\,U_P$$

如果相电压 $U_P = 220V$，根据上式可计算出线电压约为 380V。在图 1-26 中，三相交流电动机的三根线分别与发电机的三根相线连接，若发电机的相电压为 220V，那么电动机三根线中的任意两根之间的电压就为 380V。

（3）三角形联结供电方式

三角形联结供电方式如图 1-27 所示。

图 1-27　三角形联结供电方式

三角形联结是将发电机的三组线圈首末端依次连接在一起，连接方式呈三角形，在三个连接点各接出一根线，分别称作 U 相线、V 相线和 W 相线。将三根相线按图 1-27 所示的方式与用户连接，三组线圈上的电压就分别提供给各自的用户。在这种供电方式中，发电机三组线圈连接成三角形，并且采用三根线来传送三相电压，故称作三相三线制三角形联结供电

方式。

三角形联结方式中，相电压 U_P（每组线圈上的电压）和线电压 U_L（两根相线之间的电压）是相等的，即

$$U_L = U_P$$

在图 1-27 中，如果相电压为 220V，那么电动机三根线中的任意两根之间的电压也为 220V。

1.6　安全用电与急救

1.6.1　电流对人体的伤害

1. 人体对不同电流呈现的症状

当人体不小心接触带电体时，就会有电流流过人体，这就是触电。人体在触电时表现出来的症状与流过人体的电流有关，表 1-2 所示是人体通过大小不同的交、直流电流时所表现出来的症状。

表 1-2　人体通过大小不同的交、直流电流时的症状

电流/mA	人体表现出来的症状	
	交流（50~60Hz）	直流
0.6~1.5	开始有感觉——手轻微颤抖	没有感觉
2~3	手指强烈颤抖	没有感觉
5~7	手部痉挛	感觉痒和热
8~10	手已难以摆脱带电体,但还能摆脱;手指尖部到手腕剧痛	热感觉增加
20~25	手迅速麻痹,不能摆脱带电体;剧痛,呼吸困难	热感觉大大加强,手部肌肉收缩
50~80	呼吸麻痹,心室开始颤动	强烈的热感受,手部肌肉收缩,痉挛,呼吸困难
90~100	呼吸麻痹,延续 3s 或更长时间,心脏麻痹,心室颤动	呼吸麻痹

从表中可以看出，流过人体的电流越大，人体表现出来的症状越强烈，电流对人体的伤害越大；另外，对于相同大小的交流电流和直流电流来说，交流电流对人体伤害更大一些。

一般规定，**10mA 以下的工频（50Hz 或 60Hz）交流电流或 50mA 以下的直流电流对人体是安全的，故将该范围内的电流称为安全电流。**

2. 与触电伤害程度有关的因素

有电流通过人体是触电对人体伤害的最根本原因，流过人体的电流越大，人体受到的伤害越严重。触电对人体伤害程度的具体相关因素如下：

1）**人体电阻的大小。**人体是一种有一定阻值的导电体，其电阻大小不是固定的，当人体皮肤干燥时阻值较大（10~100kΩ）；当皮肤出汗或破损时阻值较小（800~1000Ω）；另外，当接触带电体的面积大、接触紧密时，人体电阻也会减小。在接触大小相同的电压时，人体电阻越小，流过人体的电流就越大，触电对人体的伤害就越严重。

2）**触电电压的大小**。当人体触电时，接触的电压越高，流过人体的电流就越大，对人体的伤害就更严重。一般规定，在正常的环境下安全电压为36V，在潮湿场所的安全电压为12V。

3）**触电的时间**。如果触电后长时间未能脱离带电体，电流长时间流过人体会造成严重的伤害。

此外，即使相同大小的电流，流过人体的部位不同，对人体造成的伤害也不同。电流流过心脏和大脑时，对人体危害最大，所以双手之间、头足之间和手脚之间的触电更为危险。

1.6.2 人体触电的几种方式

人体触电的方式主要有单相触电、两相触电和跨步触电。

1. 单相触电

单相触电是指人体只接触一根相线时发生的触电。单相触电又分为电源中性点接地触电和电源中性点不接地触电。

（1）电源中性点接地触电

电源中性点接地触电方式如图1-28所示。**电源中性点接地触电是在电力变压器低压侧中性点接地的情况下发生的。**

电力变压器的低压侧有三个绕组，它们的一端接在一起并且与大地相连，这个连接点称为中性点。每个绕组上有220V电压，每个绕组在中性点另一端接出一根相线，每根相线与地面之间有220V的电压。当站在地面上的人体接触某一根相线时，就有电流流过人体，电流的途径是：变压器

图1-28 电源中性点接地触电方式

低压侧L_3相绕组的一端→相线→人体→大地→接地体→变压器中性点→L_3绕组的另一端，如图1-28中虚线所示。

该触电方式对人体的伤害程度和人体和地面的接触电阻有关。若赤脚站在地面上，人与地面的接触电阻小，流过人体的电流大，触电伤害大；若穿着胶底鞋，则伤害轻。

（2）电源中性点不接地触电

电源中性点不接地触电方式如图1-29所示。**电源中性点不接地触电是在电力变压器低压侧中性点不接地的情况下发生的。**

电力变压器低压侧的三个绕组中性点未接地，任意两根相线之间有380V的电压（该电压是由两个绕组上的电压串

图1-29 电源中性点不接地触电方式

联叠加而得到的)。当站在地面上的人体接触某一根相线时,就有电流流过人体,电流的途径是:L_3 相线→人体→大地,再分作两路,一路经电气设备与地之间的绝缘电阻 R_2 流到 L_2 相线,另一路经 R_3 流到 L_1 相线。

该触电方式对人体的伤害程度除了与人体和地面的接触电阻有关外,还与电气设备电源线和地之间的绝缘电阻有关。若电气设备绝缘性能良好,一般不会发生短路;若电气设备严重漏电或某相线与地短路,则加在人体上的电压将达到380V,从而导致严重的触电事故。

2. 两相触电

两相触电是指人体同时接触两根相线时发生的触电。两相触电如图 1-30 所示。

图 1-30　两相触电

当人体同时接触两根相线时,由于两根相线之间有 380V 的电压,有电流流过人体,电流途径是:一根相线→人体→另一根相线。由于加到人体的电压有 380V,故流过人体的电流很大,在这种情况下,即使触电者穿着绝缘鞋或站在绝缘台上,也起不了保护作用,因此两相触电对人体是很危险的。

3. 跨步触电

当电线或电气设备与地发生漏电或短路时,有电流向大地泄漏扩散,在电流泄漏点周围会产生电压降,当人体在该区域行走时会发生触电,这种触电称为跨步触电。跨步触电如图 1-31 所示。

图 1-31　跨步触电

图中的一根相线掉到地面上,导线上的电压直接加到地面,以导线落地点为中心,导线上的电流向大地四周扩散,同时随着远离导线落地点,地面的电压也逐渐下降,距离落地点越远,电压越低。当人在导线落地点周围行走时,由于两只脚的着地点与导线落地点的距离不同，这两点电压也不同，图中 A 点与 B 点的电压不同，它们存在着电压差，比如 A 点电压为 110V，B 点电压为 60V，那么两只脚之间的电压差为 50V，该电压使电流流过两只脚，从而导致人体触电。

一般来说，在低压电路中，在距离电流泄漏点 1m 范围内，电压约有 60% 的降低；在 2~10m 范围内，约有 24% 的降低；在 11~20m 范围内，约有 8% 的降低；在 20m 以外电压就很低，通常不会发生跨步触电。

根据跨步触电原理可知，只有两只脚的距离小才能让两只脚之间的电压小，才能减轻跨步触电的危害，所以当不小心进入跨步触电区域时，不要急于迈大步跑出来，而是迈小步或单足跳出。

1.6.3 接地保护

电气设备在使用过程中，可能会出现绝缘层损坏、老化或导线短路等现象，这样会使电气设备的外壳带电，如果人不小心接触外壳，就会发生触电事故。解决这个问题的方法就是将电气设备的外壳接地。

1. 接地

接地是指将电气设备的金属外壳或金属支架直接与大地连接。接地如图 1-32 所示。

在图中，为了防止电动机外壳带电而引起触电事故，对电动机进行接地，即用一根接地线将电动机的外壳与埋入地下的接地装置连接起来。当电动机内部绕组与外壳漏电或短路时，外壳会带电，将电动机外壳进行接地后，外壳上的电会沿接地线、接地装置向大地泄放掉，在这种情况下，即使人体接触电动机外壳，也会由于人体电阻远大于接地线与接地装置的接地电阻（接地电阻通常小于 4Ω），外壳上电流绝大多数从接地装置泄入大地，而沿人体进入大地的电流很小，不会对人体造成伤害。

图 1-32 接地

2. 重复接地

重复接地是指在零线上多处进行接地。重复接地如图 1-33 所示，从图中可以看出，零线除了将中性点接地外，还在 H 点进行了接地。

在零线上重复接地有以下的优点：

1) 有利于减小零线与地之间的电阻。零线与地之间的电阻主要由零线自身的电阻决定，零线越长，电阻越大，这样距离接地点越远的位置，零线上的电压越高。如图 1-33 中的 F 点距离接地点较远，F 点与接地点之间的电阻就较大，若电动机的绕组与外壳短路或漏电，则虽然外壳通过零线与地连接，但因为外壳与接地点之间的电阻大，所以电动机外壳上仍有较高的电压，人体接触外壳就有触电的危险。采用重复接地，在零线 b 有两处接地，可以减小零线与地之间的电阻，在电气设备漏电时，可以使电气设备外壳和零线的电压很低，不至于发生触电事故。

2）**当零线开路时，可以降低零线电压和避免烧坏单相电气设备**。在图 1-34 所示的电气电路中，如果零线在 E 点开路，H 点又未接地，此时若电动机 A 的某绕组与外壳短路，这里假设与 L_3 相线连接的绕组与外壳短路，那么 L_3 相线上的电压通过电动机 A 上的绕组、外壳加到零线上，零线上的电压大小就与 L_3 相线上的电压一样。由于每根相线与地之间的电压为 220V，因而零线上也有 220V

图 1-33　重复接地

的电压，而零线又与电动机 B 外壳相连，所以电动机 A 和电动机 B 的外壳都有 220V 的电压，人体接触电动机外壳时就会发生触电。另外，并接在相线 L_2 与零线之间的灯泡两端有 380V 的电压（灯泡相当于接在相线 L_2、L_3 之间），由于正常工作时灯泡两端电压为 220V，而现在由于 L_3 相线与零线短路，灯泡两端电压变成 380V，灯泡就会烧坏。如果采用重复接地，在零线 H 点位置也接地，则即使 E 点开路，依靠 H 点的接地也可以将零线电压拉低，从而避免上述情况的发生。

图 1-34　重复接地可以降低零线电压和避免烧坏单相电气设备

1.6.4　触电的急救方法

当发现人体触电后，第一步是让触电者迅速脱离电源，第二步是对触电者进行现场救护。

1. 让触电者迅速脱离电源

让触电者迅速脱离电源可采用以下方法：

1）**切断电源**。如断开电源开关、拔下电源插头或瓷插保险等，对于单极电源开关，断开一根导线不能确保一定切断了电源，故尽量切断双极开关（如闸刀开关、双极空气开关）。

2）**用带有绝缘柄的利器切断电源线**。如果触电现场无法直接切断电源，可用带有绝缘手柄的钢丝钳或带干燥木柄的斧头、铁锹等利器将电源线切断，切断时应防止带电导线断落触及周围的人体，不要同时切断两根线，以免两根线通过利器直接短路。

3）**用绝缘物使导线与触电者脱离**。常见的绝缘物有干燥的木棒、竹竿、塑料硬管和绝缘绳等，用绝缘物挑开或拉开触电者接触的导线。

4）**拉拽触电者衣服，使之与导线脱离**。拉拽时，可戴上手套或在手上包缠干燥的衣服、围巾、帽子等绝缘物拖拽触电者，使之脱离电源。若触电者的衣裤是干燥的，又没有紧缠在身上，可直接用一只手抓住触电者不贴身的衣裤，将触电者拉脱电源。拖拽时切勿触及触电者的皮肤。此外，还可以站在干燥的木板、木桌椅或橡胶垫等绝缘物品上，用一只手把触电者拉脱电源。

2. 现场救护

触电者脱离电源后，应先就地进行救护，同时通知医院并做好将触电者送往医院的准备工作。

在现场救护时，根据触电者受伤害的轻重程度，可采取以下救护措施：

1）对于未失去知觉的触电者 如果触电者所受的伤害不太严重，神志尚清醒，只是心悸、头晕、出冷汗、恶心、呕吐、四肢发麻、全身乏力，甚至一度昏迷，但未失去知觉，则应让触电者在通风暖和的地方静卧休息，并派人严密观察，同时请医生前来或送往医院诊治。

2）对于已失去知觉的触电者 如果触电者已失去知觉，但呼吸和心跳尚正常，则应将其舒适地平卧着，解开衣服以利于呼吸，四周不要围人，保持空气流通，冷天应注意保暖，同时立即请医生前来或送往医院就诊。若发现触电者呼吸困难或心跳失常，应立即施行人工呼吸或胸外心脏按压。

3）对于"假死"的触电者 触电者"假死"可能有三种临床症状：一是心跳停止，但尚能呼吸；二是呼吸停止，但心跳尚存（脉搏很弱）；三是呼吸和心跳均已停止。

当判定触电者呼吸和心跳停止时，应立即按心肺复苏法就地抢救，并立即请医生前来。心肺复苏法就是支持生命的三项基本措施：通畅气道；口对口（鼻）人工呼吸；胸外心脏按压（人工循环）。

第2章 电工基本操作技能

2.1 常用测试工具及使用

2.1.1 氖管式验电笔

测电笔又称试电笔、验电笔和低压验电器等，用来检验导线、电器和电气设备的金属外壳是否带电。氖管式验电笔是一种最常用的验电笔，测试时根据内部的氖管是否发光来确定带电体是否带电。

1. 外形、结构与工作原理

（1）外形与结构

验电笔主要有笔式和螺钉旋具式两种形式，其外形与结构如图 2-1 所示。

（2）工作原理

在检验带电体是否带电时，将验电笔探头接触带电体，手接触验电笔的金属笔挂（或金属端盖），如果带电体的电压达到一定值（交流或直流60V 以上），带电体的电压通过验电笔的探头、电阻到达氖管，氖管发出红光，通过氖管的微弱电流再经弹簧、金属笔挂（或金属端盖）、人体到达大地。

在握持验电笔验电时，手一定要接触验电笔尾端的金属笔挂（或金属端盖），验电笔的正确握持方法如图

图 2-1 验电笔的外形与结构

2-2 所示，以让验电笔通过人体到大地形成电流回路，否则验电笔氖管不亮。普通验电笔可以检验 60~500V 范围内的电压，在该范围内，电压越高，验电笔氖管越亮，低于 60V，氖管不亮。为了安全起见，不要用普通验电笔检测高于 500V 的电压。

2. 用途

在使用验电笔前，应先检查一下验电笔是否正常，即用验电笔测量带电电路，如果氖管能正常发光，表明验电笔正常。

a)笔式　　　　　　　　　　　　b)螺钉旋具式

图 2-2　验电笔的正确握持方法

验电笔的主要用途如下：

1）**判断电压的有无。** 在测试被测物时，如果验电笔氖管亮，表示被测物有电压存在，且电压不低于 60V。用验电笔测试电动机、变压器、电动工具、洗衣机和电冰箱等电气设备的金属外壳，如果氖管发光，说明该设备的外壳已带电（电源相线与外壳短路）。

2）**判断电压的高低。** 在测试时，被测电压越高，氖管发出的光线越亮，有经验的人可以根据光线强弱判断出大致的电压范围。

3）**判断相线（火线）和零线（地线）。** 验电笔测相线时氖管会亮，而测零线时氖管不亮。

2.1.2　数显式验电笔

数显式验电笔又称感应式验电笔，它不但可以测试物体是否带电，还能显示出大致的电压范围，另外有些数显验电笔可以检验出绝缘导线的断线位置。

1．外形

数显式验电笔的外形与各部分名称如图 2-3 所示，图 2-3b 所示的验电笔上标有 "12-240V AC.DC"，表示该验电笔可以测量 12～240V 范围内的交流或直流电压，验电笔上的两个按键均为金属材料，验电时手应按住按键不放，以形成电流回路，通常直接验电按键距离显示屏较远，而感应验电按键距离显示屏更近。

a)外形　　　　　　　　　　　　　　　　　b)各部分名称

图 2-3　数显式验电笔

2．使用

（1）直接验电法

直接验电法是指将验电笔的探头直接接触被测物来判断是否带电的验电方法。

在使用直接验电法时，将验电笔的金属探头接触被测物，同时手按住直接验电按键（DIRECT）不放，如果被测物带电，验电笔上的指示灯会变亮，同时显示屏显示所测电压的大致值，一些验电笔可显示 12V、36V、55V、110V 和 220V 五段电压值，显示屏最后的显示数值为所测电压值（未至高端显示值的 70%时，显示低端值），比如验电笔的最后显示值为 110V，实际电压可能在 77～154V 之间。

（2）感应验电法

感应验电法是指将验电笔的探头接近但不接触被测物，利用电压感应来判断被测物是否带电的验电方法。 在使用感应验电法时，将验电笔的金属探头靠近但不接触被测物，同时手按住感应验电按键（INDUCTANCE），如果被测物带电，验电笔上的指示灯会变亮，同时显示屏有高压符号显示。

感应验电法非常适合判断绝缘导线内部断线位置。在测试时，手按住验电笔的感应测量按键，将验电笔的探头接触导线绝缘层，如果指示灯亮，表示当前位置的内部芯线带电，如图 2-4a 所示，然后保持探头接触导线的绝缘层，并往远离供电端的方向移动，当指示灯突然熄灭、高压符号消失，表明当前位置存在断线，如图 2-4b 所示。

感应验电法可以找出绝缘导线的断线位置，也可以对绝缘导线进行相、零线判断，还可以检查微波炉辐射及泄漏情况。

图 2-4　利用感应验电法找出绝缘导线的断线位置

2.1.3　校验灯

1. 制作

校验灯是用灯泡连接两根导线制作而成的，如图 2-5 所示。校验灯使用额定电压为220V、功率在 15～60W 的灯泡，导线用单芯线，并将芯线的头部弯折成钩状，既可以碰触电路，也可以钩住电路。

2. 使用举例

（1）举例一

校验灯的使用如图 2-6 所示。在使用校验灯时，断开相线上的熔断器，将校验灯串在熔断器位置，并将

图 2-5　校验灯

支路的 S_1、S_2、S_3 开关都断开，可能会出现以下情况：

1）校验灯不亮，说明校验灯之后的电路无短路故障；

2）校验灯很亮（亮度与直接接在 220V 电压一样），说明校验灯之后的电路出现相线与零线短路，校验灯两端有 220V 电压；

3）将某支路的开关闭合（如闭合 S_1），如果校验灯会亮，但亮度较暗，说明该支路正常，校验灯亮度暗是因为校验灯与该支路的灯泡串联起来接在 220V 之间，校验灯两端的电压低于 220V；

4）将某支路的开关闭合（如闭合 S_1），如果校验灯很亮，说明该支路出现短路（灯泡 L_1 短路），校验灯两端有 220V 电压。

当校验灯与其他电路串联时，其他电路功率越大，该电路的等效电阻会越小，校验灯两端的电压越高，灯泡会亮一些。

图 2-6　校验灯使用举例一

（2）举例二

校验灯还可以按图 2-7 所示方法使用，如果开关 S_3 置于接通位置时灯泡 L_3 不亮，可能是开关 S_3 或灯泡 L_3 开路，为了判断到底是哪一个损坏，可将 S_2 置于接通位置，然后将校验灯并接在 S_3 两端，如果校验灯和灯泡 L_3 都亮，则说明开关 S_3 已开路；如果校验灯不亮，则为灯泡 L_3 开路损坏。

图 2-7　校验灯使用举例二

2.2　导线的选择

导线的种类很多，通常可分为两大类：裸导线和绝缘导线。裸导线是不带绝缘层的导线，一般用作电能的传输，由于无绝缘层，故需要架设在位置高的地方，出于安全考虑，室内配电电路主要采用绝缘导线，很少采用裸导线。

2.2.1　绝缘导线的种类

绝缘导线是在金属导线（如铜、铝）外面加上绝缘层构成。绝缘导线主要有漆包线、普通绝缘导线和护套绝缘导线。

1. 漆包线

漆包线由导线和绝缘漆两部分组成，裸线经退火软化后，再经过多次涂漆烘焙就制成漆包线。由于很多绝缘漆颜色与铜相似，因此很容易将漆包线当成裸铜线。漆包线如图 2-8 所示。

电动机、变压器、继电器、接触器和电工仪表等设备中的线圈通常是由漆包线绕制而成的。漆包线的线径和截面积是由铜导线来决定的，线径越大、截面积越大。

图 2-8　漆包线

2. 普通绝缘导线

普通绝缘导线由金属芯线和绝缘层组成。根据绝缘层不同，可分为塑料绝缘导线和橡胶绝缘导线；根据芯线材料不同，可分为铜芯绝缘导线和铝芯绝缘导线；根据芯线的数量不同，可分为单股和多股绝缘导线；根据导线的形式不同，可分为绝缘双绞线和绝缘平行线。常见种类的绝缘导线如图 2-9 所示。

图 2-9　常见种类的绝缘导线

3. 护套绝缘导线

护套绝缘导线是在普通绝缘导线的基础上再外套一个绝缘护套构成的。护套绝缘导线如图 2-10 所示。

2.2.2　电力电缆的命名

电力电缆的型号组成与顺序如下：

图 2-10　护套绝缘导线

类别-导体-绝缘-内护层-结构特征-外护层或派生-使用特征

其中1~5项和第7项用拼音字母表示，高分子材料用英文名的第1位字母表示，每项可以是1~2个字母；第6项是1~3个数字。

1）类别：ZR（阻燃）、NH（耐火）、BC（低烟低卤）、E（低烟无卤）、K（控制电缆类）、DDZ（低烟低卤）、WDZ（低烟无卤）、K（控制电缆类）、DJ（电子计算机）、N（农用直埋）、JK（架空电缆类）、B（布电线）、TH（湿热地区用）、FY（防白蚁、企业标准）等；

2）导体：T（铜导体）、L（铝导体）、G（钢芯）、R（铜软线）；

3）绝缘：V（聚氯乙烯）、YJ（交联聚乙烯）、Y（聚乙烯）、X（天然丁苯胶混合物绝缘）、G（硅橡胶混合物绝缘）、YY（乙烯-乙酸乙烯橡皮混合物绝缘）；

4）护套：V（聚氯乙烯护套）、Y（聚乙烯护套）、F（氯丁胶混合物护套）；

5）屏蔽：P（铜网屏蔽）、P1（铜丝缠绕）、P2（铜带屏蔽）、P3（铝塑复合带屏蔽）；

6）铠装和外护套数字标记：0（无）、1（联锁铠装纤维外被）、2（双层钢带聚氯乙烯外套）、3（细圆钢丝聚乙烯外套）、4（粗圆钢丝）、5（皱纹、轧纹钢带）、6（双铝或铝合金带）、7（铜丝编织）；

7）各种特殊使用场合或附加特殊使用要求的标记，在"-"后以拼音字母标记。

在电线电缆命名时，有些部分可省略，比如铜是电线电缆主要使用的导体材料，故铜芯代号T可省写，但裸电线及裸导体制品除外。

一些常用绝缘导线及用途见表2-1。

表2-1 一些常用绝缘导线及用途

名　称	型　号		长期最高工作温度/℃	用　途
	铜芯	铝芯		
橡皮绝缘电线	BX	BLX	65	固定敷设于室内(明敷、暗敷或穿管)，也可用于室外或作设备内部安装用线
氯丁橡皮绝缘电线	BXF	BLXF	65	同BX型，耐气候性好，适用于室外
橡皮绝缘软电线	BXR		65	同BX型，仅用于安装时要求柔软的场合
橡皮绝缘和护套电线	BXHF	BLXHF	65	同BX型，用于较潮湿的场合或作室外进户线，可代替老产品铅包电线
聚氯乙烯绝缘电线	BV	BLV	65	同BX型，但耐湿性和耐气候性较好
聚氯乙烯绝缘软电线	BVR		65	同BV型，仅用于安装时要求柔软的场合
聚氯乙烯绝缘和护套电线	BVV	BLVV	65	同BV型，用于潮湿和机械防护要求较高的场合，可直埋土壤中
耐热聚氯乙烯绝缘电线	BV-105	BLV-105	105	同BV型，用于45℃及以上高温环境中
耐热聚氯乙烯绝缘软电线	BVR-105		105	同BVR型，用于45℃及以上高温环境中
聚氯乙烯绝缘软线	RV RVB RVS		65	用作各种移动电器、移动灯具及吊灯的电源连接导线。也可用作内部安装线，安装时环境温度不低于-15℃

2.2.3 绝缘导线的选择

在选用绝缘导线时,主要考虑导线的安全电流、机械强度和额定电压。

1. **安全电流**

导线流过电流时会发热,电流越大,发出热量越多,热量通过绝缘层散发出去,如果散发的热量等于导线发出的热量,导线的温度不再上升,若流过导线的电流过大而产生大量的热量,这些热量又不能被绝缘层都散发掉,导线的温度就会上升,绝缘层就容易加速老化,甚至损坏引起触电或火灾事故。

安全电流是指导线温度达到绝缘层最高允许值(规定为 65℃)不再上升时的导线通过电流。 当流过绝缘导线的电流超过安全电流时,绝缘层温度也会超过最高允许值而易损坏。安全电流大小除了与导线截面积有关(截面积越大,安全电流越大),还与绝缘层有很大的关系,绝缘层散热性能越好,导线安全电流越大,因此芯线截面积相同的普通单绝缘层导线较护套绝缘导线安全电流大,单股绝缘导线较多股绝缘导线安全电流大。

在选择绝缘导线时,导线的安全电流应大于所接负载的总电流,一般为 1.5~2 倍。

2. **机械强度**

安装绝缘导线时,除了要考虑导线的安全电流外,在某些情况下还要考虑其机械强度。机械强度是指导线承受拉力、扭力和重力等的能力。例如遇到图 2-11 所示的电路安装时就需要考虑导线的机械强度。

图 2-11 电路安装时需要考虑导线的机械强度的情况

在图 2-11a 中,选择的绝缘导线要能承受灯具的重力,在图 b 中,选择的绝缘导线除了要能承受自身重力形成的拉力外,由于安装在室外,所以还要考虑到一些外界因素形成的力(如风力等)。

3. **额定电压**

导线的绝缘层一般都有一定的耐电压范围,超出这个范围绝缘性能会下降。选择导线时要根据电路的电压来选择相应额定电压的绝缘导线。常用的绝缘导线的额定电压有 250V、500V 和 1000V 等,如电路实际电压为 220V,可选择额定电压为 250V 的绝缘导线。

2.3 导线的剥离、连接和绝缘恢复

2.3.1 导线绝缘层的剥离

在连接绝缘导线前,需要先去掉导线连接处的绝缘层而露出金属芯线,再进行连接,剥

离的绝缘层的长度为 50~100mm，通常线径小的导线剥离短些，线径粗的剥离长些。绝缘导线种类较多，绝缘层的剥离方法也有所不同。

1. 硬导线绝缘层的剥离

对于截面积在 0.4mm² 以下的硬绝缘导线，可以使用钢丝钳（俗称老虎钳）剥离绝缘层，具体如图 2-12 所示，其过程如下：

图 2-12 截面积在 0.4mm² 以下的硬绝缘导线绝缘层的剥离

1）左手捏住导线，右手拿钢丝钳，将钳口钳住剥离处的导线，切不可用力过大，以免切伤内部芯线；

2）左、右手分别朝相反方向用力，绝缘层就会沿钢丝钳运动方向脱离。

如果剥离绝缘层时不小心伤及内部芯线，较严重时需要剪掉切伤部分导线，重新按上述方向剥离绝缘层。

对于截面积在 0.4mm² 以上的硬绝缘导线，可以使用电工刀来剥离绝缘层，具体如图 2-13 所示，其过程如下：

1）左手捏住导线，右手拿电工刀，将刀口以 45°切入绝缘层，不可用力过大，以免切伤内部芯线，如图 2-13a 所示；

2）刀口切入绝缘层后，让刀口和芯线保持 25°，推动电工刀，将部分绝缘层削去，如图 2-13b 所示；

3）将剩余的绝缘层反向扳过来，如图 2-13c 所示，然后用电工刀将剩余的绝缘齐根削去。

45°
25°

a)   b)   c)

图 2-13 截面积在 0.4mm² 以上的硬绝缘导线绝缘层的剥离

2. 软导线绝缘层的剥离

剥离软导线的绝缘层可使用钢丝钳或剥线钳，但不可使用电工刀，因为软导线芯线由多股细线组成，用电工刀剥离很易切断部分芯线。用钢丝钳剥离软导线绝缘层的方法与剥离硬导线的绝缘层操作方法一样，这里只介绍如何用剥线钳剥离绝缘层，如图 2-14 所示，具体操作过程如下：

1）将导线放入剥线钳合适的钳口；

2）握住剥线钳手柄作圆周运行，让钳口在导线的绝缘层上切成一个圆周，注意不要切伤内部芯线；

3）往外推动剥线钳，绝缘层就会随钳口移动方向脱离。

剪切　剥线　夹持

图 2-14　用剥线钳剥离绝缘层

3. 护套线绝缘层的剥离

护套线除了内部有绝缘层外，在外面还有护套，**在剥离护套线绝缘层时，先要剥离护套，再剥离内部的绝缘层。剥离护套常用电工刀，剥离内部的绝缘层根据情况可使用钢丝钳、剥线钳或电工刀。**护套线绝缘层的剥离如图 2-15 所示，具体过程如下：

1）将护套线平放在木板上，然后用电工刀尖从中间划开护套，如图 2-15a 所示；

2）将护套线折弯，再用电工刀齐根削去，如图 2- 15b 所示；

3）根据护套线内部芯线的类型，用钢丝钳、剥线钳或电工刀剥离内部绝缘层。若芯线是较粗的硬导线，可使用电工刀；若是细硬导线，可使用钢丝钳；若是软导线，则使用剥线钳。

a)　　　　　　　　b)

图 2-15　护套线绝缘层的剥离

2.3.2　导线与导线的连接

当导线长度不够或接分支电路时，需要将导线与导线连接起来。**导线连接部位是电路的薄弱环节，正确进行导线连接可以增强电路的安全性、可靠性，使用电设备能稳定可靠地运行。在连接导线前，要求先去除芯线上的污物和氧化层。**

1. 铜芯导线之间的连接

（1）单股铜芯导线的直线连接

单股铜芯导线的直线连接如图 2-16 所示，具体过程如下：

1）将去除绝缘层和氧化层的两根单股导线作 X 形相交，如图 2-16a 所示；

2）将两根导线向两边紧密斜着缠绕 2~3 圈，如图 2-16b 所示；

3）将两根导线扳直，再各向两边绕 6 圈左右，多余的线头用钢丝钳剪掉。连接好的导线如图 2-16c 所示。

（2）单股铜芯导线的 T 字形分支连接

单股铜芯导线的 T 字形分支连接如图 2-17 所示，具体过程如下：

图 2-16　单股铜芯导线的直线连接

1）将去除绝缘层和氧化层的支路芯线与主干芯线十字相交，然后将支路芯线在主干芯线上绕一圈并跨过支路芯线（即打结），再在主干线上缠绕 8 圈左右，如图 2-17a 所示，多余的支路芯线剪掉；

2）对于截面积小的导线，也可以不打结，直接将支路芯线在主干芯线缠绕几圈，如图 2-17b 所示。

图 2-17　单股铜芯导线的 T 字形分支连接

（3）7 股铜芯导线的直线连接

7 股铜芯导线的直线连接如图 2-18 所示，具体过程如下：

1）将去除绝缘层和氧化层的两根导线 7 股芯线散开，并将绝缘层旁约 2/5 的芯线段绞紧，如图 2-18a 所示；

2）将两根导线分散成开的芯线隔根对叉，如图 2-34b 所示，然后压平两端对叉的线头，并将中间部分钳紧，如图 2-18c 所示；

3）将一端的 7 股芯线按 2、2、3 分成三组，再把第一组的 2 根芯线扳直（即与主芯线垂直），如图 2-18d 所示，然后按顺时针方向在主芯线上紧绕 2 圈，再将余下的扳到主芯线上，如图 2-18e 所示；

4）将第二组的 2 根芯线扳直，然后按顺时针方向在第一组芯线及主芯线上紧绕 2 圈，如图 2-18f 所示；

5）将第三组的 3 根芯线扳直，然后按顺时针方向在第一、二组芯线及主芯线上紧绕 2 圈，如图 2-18g 所示，三组芯线绕好后把多余的部分剪掉，已绕好一端的导线如图 2-18h 所示；

6）按同样的方法缠绕另一端的芯线。

（4）7 股铜芯导线的 T 字形分支连接

图 2-18 7 股铜芯导线的直线连接

7 股铜芯导线的 T 字形分支连接如图 2-19 所示，具体过程如下：

1）将去除绝缘层和氧化层的分支线 7 股芯线散开，并将绝缘层旁约 1/8 的芯线段绞紧，如图 2-19a 所示；

2）将分支线 7 股芯线按 3、4 分成两组，并叉入主干线，如图 2-19b 所示；

3）将 3 股的一组芯线在主芯线上按顺时针方向紧绕 3 圈，再将余下的剪掉，如图 2-19c 所示；

4）将 4 股的一组芯线在主芯线上按顺时针方向紧绕 4 圈，再将余下的剪掉，如图 2-19d 所示。

图 2-19 7 股铜芯导线的 T 字形分支连接

（5）不同直径铜导线的连接

不同直径的铜导线连接如图 2-20 所示，具体过程是：将细导线的芯线在粗导线的芯线上绕 5~6 圈，然后将粗芯线弯折压在缠绕细芯线上，再把细芯线在弯折的粗芯线上绕 3~4 圈，将多余的细芯线剪去。

（6）多股软导线与单股硬导线的连接

多股软导线与单股硬导线的连接如图 2-21 所示，具体过程是：先将多股软导线拧紧成一股芯线，然后将拧紧的芯线在硬导线上缠绕 7~8 圈，再将硬导线折弯压紧缠绕的软芯线。

图 2-20　不同直径的铜导线连接

图 2-21　多股软导线与单股硬导线的连接

（7）多芯导线的连接

多芯导线的连接如图 2-22 所示，从图中可以看出，多芯导线之间的连接关键在于各芯线连接点应相互错开，这样可以防止芯线连接点之间短路。

2. 铝芯导线之间的连接

铝芯导线由于采用铝材料作芯线，而铝材料易氧化而在表面形成氧化铝，氧化铝的电阻率又比较高，如果电路安装要求比较高，**铝芯导线之间一般不采用铜芯导线之间的连接方法，而常用铝压接管**（见图 2-23）**进行连接**。

图 2-22　多芯导线的连接

图 2-23　铝压接管

用压接管连接铝芯导线方法如图 2-24 所示，具体操作过程如下：

1）将待连接的两根铝芯线穿入压接管，并穿出一定的长度，如图 2-24a 所示，芯线截面积越大，穿出越长；

2）用压接钳对压接管进行压接，如图 2-24b 所示，铝芯线的截面积越大，则要求压坑越多。

a)　　　　　　　　　　　　　　　　　　b)

图 2-24　用压接管连接铝芯导线

如果需要将 3 根或 4 根铝芯线压接在一起，可按图 2-25 所示方法进行。

a)　　　　　　　　　　　　　　　　　　b)

图 2-25　用压接管连接 3 根或 4 根铝芯线

3. 铝芯导线与铜芯导线的连接

当铝和铜接触时容易发生电化腐蚀，所以**铝芯导线和铜芯导线不能直接连接，连接时需要用到铜铝压接管**，这种套管是由铜和铝制作而成的，如图2-26所示。

图 2-26   铜铝压接管

铝芯导线与铜芯导线的连接方法如图2-27所示，具体操作过程如下：

1）将铝芯线从压接管的铝端穿入，芯线不要超过压接管的铜材料端，铜芯线从压接管的铜端穿入，芯线不要超过压接管的铝材料端；

图 2-27   铝芯导线与铜芯导线的连接

2）用压接钳挤压压接管，将铜芯线与压接管的铜材料端压紧，铝芯线与压接管的铝材料端压紧。

2.3.3　导线与接线柱之间的连接

1. 导线与针孔式接线柱的连接

导线与针孔式接线柱的连接方法如图2-28所示，具体操作过程是：旋松接线柱上的螺钉，再将芯线插入针孔式接线柱内，然后旋紧螺钉，如果芯线较细，可把它折成两股再插入接线柱。

2. 导线与螺钉平压式接线柱的连接

导线与螺钉平压式接线柱的连接如图2-29所示，具体操作过程是：将导线的芯线弯成圆环状，保证芯线处于平分圆环位置，然后将圆环套在螺钉上，再往螺母上旋紧螺钉，芯线就被紧压在螺钉和螺母之间。

图 2-28   导线与针孔式接线柱的连接

图 2-29   导线与螺钉平压式接线柱的连接

2.3.4 导线绝缘层的恢复

导线芯线连接好后，为了安全起见，需要在芯线上缠绕绝缘材料，即恢复导线的绝缘层。**缠绕的绝缘材料主要有黄蜡胶带、黑胶带和涤纶薄膜胶带。**

在导线上缠绕绝缘带的方法如图 2-30 所示，具体过程如下：

1）从导线的左端绝缘层约 2 倍胶带宽处开始缠绕黄蜡胶带，如图 2-30a 所示，缠绕时，胶带保持与导线成 55°的角度，并且缠绕时胶带要压住上圈胶带的 1/2，如图 2-30b 所示，缠绕到导线右端绝缘层约两倍胶带宽处停止；

2）在导线右端将黑胶带与黄蜡胶带粘贴连接好，如图 2-30c 所示，然后从右往左斜向缠绕黑胶带，缠绕方法与黄蜡胶带相同，如图 2-30d 所示，缠绕至导线左端黄蜡胶带的起始端结束。

图 2-30　在导线上缠绕绝缘带

第3章 电工仪表

3.1 指针式万用表的使用

指针式万用表是一种广泛使用的电子测量仪表，它由一只灵敏度很高的直流电流表（微安表）作表头，再加上档位开关和相关电路组成。指针万用表可以测量电压、电流、电阻，还可以测量电子元器件的好坏。指针万用表种类很多，使用方法大同小异，本节以 MF-47 型万用表为例进行介绍。

3.1.1 面板介绍

MF-47 型万用表的面板如图 3-1 所示。从面板上可以看出，**指针式万用表面板主要由刻度盘、档位开关、旋钮和插孔构成。**

黑表笔　　　　　　　　　　　　　　　支撑架
红表笔
　　　　　　　　　　　　　　　　　　刻度盘
　　　　　　　　　　　　　　　　　　机械调零旋钮
晶体管测量孔　　　　　　　　　　　　欧姆调零旋钮
（P-PNP, N-NPN）
档位开关　　　　　　　　　　　　　　高电压测量孔
红表笔插孔　　　　　　　　　　　　　（1000～2500V）
黑表笔插孔　　　　　　　　　　　　　大电流测量孔
　　　　　　　　　　　　　　　　　　（500mA～5A）

图 3-1　MF-47 型万用表的面板

扫一扫看视频

1. 刻度盘

刻度盘用来指示被测量值的大小，它由 1 根指针和 6 条刻度线组成。刻度盘如图 3-2 所示。

第 1 条标有"Ω"字样的为欧姆刻度线。在测量电阻阻值时查看该刻度线。这条刻度线最右端刻度表示的阻值最小，为 0，最左端刻度表示阻值最大，为 ∞（无穷大）。在未测量时指针指在左端无穷处。

图 3-2　刻度盘

　　第 2 条标有 "V"（左方）和 "mA"（右方）字样的为交直流电压/直流电流刻度线。在测量交、直流电压和直流电流时都查看这条刻度线。该刻度线最左端刻度表示最小值，最右端刻度表示最大值，在该刻度线下方标有三组数，它们的最大值分别是 250、50 和 10，当选择不同档位时，要将刻度线的最大刻度看作该档位最大量程数值（其他刻度也要相应变化）。如档位开关置于 "50V" 档测量时，指针若指在第 2 条刻度线最大刻度处，表示此时测量的电压值为 50V（而不是 10V 或 250V）。

　　第 3 条标有 "hFE" 字样的为晶体管放大倍数刻度线。在测量晶体管放大倍数时查看这条刻度线。

　　第 4 条标有 "C（μF）" 字样的为电容量刻度线。在测量电容容量时查看这条刻度线。

　　第 5 条标有 "L（H）" 字样的为电感量刻度线。在测量电感的电感量时查看该刻度线。

　　第 6 条标有 "dB" 字样的为音频电平刻度线。在测量音频信号电平时查看这条刻度线。

　　2. 档位开关

　　档位开关的功能是选择不同的测量档位。档位开关如图 3-3 所示。

图 3-3　档位开关

3. 旋钮

万用表面板上有 2 个旋钮：机械调零旋钮和欧姆调零旋钮，见图 3-1。

机械调零旋钮的功能是在测量前将指针调到电压/电流刻度线的"0"刻度处。欧姆调零旋钮的功能是在使用电阻档测量时，将指针调到欧姆刻度线的"0"刻度处。两个旋钮的详细调节方法在后面将会介绍。

4. 插孔

万用表面板上有 4 个独立插孔和一个 6 孔组合插孔，见图 3-1。

标有"+"字样的为红表笔插孔；标有"COM（或 –）"字样的为黑表笔插孔；标有"5A"字样的为大电流插孔，当测量 500mA ~ 5A 范围内的电流时，红表笔应插入该插孔；标有"2500V"字样的为高电压插孔，当测量 1000 ~ 2500V 范围内的电压时，红表笔应插入此插孔。6 孔组合插孔为晶体管测量插孔，标有"N"字样的 3 个孔为 NPN 型晶体管的测量插孔，标有"P"字样的 3 个孔为 PNP 型晶体管的测量插孔。

3.1.2 使用前的准备工作

指针万用表在使用前，需要安装电池、机械调零和安插表笔。

1. 安装电池

在使用万用表前，需要给万用表安装电池，若不安装电池，电阻档和晶体管放大倍数档将无法使用，但电压、电流档仍可使用。MF-47 型万用表需要 9V 和 1.5V 两个电池，如图 3-4 所示，其中 9V 电池供给 $R \times 10k\Omega$ 档使用，1.5V 电池供给 $R \times 10k\Omega$ 档以外的电阻档和晶体管放大倍数测量档使用。安装电池时，一定要注意电池的极性，不能装错。

图 3-4 万用表的电池安装

2. 机械调零

在出厂时，大多数厂家已对万用表进行了机械调零，对于某些原因造成指针未调零时，可自己进行机械调零。机械调零过程如图 3-5 所示。

3. 安插表笔

万用表有红、黑两根表笔，在测量时，红表笔要插入标有"+"字样的插孔，黑表笔要插入标有"–"字样的插孔。

3.1.3 测量直流电压

MF-47 型万用表的直流电压档具体又分为 0.25V、1V、2.5V、10V、50V、250V、500V、1000V 和 2500V 档。

下面通过测量一节干电池的电压值来说明直流电压的测量操作，测量如图 3-6 所示，具体过程如下所述：

第一步：在使用万用表前，观察指针是否指在电压刻度线的"0"处，图中未指到"0"处

第二步：调节机械调零旋钮，使指针指到"0"处

图 3-5　机械调零

1）选择档位。测量前先大致估计被测电压可能有的最大值，再根据档位应高于且最接近被测电压的原则选择档位，若无法估计，可先选最高档测量，再根据大致测量值重新选取合适低档位测量。一节干电池的电压一般在 1.5V 左右，根据档位应高于且最接近被测电压的原则，选择 2.5V 档最为合适。

2）红、黑表笔接被测电压。红表笔接被测电压的高电位处（即电池的正极），黑表笔

第三步：因为选择的档位为2.5V档，在读数时查看电压刻度线最大值为250的那组数，现发现指针指在该组数的"150"处，则被测电池的电压为1.5V

第二步：将红、黑表笔分别接电池的正、负极

第一步：选择直流2.5V档

图 3-6　直流电压的测量（测量电池的电压）

接被测电压的低电位处（即电池的负极）。

3）读数。在刻度盘上找到旁边标有"V"字样的刻度线（即第2条刻度线），该刻度线有最大值分别是250、50、10的三组数对应，因为测量时选择的档位为2.5V，所以选择最大值为250的那一组数进行读数，但需将250看成2.5，该组其他数值作相应的变化。现观察指针指在"150"处，则被测电池的直流电压大小为1.5V。

补充说明如下：

1）如果测量1000~2500V范围内的电压时，档位开关应置于1000V档位，红表笔要插在2500V专用插孔中，黑表笔仍插在"COM"插孔中，读数时选择最大值为250的那一组数；

2）直流电压0.25V档与直流电流50μA档是共用的，在测直流电压时选择该档可以测量0~0.25V范围内的电压，读数时选择最大值为250的那一组数，在测直流电流时选择该档可以测量0~50μA范围内的电流，读数时选择最大值为50的那一组数。

3.1.4 测量交流电压

MF-47型万用表的交流电压档具体又分为10V、50V、250V、500V、1000V和2500V档。

下面通过测量市电电压的大小来说明交流电压的测量操作，测量如图3-7所示，具体过

图 3-7 交流电压的测量（测量市电电压）

程如下所述：

1）选择档位。市电电压一般在220V左右，根据档位应高于且最接近被测电压的原则，选择250V档最为合适。

2）红、黑表笔接被测电压。由于交流电压无正、负极性之分，故红、黑表笔可随意分别插在市电插座的两个插孔中。

3）读数。交流电压与直流电压共用刻度线，读数方法也相同。因为测量时选择的档位为250V，所以选择最大值为250的那一组数进行读数。现观察指针指在刻度线的"240"处，则被测市电电压的大小为240V。

3.1.5 测量直流电流

MF-47型万用表的直流电流档具体又分为50μA、0.5mA、5mA、50mA、500mA和5A档。

下面以测量流过灯泡的电流大小为例来说明直流电流的测量操作，直流电流的测量操作如图3-8a所示，图3-8b所示为等效电路测量图，具体过程如下所述：

a) 实际测量图

b) 等效测量图

图3-8 直流电流的测量

1）选择档位。灯泡工作电流较大，这里选择直流 500mA 档。

2）断开电路。将万用表红、黑表笔串接在电路的断开处，红表笔接断开处的高电位端，黑表笔接断开处的另一端。

3）读数。直流电流与直流电压共用刻度线，读数方法也相同。因为测量时选择的档位为 500mA 档，所以选择最大值为 50 的那一组数进行读数。现观察指针指在刻度线 27 的位置，那么流过灯泡的电流为 270mA。

如果流过灯泡的电流大于 500mA，可将红表笔插入 5A 插孔，档位仍置于 500mA 档。

注意：测量电路的电流时，一定要断开电路，并将万用表串接在电路断开处，这样电路中的电流才能流过万用表，万用表才能指示被测电流的大小。

3.1.6　测量电阻

测量电阻的阻值时需要选择电阻档。MF-47 型万用表的电阻档具体又分为×1Ω、×10Ω、×100Ω、×1kΩ 和×10kΩ 档。

下面通过测量一只电阻的阻值来说明电阻档的使用，测量如图 3-9 所示，具体过程如下所述：

1）选择档位。测量前先估计被测电阻的阻值大小，选择合适的档位。档位选择的原则是：在测量时尽可能让指针指在欧姆刻度线的中央位置，因为指针指在刻度线中央时的测量值最准确，若不能估计电阻的阻值，可先选高档位测量，如果发现阻值偏小时，再换成合适的低档位重新测量。现估计被测电阻阻值为几百欧至几千欧，选择档位×100Ω 较为合适。

2）~4）欧姆调零。档位选好后要进行欧姆调零，欧姆调零过程如图 3-9a、b 所示，先将红、黑表笔短路，观察指针是否指到欧姆刻度线的"0"处，若指针未指在"0"处，可调节欧姆调零旋钮，直到将指针调到"0"处为止，如果无法将指针调到"0"处，一般为万用表内部电池用旧所致，需要更换新电池。

5）红、黑表笔接被测电阻。电阻没有正、负之分，红、黑表笔可随意接在被测电阻两端。

6）读数。读数时查看指针在欧姆刻度线所指的数值，然后将该数值与档位数相乘，得到的结果即为该电阻的阻值。在图 3-9c 中，指针指在欧姆刻度线的"15"处，选择档位为×100Ω，则被测电阻的阻值为 $15 \times 100\Omega = 1500\Omega = 1.5k\Omega$。

3.1.7　万用表使用注意事项

万用表使用时要按正确的方法进行操作，不然，轻则会使测量值不准确，重则会烧坏万用表，甚至会触电危害人身安全。

万用表使用时要注意以下事项：

1）测量时不要选错档位，特别是不能用电流或电阻档来测电压，这样极易烧坏万用表。万用表不用时，可将档位置于交流电压最高档（如 1000V 档）。

2）测量直流电压或直流电流时，要将红表笔接电源或电路的高电位，黑表笔接低电位，若表笔接错会使指针反偏，这时应马上互换红、黑表笔位置。

3）若不能估计被测电压、电流或电阻的大小，应先用最高档，如果高档位测量值偏小，可根据测量值大小选择相应的低档位重新测量。

第三步：查看指针是否指到电阻刻度线的"0"处，图中未指到该处

第二步：将红、黑表笔短路

第一步：根据测量需要选择某个电阻档位

a) 欧姆调零(一)

第四步：调节欧姆调零旋钮，使指针指在电阻刻度线的"0"处

b) 欧姆调零(二)

第六步：读数时发现指针指在电阻刻度线的"15"处，因选择了×100Ω档，故被测电阻的阻值为15×100=1500Ω

第五步：红、黑表笔分别接被测电阻两端

c) 测量电阻值

图 3-9   电阻的测量

4）测量时，手不要接触表笔金属部位，以免触电或影响测量精确度。

5）测量电阻阻值和晶体管放大倍数时要进行欧姆调零，如果旋钮无法将指针调到欧姆刻度线的"0"处，一般为万用表内部电池用旧，可更换新电池。

3.2　数字万用表

数字万用表与指针式万用表相比，具有测量准确度高、测量速度快、输入阻抗大、过载能力强和功能多等优点，所以它与指针式万用表一样，在电工电子技术测量方面得到广泛的应用。数字万用表的种类很多，但使用方法基本相同，下面以广泛使用且价格便宜的 DT-830 型数字万用表为例来说明数字万用表的使用。

3.2.1　面板介绍

数字万用表的面板上主要有显示屏、档位开关和各种插孔。DT-830 型数字万用表面板如图 3-10 所示。

图 3-10　DT-830 型数字万用表的面板

1. 显示屏

显示屏用来显示被测量的数值，它可以显示 4 位数字，但最高位只能显示到 1，其他位可显示 0~9。

2. 档位开关

档位开关的功能是选择不同的测量档位，它包括直流电压档、交流电压档、直流电流档、电阻档、二极管测量档和晶体管放大倍数测量档。

扫一扫看视频

3. 插孔

数字万用表的面板上有 3 个独立插孔和 1 个 6 孔组合插孔。标有 "COM" 字样的为黑表笔插孔，标有 "VΩmA" 为红表笔插孔，标有 "10ADC" 为直流大电流插孔，在测量 200mA~10A 范围内的直流电流时，红表笔要插入该插孔。6 孔组合插孔为晶体管测量插孔。

3.2.2 测量直流电压

DT-830 型数字万用表的直流电压档具体又分为 200mV 档、2000mV 档、20V 档、200V 档、1000V 档。

下面通过测量一节电池的电压值来说明直流电压的测量，测量如图 3-11 所示，具体过程如下所述：

1）选择档位。一节电池的电压在 1.5V 左右，根据档位应高于且最接近被测电压原则，选择 2000mV（2V）档较为合适。

2）红、黑表笔接被测电压。红表笔接被测电压的高电位处（即电池的正极），黑表笔接被测电压的低电位处（即电池的负极）。

3）在显示屏上读数。现观察显示屏显示的数值为"1541"，则被测电池的直流电压为 1.541V。若显示屏显示的数字不断变化，可选择其中较稳定的数字作为测量值。

扫一扫看视频

图 3-11　直流电压的测量

3.2.3 测量交流电压

DT-830 型数字万用表的交流电压档具体又分为 200V 档和 750V 档。

下面通过测量市电的电压值来说明交流电压的测量，测量如图 3-12 所示，具体过程如下所述：

1）选择档位。市电电压通常在 220V 左右，根据档位应高于且最接近被测电压原则，选择 750V 档最为合适。

2）红、黑表笔接被测电压。由于交流电压无正、负极之分，故红、黑表笔可随意分别插入市电插座的两个插孔内。

3）在显示屏上读数。现观察显示屏显示的数值为"237"，则市电的电压值为 237V。

扫一扫看视频

图 3-12　交流电压的测量

3.2.4　测量直流电流

DT-830 型数字万用表的直流电流档具体又分为 2000μA 档、20mA 档、200mA 档、10A 档。

下面以测量流过灯泡的电流大小为例来说明直流电流的测量，测量操作如图 3-13 所示，具体过程如下所述：

1）选择档位。灯泡工作电流较大，这里选择直流 10A 档。

2）将红、黑表笔串接在被测电路中。先将红表笔插入 10A 电流专用插孔，断开被测电路，再将红、黑表笔串接在电路的断开处，红表笔接断开处的高电位端，黑表笔接断开处的另一端。

3）在显示屏上读数。现观察显示屏显示的数值为 "0.28"，则流过灯泡的电流为 0.28A。

扫一扫看视频

图 3-13　直流电流的测量

3.2.5 测量电阻

万用表测电阻时采用电阻档，DT-830 型万用表的电阻档具体又分为 200Ω 档、2000Ω 档、20kΩ 档、200kΩ 档和 2000kΩ 档。

1. 测量一只电阻的阻值

下面通过测量一个电阻的阻值来说明电阻档的使用，测量如图 3-14 所示，具体过程如下所述：

1）选择档位。估计被测电阻的阻值不会大于 20kΩ，根据档位应高于且最接近被测电阻的阻值原则，选择 20kΩ 档最为合适。若无法估计电阻的大致阻值，可先用最高档测量，若发现偏小，再根据显示的阻值更换合适低档位重新测量。

2）红、黑表笔接被测电阻两个引脚。

3）在显示屏上读数。现观察显示屏显示的数值为"1.47"，则被测电阻的阻值为 1.47kΩ。

扫一扫看视频

图 3-14　电阻的测量

2. 测量导线的电阻

导线的电阻大小与导体材料、截面积和长度有关，对于采用相同导体材料（如铜）的导线，芯线越粗其电阻越小，芯线越长其电阻越大。导线的电阻较小，数字万用表一般使用 200Ω 档测量，测量操作如图 3-15 所示，如果被测导线的电阻无穷大，则导线开路。

注意：数字万用表在使用低电阻档（200Ω 档）测量时，将两根表笔短接，通常会发现显示屏显示的阻值不为零，一般在零点几欧至几欧之间，该阻值主要是表笔及误差阻值，性能好的数字万用表该值很小。由于数字万用表无法进行欧姆调零，如果对测量准确度要求很高，可在测量前记下表笔短接时的阻值，再将测量值减去该值即为被测元件或电路的实际阻值。

图 3-15 测量导线的电阻

3.2.6 测量电路通断

电路通断可以用万用表的电阻档测量,但每次测量时都要查看显示屏的电阻值来判断,这样有些麻烦。为此**有的数字万用表专门设置了"通断测量"档,在测量时,当被测电路的电阻小于一定值(一般为 50Ω 左右),万用表会发出蜂鸣声,提示被测电路处于导通状态**。图 3-16 是用数字万用表的"通断测量"档检测导线的通断。

扫一扫看视频

图 3-16 用"通断测量"档检测导线的通断

3.3 电 能 表

电能表又称电度表，它是一种用来计算用电量（电能）的测量仪表。电能表可分为单相电能表和三相电能表，分别用在单相和三相交流电路中。

3.3.1 电能表的结构与原理

根据工作方式不同，电能表可分为感应式和电子式两种。电子式电能表是利用电子电路驱动计数机构来对电能进行计数的，而感应式电能表是利用电磁感应产生力矩来驱动计数机构对电能进行计数的。感应式电能表由于成本低、结构简单而被广泛应用。

单相电能表（感应式）的外形及内部结构如图 3-17 所示。

a) 外形　　　　　　　　　　　b) 内部结构

图 3-17　单相电能表（感应式）的外形及内部结构

从图 3-17b 中可以看出，单相电能表内部垂直方向有一个铁心，铁心中间夹有一个铝盘，铁心上绕着线径小、匝数多的电压线圈，在铝盘的下方水平放置着一个铁心，铁心上绕有线径粗、匝数少的电流线圈。当电能表按图示的方法与电源及负载连接好后，电压线圈和电流线圈均有电流通过而都产生磁场，它们的磁场分别通过垂直和水平方向的铁心作用于铝盘，铝盘受力转动，铝盘中央的转轴也随之转动，它通过传动齿轮驱动计数器计数。如果电源电压高、流向负载的电流大，两个线圈产生的磁场强，铝盘转速快，通过转轴、齿轮驱动计数器的计数速度快，计数出来的电量更多。永久磁铁的作用是让铝盘运转保持平衡。

三相三线式电能表内部结构如图 3-18 所示。从图中可以看出，三相三线式电能表有两组与单相电能表一样的元件，这两组元件共用一根转轴、减速齿轮和计数器，在工作时，两组元件的铝盘共同带动转轴运转，通过齿轮驱动计数器进行计数。

三相四线式电能表的结构与三相三线式电能表类似，但它内部有三组元件共同来驱动计数机构。

3.3.2 单相电能表的接线方式

电能表在使用时，要与电路正确连接才能正常工作，如果连接错误，轻则会出现电量计数错误，重则会烧坏电能表。在接线时，除了要注意一般的规律外，还要认真查看电能表接线说明图，按照说明图来接线。

单相电能表的接线如图 3-19 所示。

图 3-19b 中圆圈上的粗水平线表示电流线圈，其线径粗、匝数小、阻值小（接近零欧），在接线时，要串接在电源相线和负载之间；圆圈上的细垂直线表示电压线圈，其线径细、匝数多、阻值大（用万用表欧姆档测量时为几百至几千欧），在接线时，要

图 3-18 三相三线式电能表内部结构

接在电源相线和零线之间。另外，电能表电压线圈、电流线圈的电源端（该端一般标有圆点）应共同接电源进线。

a) 实际接线　　　　　　　　　b) 接线图

图 3-19 单相电能表的接线

3.3.3 三相电能表的接线方式

三相电能表可分为三相三线式电能表和三相四线式电能表，它们的接线方式如图 3-20 所示。

3.3.4 在大电流高电压电路中的电能表接线方式

在使用电能表时，要求所接电路的电压和电流不能超过电能表的额定电压和额定电流。**如果希望容量小的电能表也能测量大电流和高电压电路的电能，可在电路与电能表之间加接电压互感器和电流互感器。**

图 3-20　三相电能表常见的接线方式

1. 电压互感器

电压互感器是一种能将交流电压升高或降低的元件，其外形与结构如图 3-21a、b 所示，其工作原理说明如图 3-21c 所示。

图 3-21　电压互感器

从图中可以看出，电压互感器由两组线圈绕在铁心上构成，一组线圈（可称作一次绕组，其匝数为 N_1）并接在电源线上，另一组线圈（可称作二次绕组，其匝数为 N_2）接有一个电压表。当电源电压加到一次绕组时，该线圈产生磁场，磁场通过铁心穿过二次绕组，二次绕组两端即产生电压。电压互感器的一次绕组电压 U_1 与二次绕组电压 U_2 有下面的关系：

$$\frac{U_1}{U_2}=\frac{N_1}{N_2}$$

从上面的式子可以看出，电压互感器线圈两端的电压与匝数成正比，即匝数多的线圈两端的电压高，匝数少的线圈两端电压低，N_1/N_2 称为电压比。

因此，当电能表接在高电压电路中时，应在电能表与电路之间接电压互感器，匝数多的线圈并接在电源线上，匝数少的线圈与电能表内部的电压线圈并接。

2. 电流互感器

电流互感器是一种能增大或减小交流电流的元件，其外形与工作原理说明如图 3-22 所示。

a) 外形
b) 工作原理说明图

图 3-22 电流互感器

从图 3-22b 中可以看出，电流互感器与电压互感器结构基本相同，不同主要在于电压互感器的一组线圈并接在电源线上，而电流互感器的一组线圈串接在一根电源线上。当有电流流过一次绕组时，线圈产生磁场，磁场通过铁心穿过二次绕组，二次绕组两端有电压产生，与线圈连接的电流表有电流流过。对于穿心式电流互感器，直接将穿心（孔）而过的电源线作为一次绕组，二次绕组接电流表。

电流互感器的一次绕组电流 I_1 与二次绕组电流 I_2 有下面的关系

$$\frac{I_1}{I_2} = \frac{N_2}{I_1}$$

从上面的式子可以看出，**线圈流过的电流大小与线圈的匝数成反比，即匝数多的线圈流过的电流小，匝数少的线圈流过的电流大**，N_2/N_1 称为电流比。

因此，**当电能表接在大电流电路中时，应在电能表与电路之间接电流互感器，匝数少的绕组串接在电源线上，匝数多的线圈与电能表内部的电流线圈并接**。

3. 电能表在大电流电路中的接线方式

当电能表需用在大电流电路时，可在电源线与电能表之间加接电流互感器。图 3-23 所示

a) 单相电能表大电流接线方式
b) 三相三线式电能表大电流接线方式
c) 三相四线式电能表大电流接线方式

图 3-23 电能表大电流接线方式

是几种在大电流电路中的电能表接线方式，其中图3-23a为单相电能表的接线方式，图3-23b为三相三线式电能表的接线方式，图3-23c为三相四线式电能表的接线方式。

在电能表与电流互感器配合来测量电路电量时，电能表测得的值并不是电路的实际用电量，实际用电量应等于电能表的值与电流互感器的电流比（N_2/N_1）。

以图3-23a为例，若电流互感器的电流比为400/5，电能表一天变化值为10kW·h，那么该天负载实际消耗电能为10kW·h×400/5＝800kW·h。

4. 电能表在大电流、高电压电路中的接线方式

当电能表需用在大电流、高电压电路时，可在电源线与电能表之间加接电流互感器和电压互感器。图3-24所示是单相电能表在大电流、高电压电路中的接线方式。

在电能表与电流互感器、电压互感器配合使用时，电能表测得的值并不是电路的实际用电量，实际用电量应等于电能表的值、电流互感器的电流比和电压互感器的电压比三者的乘积。

图3-24 单相电能表在大电流、高电压电路中的接线方式

3.3.5 用电能表测量电器的功率

有些电器标有功率大小，如灯泡；也有些电器没有标出功率，如计算机；还有些电器有多个档位，虽然标出了功率，但它只是其中一个档的功率，如电风扇。对于后面两种类型的电器，可以借助电能表来测量它们的功率。

下面以测量一台计算机工作时的功率为例来说明。详细过程如下：

1）查看电能表的常数R。以图3-17a所示的电能表为例，它的常数R为600r/kW·h（即600转/千瓦小时），其含义是当电能表转盘旋转600圈时计得的电量为1kW·h（即1度电）。

2）关掉电能表接的所有电器，仅让计算机开机工作。

3）观察并记录电能表转盘旋转的圈数r和所用的时间t。在记录时，圈数应为整数，圈数越多，测量将会更准确，这里假设r＝9、t＝360s。

4）利用公式P＝(3600r)/(tR)计算计算机的功率（P为功率，单位为kW）。将有关值代入式子可计算出计算机的功率为

$$P = \frac{3600r}{tR} = \frac{3600 \times 9}{360 \times 600} = 0.15\text{kW} = 150\text{W}$$

注意：计算机硬件配置不同，其功率不同，运行程序时较不运行程序时消耗功率更大。

用上述的方法不但可以测量出某电器的功率，还可以检验电能表计量的准确性。在检验电能表时，先找一个标注准确的100W灯泡，然后用测量计算机功率的方法测量并计算该灯泡的功率，若计算出的功率与灯泡标注的功率相同，则说明电能表计量准确，否则计量不准确。

3.3.6　电子式电能表

电子式电能表内部采用电子电路构成测量电路来对电能进行测量，与机械式电能表比较，电子式电能表具有准确度高、可靠性好、功耗低、过载能力强、体积小和重量轻等优点。 有的电子式电能表采用一些先进的电子测量电路，故可以实现很多智能化的电能测量功能。常见的电子式电能表有普通的电子式电能表、电子式预付费电能表和电子式多费率电能表等。

1. 普通的电子式电能表

普通的电子式电能表采用了电子测量电路来对电能进行测量。根据显示方式来分，它可以分为滚轮显示电能表和液晶显示电能表。图 3-25 所示为两种类型的电子式电能表和滚轮显示电子电能表的内部结构。

a)　　　　　　　　　　　　　　　　　　　　　　b)

图 3-25　两种类型的普通电子式电能表

滚轮显示电子式电能表内部没有铝盘，不能带动滚轮计数器，在其内部采用了一个小型步进电动机，在测量时，电能表每通过一定的电量，测量电路会产生一个脉冲，该脉冲去驱动电机旋转一定的角度，带动滚轮计数器转动来进行计数。图 3-25a 所示的电子式电能表的电表常数为 3200imp/kW·h（脉冲数/千瓦小时），表示电能表的测量电路需要产生 3200 个脉冲才能让滚轮计数器计量一度电，即当电能表通过的电量为 1/3200 度时，测量电路才会产生一个脉冲去滚轮计数器。

液晶显示电子式电能表则是由测量电路输出显示信号，直接驱动液晶显示器显示电量数值。

电子式电能表的接线与机械式电能表基本相同，这里不再叙述，为确保接线准确无误，可查看电能表附带的说明书。

2. 电子式预付费电能表

电子式预付费电能表是一种先缴电费再用电的电能表。 图 3-26 所示就是一种电子式预付费电能表。

这种电能表内部采用了微处理器（CPU）、存储器、通信接口电路和继电器等。它在使用前，需先将已充值的购电卡插入电能表的插槽，在内部 CPU 的控制下，购电卡中的数据被读入电能表的存储器，并在显示器上显示可使用的电量值。在用电过程中，显示器上的电量值根据电能的使用量而减少，当电量值减小到 0 时，CPU 会通过电路控制内部继电器开路，输入电能表的电能因继电器开路而无法输出，从而切断了用户的供电。

图 3-26　电子式预付费电能表

3. 电子式多费率电能表

电子式多费率电能表又称分时计费电能表，它可以实现不同时段执行不同的计费标准。图 3-27 所示是一种电子式多费率电能表，这种电能表依靠内部的单片机进行分时段计费控制，此外还可以显示出峰、平、谷电量和总电量等数据。

图 3-27　电子式多费率电能表

4. 电子式电能表与机械式电能表的区别

电子式电能表与机械式电能表如图 3-28 所示。**两种电能表可以从以下几个方面进行区别：**

1）**查看面板上有无铝盘**。电子式电能表没有铝盘，而机械式电能表面板上可以看到铝盘。

2）**查看面板型号**。电子式电能表型号的第 3 位含有 S 字母，而机械式电能表没有，如 DDS879 为电子式电能表。

3）**查看电表常数单位**。电子式电能表的电表常数单位为 imp/kW·h（脉冲数/千瓦小时），机械式电能表的电表常数单位为 r/kW·h（转数/千瓦小时）。

图 3-28 电子式电能表和机械式电能表的区别

3.3.7 电能表型号与铭牌含义

1. 型号含义

电能表的型号一般由六部分组成,各部分意义如下。

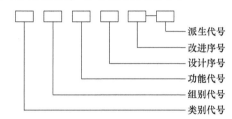

1）类别代号：D——电能表。

2）组别代号：A——安培小时计；B——标准；D——单相电能表；F——伏特小时计；J——直流；S——三相三线；T——三相四线；X——无功。

3）功能代号：F——分时计费；S——电子式；Y——预付费式；D——多功能；M——脉冲式；Z——最大需量。

4）设计序号：一般用数字表示。

5）改进序号：一般用汉语拼音字母表示。

6）派生代号：T——湿热、干热两用；TH——湿热专用；TA——干热专用；G——高原用；H——船用；F——化工防腐。

电能表的形式和功能很多,各厂家在型号命名上也不尽完全相同,大多数电能表只用两个字母表示其功能和用途。一些特殊功能或电子式的电能表多用三个字母表示其功能和用途。

举例如下：

1）DD28 表示单相电能表。D——电能表,D——单相,28——设计序号。

2）DS862 表示三相三线有功电能表。D——电能表,S——三相三线,86——设计序号,2——改进序号。

3）DX8 表示无功电能表。D——电能表,X——无功,8——设计序号。

4）DTD18 表示三相四线有功多功能电能表。D——电能表,T——三相四线,D——多功能，18——设计序号。

2. 铭牌含义

电能表铭牌通常含有以下内容：

1）计量单位名称或符号。有功电表为"kW·h（千瓦小时），无功电表为"kvar·h（千乏小时）"。

2）电量计数器窗口。整数位和小数位用不同颜色区分，窗口各字轮均有倍乘系数，如×1000、×100、×10、×1、×0.1。

3）标定电流和额定最大电流。标定电流（又称基本电流）是用于确定电能表有关特性的电流值，该值越小，电能表越容易起动；额定最大电流是指仪表能满足规定计量准确度的最大电流值。当电能表通过的电流在标定电流和额定最大电流之间时，电能计量准确，当电流小于标定电流值或大于额定最大电流值时，电能计量准确度会下降。一般情况下，不允许流过电能表的电流长时间大于额定最大电流。

4）工作电压。电能表所接电源的电压。单相电能表以电压电路接线端的电压表示，如220V；三相三线电能表以相数乘以线电压表示，如3×380V；三相四线电能表以相数乘以相电压/线电压表示，如3×220/380V。

5）工作频率。电能表所接电源的工作频率。

6）电表常数。它是指电能表记录的电能和相应的转数或脉冲数之间关系的常数。机械式电能表以 r/kW·h（转数/千瓦小时）为单位，表示计量 1 千瓦小时（即 1 度电）电量时的铝盘的转数，电子式电能表以 imp/kW·h（脉冲数/千瓦小时）为单位。

7）型号。

8）制造厂名。

图 3-29 所示为一个单相机械电能表，其铭牌含义见标注所示。

图 3-29 电能表铭牌含义说明

3.4 钳 形 表

钳形表又称钳形电流表，它是一种测量电气电路电流大小的仪表。与电流表和万用表相比，**钳形表的优点是在测电流时不需要断开电路**。钳形表可分为指针式钳形表和数字钳形表两类，指针式钳形表是利用内部电流表的指针摆动来指示被测电流的大小；数字钳形表是利用数字测量电路将被测电流处理后，再通过显示器以数字的形式将电流大小显示出来。

扫一扫看视频

3.4.1　钳形表的结构与测量原理

这里以指针式为例来说明钳形表的结构与工作原理。指针式钳形表的外形与结构如图3-30所示。从图中可以看出，指针式钳形表主要由铁心、线圈、电流表、量程旋钮和扳手等组成。

在使用钳形表时，按下扳手，铁心开口张开，从开口处将导线放入铁心中央，再松开扳手，铁心开口闭合。当有电流流过导线时，导线周围会产生磁场，磁场的磁力线沿铁心穿过线圈，线圈立即产生电流，该电流经内部一些元器件后流进电流表，电流表指针摆动，指示电流的大小。流过导线的电流越大，导线产生的磁场越大，穿过线圈的磁力线越多，线圈产生的电流就越大，流进电流表的电流就越大，指针摆动幅度越大，则指示的电流值越大。

3.4.2　指针式钳形表的使用

1. 实物外形

早期的钳形表仅能测电流，而现在常用的钳形表大多数已将钳形表和万用表结合起来，不但可以测电流，还能测电压和电阻，图3-31所示的钳形表都具有这些功能。

图3-30　指针式钳形表的外形与结构

铁心开口　I
导线
铁心
磁力线
线圈
电流表
扳手
量程旋钮

图3-31　一些常见的指针式钳形表

2. 使用方法

（1）准备工作

在使用钳形表测量前，要做好以下准备工作：

1）安装电池。早期的钳形表仅能测电流，不需安装电池，而现在的钳形表不但能测电流、电压，还能测电阻，因此要求表内安装电池。安装电池时，打开电池盖，将大小和电压值符合要求的电池装入钳形表的电池盒，安装时要注意电池的极性与电池盒标注相同。

2）机械调零。将钳形表平放在桌面上，观察指针是否指在电流刻度线的"0"刻度处，若没有，可用螺钉旋具调节刻度盘下方的机械调零旋钮，将指针调到"0"刻度处。

3）安装表笔。如果仅用钳形表测电流，可不安装表笔；如果要测量电压和电阻，则需要给钳形表安装表笔。安装表笔时，红表笔插入标"＋"的插孔，黑表笔插入标"－"或标"COM"的插孔。

（2）用钳形表测电流

使用钳形表测电流，一般按以下操作步骤进行：

1）**估计被测电流大小的范围，选取合适的电流档位。**选择的电流档应大于被测电流，若无法估计电流范围，可先选择大电流档测量，测得偏小时再选择小电流档。

2）**钳入被测导线。**在测量时，按下钳形表上的扳手，张开铁心，钳入一根导线，如图 3-32a 所示，指针摆动，指示导线流过的电流大小。

测量时要注意，不能将两根导线同时钳入，图 3-32b 所示的测量方法是错误的。这是因为两根导线流过的电流大小相等，但方向相反，两根导线产生的磁场方向是相反的，相互抵消，钳形表测出的电流值将为 0，如果不为 0，则说明两根导线流过的电流不相等，负载存在漏电（一根导线的部分电流经绝缘性能差的物体直接到地，没有全部流到另一根线上），此时钳形表测出值为漏电电流值。

图 3-32　钳形表的测量方法

3）**读数。**在读数时，观察并记下指针指在"ACA（交流电流）"刻度线的数值，再配合档位数进行综合读数。例如图 3-32a 所示的测量中，指针指在 ACA 刻度线的 3.5 处，此时档位为电流 50A 档，读数时要将 ACA 刻度线最大值 5 看成 50，3.5 则为 35，即被测导线流过的电流值为 35A。

如果被测导线的电流较小，可以将导线在钳形表的铁心上绕几圈再测量。如图 3-33 所示，将导线在铁心绕了 2 圈，这样测出的电流值是导线实际电流的 2 倍，图中指针指在 3.5 处，档位开关置于"5A"档，导线的实际电流应为 3.5/2 = 1.75A。

现在的大多数钳形表可以在不断开电路的情况下测量电流，还能像万用表一样测电压和电阻。钳形表在测电压和电阻时，需要安装表笔，用表笔接触电路或元器件来进行测量，具体测量方法与万用表一样，这里不再叙述。

3. 使用注意事项

在使用钳形表时，为了安全和测量准确，需要注意以下事项：

1）在测量时要估计被测电流大小，选择合适的档位，不要用低档位测大电流。若无法估计电流大小，可先选高档位，如果指针偏转偏小，应选合适的低档位重新测量。

2）在测量导线电流时，每次只能钳入一根导线，若钳入导线后发现有振动和碰撞声，应重新打开钳口，并开合几次，直至噪声消失为止。

3）在测大电流后再测小电流时，也需要开合钳口数次，以消除铁心上的剩磁，以免产生测量误差。

4）在测量时不要切换量程，以免切换时表内线圈瞬间开路，线圈感应出很高的电压而损坏表内的元器件。

图 3-33 钳形表测量小电流的方法

5）在测量一根导线的电流时，应尽量让其他的导线远离钳形表，以免受这些导线产生的磁场影响，而使测量误差增大。

6）在测量裸露线时，需要用绝缘物将其他的导线隔开，以免测量时钳形表开合钳口引起短路。

3.4.3 数字钳形表的使用

1. 实物外形及面板介绍

图 3-34 所示为一种常用的数字钳形表，它除了有钳形表的无须断开电路就能测量交流电流的功能外，还具有部分数字万用表的功能，在使用数字万用表的功能时，需要用到测量表笔。

图 3-34 一种常用的数字钳形表

2. 使用方法

（1）测量交流电流

为了便于用钳形表测量用电设备的交流电流，可按图 3-35 所示制作一个电源插座，利用该插座测量电烙铁的工作电流的操作如图 3-36 所示。

将电源插座线的一段护套层剥掉，露出三根导线，分别是相线L(红色)、零线N(蓝色)和地线PE(黄绿双色)，若为两根导线，则为相线和零线

图 3-35 制作一个便于用钳形表测量用电设备的交流电流的电源插座

第二步：按下扳手，打开钳口，钳入相线或零线(不要钳入地线)

第三步：将电烙铁的插头插入被测电源插座

第一步：被测电烙铁的标称功率为30W，工作电流较小，故档位开关选择交流2A档

第四步：观察显示屏显示为"·113"，则电烙铁的工作电流为0.113A

图 3-36 用钳形表测量电烙铁的工作电流

（2）测量交流电压

用钳形表测量交流电压需要用到测量表笔，测量操作如图 3-37 所示。

第三步：将红、黑表笔另一端插入市电电源插座

第一步：档位开关选择交流600V档

第二步：将黑、红表笔插头分别插入钳形表的"COM"和"VΩ"插孔

第四步：观察显示屏显示为"234"，则市电电压为234V

图 3-37 用钳形表测量交流电压

（3）判别相线

有的钳形表具有相线检测档，利用该档可以判别出相线。用钳形表的相线检测档判别相线的测量操作如图 3-38 所示。

第一步：档位开关选择"相线检测"档

相线指示灯

第三步：用手捏着黑表笔的绝缘部位，同时查看相线指示灯，若指示灯亮，表明红表笔所插入的电源插座插孔为相线，若指示灯不亮，可将红表笔换插到电源插座的另一个插孔进行检测

第二步：将红表笔的一端插入钳形表的相线检测插孔，另一端插入电源插座的一个插孔

图 3-38　用钳形表的"相线检测"档判别相线

　　如果数字钳形表没有相线检测档，也可以用交流电压档来判别相线。在检测时，钳形表选择交流电压 20V 以上的档位，一只手捏着黑表笔的绝缘部位，另一只手将红表笔先后插入电源插座的两个插孔，同时观察显示屏显示的感应电压大小，以显示感应电压值大的一次为准，红表笔插入的为相线插孔。

扫一扫看视频

3.5　兆　欧　表

　　兆欧表（标准术语为绝缘电阻表）是一种测量绝缘电阻的仪表，由于这种仪表的阻值单位通常为兆欧（MΩ），所以常称作兆欧表。**兆欧表主要用来测量电气设备和电气电路的绝缘电阻**。兆欧表可以测量绝缘导线的绝缘电阻，判断电气设备是否漏电等。有些万用表也可以测量兆欧级的电阻，但万用表本身提供的电压低，无法测量高压下电气设备的绝缘电阻，如有些设备在低压下绝缘电阻很大，但电压升高，绝缘电阻很小，漏电很严重，容易造成触电事故。

　　根据工作和显示方式不同，兆欧表通常可分作三类：手摇式兆欧表（摇表）、指针式兆欧表和数字兆欧表。

3.5.1　摇表工作原理与使用

1. 实物外形
图 3-39 所示为摇表的实物外形。

扫一扫看视频

测试夹接线端

测试夹接线端

刻度盘保护盖：翻转
可盖住刻度盘

红、黑测试夹

刻度盘：刻度单位
为MΩ，准确刻度
范围0～500MΩ

摇柄：测试时以120r/min的速
度转动摇柄(超过该速度摇柄
会打滑)，仪表可产生500V的
测试电压

图 3-39 常见的摇表

2. 工作原理

摇表主要由磁电式比率计、手摇发电机和测量电路
组成，其工作原理示意图如图 3-40 所示。

在使用摇表测量时，将被测电阻按图示的方法接
好，然后摇动手摇发电机，发电机产生几百伏至几千伏
的高压，并从 "+" 端输出电流，电流分作 I_1、I_2 两路，
I_1 经线圈 1、R_1 回到发电机的 "−" 端，I_2 经线圈 2、
被测电阻 R_x 回到发电机的 "−" 端。

线圈 1、线圈 2、指针和磁铁组成磁电式比率计。
当线圈 1 流过电流时，会产生磁场，线圈产生的磁场与
磁铁的磁场相互作用，线圈 1 逆时针旋转，带动指针往
左摆动指向∞处；当线圈 2 流过电流时，指针会往右摆
动指向 0。当线圈 1、2 都有电流流过时（两线圈参数相

图 3-40 摇表工作原理示意图

同），若 $I_1 = I_2$，即 $R_1 = R_x$ 时，指针指在中间；若 $I_1 > I_2$，即 $R_1 < R_x$ 时，指针偏左，指示 R_x
的阻值大；若 $I_1 < I_2$，即 $R_1 > R_x$ 时，指针偏右，指示 R_x 的阻值小。

在摇动发电机时，由于摇动时很难保证发电机匀速转动，所以发电机输出的电压和流出
的电流是不稳定的，但因为流过两线圈的电流同时变化，如发电机输出电流小时，流过两线
圈的电流都会变小，它们受力的比例仍保持不变，故不会影响测量结果。另外，由于发电机
会发出几百伏至几千伏的高压，它经线圈加到被测物两端，这样测量能真实反映被测物在高
压下的绝缘电阻大小。

3. 使用方法

（1）使用前的准备工作

摇表在使用前，要做好以下准备工作：

1）接测量线。 摇表有三个接线端：L端（LINE：电路测试端）、E端（EARTH：接地端）和G端（GUARD：防护屏蔽端）。如图3-41所示，在使用前将两根测试线分别接在摇表的这两个接线端上。一般情况下，只需给L端和E端接测试线，G端一般情况下不用。

2）进行开路实验。 让L端、E端之间开路，然后转动摇表的摇柄，使转速达到额定转速（120r/min左右），这时指针应指在"∞"处，如图3-42a所示。若不能指到该位置，则说明摇表有故障。

E端(接地端:接黑测试夹)　　L端(电路测试端:接红测试夹)

G端(防护屏蔽端:特殊测试时使用)

图3-41　摇表的接线端

3）进行短路实验。 将L端、E端测量线短接，再转动摇表的摇柄，使转速达到额定转速，这时指针应指在"0"处，如图3-42b所示。

若开路和短路实验都正常，就可以开始用摇表进行测量了。

（2）使用方法

使用摇表测量电气设备绝缘电阻，一般按以下步骤进行：

扫一扫看视频

a) 开路实验　　　　　　　　　　b) 短路实验

图3-42　摇表测量前的实验

1）根据被测物额定电压大小来选择相应额定电压的摇表。 摇表在测量时，内部发电机会产生电压，但并不是所有的摇表产生的电压都相同，如ZC25-3型摇表产生500V电压，而ZC25-4型摇表能产生1000V电压。选择摇表时，要注意其额定电压要较待测电气设备的额定电压高，例如额定电压为380V及以下的被测物，可选用额定电压为500V的摇表来测量。有关摇表的额定电压大小，可查看摇表上的标注或说明书。一些不同额定电压下的被测物及选用的摇表见表3-1。

表 3-1   不同额定电压下的被测物及选用的摇表

被测物	被测物的额定电压/V	所选摇表的额定电压/V
线圈	<500	500
	≥500	1000
电力变压器和电动机绕组	≥500	1000～2500
发电机绕组	≤380	1000
电气设备	<500	500～1000
	≥500	2500

扫一扫看视频

2）**测量并读数**。在测量时，切断被测物的电源，将 L 端与被测物的导体部分连接，E 端与被测物的外壳或其他与之绝缘的导体连接，然后转动摇表的摇柄，让转速保持在 120r/min 左右（允许有 20% 的转速误差），待指针稳定后进行读数。

（3）使用举例

下面举几个例子来说明摇表的使用：

1）**测量电网线间的绝缘电阻**。测量示意图如图 3-43 所示。测量时，先切断 220V 市电，并断开所有的用电设备的开关，再将摇表的 L 端和 E 端测量线分别插入插座的两个插孔，然后摇动摇柄查看指针所指数值。图中指针指在 400 处，说明电源插座两插孔之间的绝缘电阻为 400MΩ。

如果测得电源插座两插孔之间的绝缘电阻很小，如零点几兆欧，则有可能是插座两个插孔之间绝缘性能不好，也可能是两根电网线间绝缘变差，还有可能是用电设备的开关或插座绝缘不好。

2）**测量用电设备外壳与电路间的绝缘电阻**。这里以测洗衣机外壳与电路间的绝缘电阻为例来说明（电冰箱、空调器等设备的测量方法与之相同）。测量洗衣机外壳与电路间的绝缘电阻示意图如图 3-44 所示。

图 3-43   用摇表测量电网线间的绝缘电阻

图 3-44   用摇表测量用电设备外壳与电路间的绝缘电阻

测量时，拔出洗衣机的电源插头，将摇表的 L 端测量线接电源插头，E 端测量线接洗衣机外壳，这样测量的是洗衣机的电气电路与外壳之间的绝缘电阻。正常情况下这个阻值应很大，如果测得该阻值小，说明内部电气电路与外壳之间存在着较大的漏电电流，人接触外壳时会造成触电，因此要重点检查电气电路与外壳漏电的原因。

3）**测量电缆的绝缘电阻**。用摇表测量电缆的绝缘电阻示意图如图 3-45 所示。

图 3-45　用摇表测量电缆的绝缘电阻

图中的电缆有三部分：电缆金属芯线、内绝缘层和电缆外皮。测这种多层电缆时一般要用到摇表的 G 端。在测量时，分别各用一根金属线在电缆外皮和内绝缘层上绕几圈（这样测量时可使摇表的测量线与外皮、内绝缘层接触更充分），再将 E 端测量线接电缆外皮缠绕的金属线，将 G 端测量线接内绝缘层缠绕的金属线，L 端则接电缆金属芯线。这样连接好后，摇动摇柄即可测量电缆的绝缘电阻。将内绝缘层与 G 端相连，目的是让内绝缘层上的漏电电流直接流入 G 端，而不会流入 E 端，避免了漏电电流影响测量值。

4. 使用注意事项

在使用摇表测量时，要注意以下事项：

1) **正确选用适当额定电压的摇表**。选用额定电压过高的摇表测量易击穿被测物，选用额定电压低的摇表测量则不能反映被测物的真实绝缘电阻。

2) **测量电气设备时，一定要切断设备的电源**。切断电源后要等待一定的时间再测量，目的是让电气设备放完残存的电。

3) **测量时，摇表的测量线不能绕在一起**。这样做的目的是避免测量线之间的绝缘电阻影响被测物。

4) **测量时，顺时针由慢到快摇动手柄，直至转速达 120r/min，一般在 1min 后读数**（读数时仍要摇动摇柄）。

5) **在摇动摇柄时，手不可接触测量线裸露部位和被测物，以免触电**。

6) **被测物表面应擦拭干净，不得有污物，以免造成测量数据不准确**。

3.5.2　数字兆欧表的使用

数字兆欧表是以数字的形式直观显示被测绝缘电阻的大小，它与指针式兆欧表一样，测试高压都是由内部升压电路产生的。

1. 实物外形

图 3-46 所示为几种数字兆欧表的实物外形。

2. 使用方法

数字兆欧表种类很多，使用方法基本相同，下面以 VC60B 型数字兆欧表为例来说明。

VC60B 型数字兆欧表是一种使用轻便、量程广、性能稳定，并且能自动关机的测量仪器。这种仪表内部采用电压变换器，可以将 9V 的直流电压变换成 250V/500V/1000V 的直流电压，因此可以测量多种不同额定电压下的电气设备的绝缘电阻。

图 3-46　几种数字兆欧表的实物外形

VC60B 型数字兆欧表的面板如图 3-47 所示。

（1）测量前的准备工作

在测量前，需要先做好以下准备工作：

1）安装 9V 电池。

2）安插测量线。VC60B 型数字兆欧表有四个测量线插孔：L 端（电路测试端）、G 端（防护或屏蔽端）、E_2 端（第 2 接地端）和 E_1 端（第 1 接地端）。先在 L 端和 G 端各安插一条测量线（一般情况下 G 端可不安插测量线），另一条测量线可根据仪表的测量电压来选择安插在 E_2 端或 E_1 端，当测量电压为 250V或 500V 时，测量线应安插在 E_2 端，当测量电压为 1000V 时，则应插在 E_1 端。

LCD

电源开关

量程选择开关

测试电压
选择开关

高压提示LED灯

测量按键

屏蔽端

接被测对象
的地端插孔

接被测线路端

图 3-47　VC60B 型数字兆欧表的面板

（2）测量过程

VC60B 型数字兆欧表的一般测量步骤如下：

1）按下"POWER"（电源）开关。

2）选择测试电压。根据被测物的额定电压，按下 1000V、500V 或 250V 中的某一开关来选择测试电压，如被测物用在 380V 电压中，可按下 500V 开关，显示器左下角将会显示"500V"字样，这时仪表会输出 500V 的测试电压。

3）选择量程范围。操作"RANGE"（量程选择）开关，可以选择不同的阻值测量范围，在不同的测试电压下，操作"RANGE"开关选择的测量范围会不同，具体见表 3-2。如测试电压为 500V，按下"RANGE"开关时，仪表可测量 50～1000MΩ 范围内的绝缘电阻；"RANGE"开关处于弹起状态时，可测量 0.1～50MΩ 范围内的绝缘电阻。

4）将仪表的 L 端、E_2 端或 E_1 端测量线的探针与被测物连接。

5）按下"PUSH"键进行测量。测量过程中，不要松开"PUSH"键，此时显示器的数

表 3-2 不同测试电压下 "RANGE" 开关选择的测量范围

测 试 电 压		250×(1±10%) V	500×(1±10%) V	1000×(1±10%) V
量程	■■	0.1~20MΩ	0.1~50MΩ	0.1~100MΩ
	■■	20~500MΩ	50~1000MΩ	100~2000MΩ

值会有变化，待稳定后开始读数。

6）读数。读数时要注意，显示器左下角为当前的测试电压，中间为测量的阻值，右下角为阻值的单位。读数完毕，松开 "PUSH" 键。

在测量时，如显示器显示 "1"，表示测量值超出量程，可换高量程档（即按下 "RANGE" 开关）重新测量。

3.6 交流电压表

交流电压表是一种用来测量交流电压有效值的仪表。在强电领域，交流电压表常用来测量监视电路的电压大小。

3.6.1 外形

交流电压表有指针式和数字两种，其外形如图 3-48 所示。

图 3-48 交流电压表

3.6.2 使用

1. 测量线电压和相电压

利用交流电压表测线电压和相电压分别如图 3-49a、b 所示。

a）测线电压　　　　b）测相电压

图 3-49 利用交流电压表测线电压和相电压

2. 一台交流电压表测量三相线电压

利用一台交流电压表测量三相电压如图 3-50 所示。该测量采用了两个开关 SA_1、SA_2，当 SA_1 置于"1"、SA_2 置于"1"时，电压表测得为 L_2、L_3 之间的线电压，当 SA_1 置于"1"、SA_2 置于"2"时，电压表测得为 L_1、L_2 之间的线电压，当 SA_1 置于"2"、SA_2 置于"2"时，电压表测得为 L_1、L_3 之间的线电压。

3. 交流电压表配合电压互感器测量高电压

如果要用低量程交流电压表来测量高电压，可以使用电压互感器。交流电压表配合电压互感器测量高电压的测量电路如图 3-51 所示，使用电压互感器后，被测高压的实际值应为电压表的指示值×电压互感器的电压比。

图 3-50　利用一台交流电压表测量三相电压

图 3-51　交流电压表配合电压互感器测量高电压

3.7　交流电流表

交流电流表是一种用来测量交流电流有效值的仪表。在强电领域，交流电流表常用来测量电路的电流大小。

3.7.1　外形

交流电流表有指针式和数字两种，其外形如图 3-52 所示。

图 3-52　交流电流表的外形

3.7.2　使用

1. 直接测量交流电流

利用交流电流表直接测量交流电流如图 3-53a、b 所示。

a) 测量一相电流　　　　　　　　　b) 测量三相电流

图 3-53　利用交流电流表直接测量交流电流

2. 利用电流互感器测量一相交流电流

利用电流互感器测量一相交流电流如图 3-54 所示。

a) 原理图　　　　　　　　　b) 接线图

图 3-54　利用电流互感器测量一相交流电流

3. 利用电流互感器测量三相交流电流

利用电流互感器测量三相交流电流如图 3-55 所示。

图 3-55　利用电流互感器测量三相交流电流

第4章 低压电器

低压电器通常是指在交流电压 1200V 或直流电压 1500V 以下工作的电器。常见的低压电器有开关、熔断器、接触器、漏电保护开关和继电器等。进行电气电路安装时，电源和负载（如电动机）之间用低压电器通过导线连接起来，可以实现负载的接通、切断、保护等控制功能。

4.1 开 关

开关是电气电路中使用最广泛的一种低压电器，其作用是接通和切断电气电路。常见的开关有照明开关、按钮开关、闸刀开关、铁壳开关和组合开关等。

4.1.1 照明开关

照明开关用来接通和切断照明电路，允许流过的电流不能太大。常见的照明开关如图 4-1 所示。

图 4-1 常见的照明开关

4.1.2 按钮开关

按钮开关用来在短时间内接通或切断小电流电路，主要用在电气控制电路中。按钮开关允许流过的电流较小，一般不能超过 5A。

1. 种类、结构与外形

按钮开关用符号"SB"表示，它可以分为三种类型：常闭按钮开关、常开按钮开关和复合按钮开关。这三种开关的内部结构示意图和电路图形符号如图 4-2 所示。

图 4-2a 所示为常闭按钮开关。在未按下按钮时，依靠复位弹簧的作用力使内部的金属动触点将常闭静触点 a、b 接通；当按下按钮时，动触点与常闭静触点脱离，a、b 断开；当

图 4-2　三种开关的结构与符号

松开按钮后，触点自动复位（闭合状态）。

图 4-2b 所示为常开按钮开关。在未按下按钮时，金属动触点与常开静触点 a、b 断开；当按下按钮时，动触点与常闭静触点接通；当松开按钮后，触点自动复位（断开状态）。

图 4-2c 所示为复合按钮开关。在未按下按钮时，金属动触点与常闭静触点 a、b 接通，而与常开静触点断开；当按下按钮时，动触点与常闭静触点断开，而与常开静触点接通；当松开按钮后，触点自动复位（常开断开，常闭闭合）。

有些按钮开关内部有多对常开、常闭触点，它可以在接通多个电路的同时切断多个电路。常开触点也称为 A 触点，常闭触点又称 B 触点。

常见的按钮开关实物外形如图 4-3 所示。

图 4-3　常见的按钮开关

2. 型号与参数

为了表示按钮开关的结构和类型等内容，一般会在按钮开关上标上型号。按钮开关的型号含义说明如下：

```
            L A □ - □ □ □ ── 结构形式
                              K—开启式，S—防水式
主令电器 ────┘  │    │ │ │    J—紧急式，Y—钥匙式
按钮 ──────────┘    │ │ │    X—旋钮式，H—保护式
设计序号 ───────────┘ │ │    D—带指示灯式
                      │ └── 常闭触点数
                      └──── 常开触点数
```

4.1.3　闸刀开关

闸刀开关又称为开启式负荷开关、瓷底胶盖闸刀开关，简称刀开关。它可分为单相闸刀开关和三相闸刀开关，其外形、结构与符号如图 4-4 所示。闸刀开关除了能接通、断开电源外，其内部一般会安装熔丝，因此还能起过电流保护作用。

闸刀开关需要垂直安装，进线装在上方，出线装在下方，进出线不能接反，以免触电。由于闸刀开关没有灭电弧装置（闸刀接通或断开时产生的电火花称为电弧），因此不能用作

大容量负载的通断控制。**闸刀开关一般用在照明电路中，也可以用作非频繁起动/停止的小容量电动机控制。**

图 4-4　常见的闸刀开关的外形、结构与符号

闸刀开关的型号含义说明如下：

4.1.4　铁壳开关

铁壳开关又称为封闭式负荷开关，其外形、结构与符号如图 4-5 所示。

图 4-5　铁壳开关的外形、结构与符号

铁壳开关是在闸刀开关的基础上进行改进而设计出来的，它的主要优点如下：

1）在铁壳开关内部有一个速断弹簧，在操作手柄打开或关闭开关外盖时，依靠速断弹簧的作用力，可以使开关内部的闸刀迅速断开或合上，这样能有效地减少电弧；

2）铁壳开关内部具有联锁机构，当开关外盖打开时，手柄无法合闸，当手柄合闸后，外盖无法打开，这就使操作更加安全。

铁壳开关常用在农村和工矿的电力照明、电力排灌等配电设备中，与闸刀开关一样，铁

壳开关也不能用作频繁的通断控制。

铁壳开关的型号含义说明如下：

4.1.5 组合开关

组合开关又称为转换开关，它是一种由多层触点组成的开关。

（1）外形、结构与符号

组合开关的外形、结构和符号如图 4-6 所示。图中的组合开关由三层动、静触点组成，当旋转手柄时，可以同时调节三组动触点与三组静触点之间的通断。为了有效地灭弧，在转轴上装有弹簧，在操作手柄时，依靠弹簧的作用可以迅速接通或断开触点。

组合开关不宜进行频繁的转换操作，常用于控制 4kW 以下的小容量电动机。

图 4-6 组合开关的外形、结构和符号

（2）型号与参数

组合开关的型号含义说明如下：

4.1.6 倒顺开关

倒顺开关又称可逆转开关，属于较特殊的组合开关，专门用来控制小容量三相异步电动

机的正转和反转。倒顺开关的外形与符号如图4-7所示。

倒顺开关有"倒"、"停"、"顺"3个位置。当开关处于"停"位置时，动触点与静触点均处于断开状态，如图4-7b所示；当开关由"停"旋转至"顺"位置时，动触点U、V、W分别与静触点L_1、L_2、L_3接通；当开关由

图4-7 倒顺开关

"停"旋转至"倒"位置时，动触点U、V、W分别与静触点L_3、L_2、L_1接通。

4.1.7 万能转换开关

万能转换开关由多层触点中间叠装绝缘层而构成，它主要用来转换控制电路，也可用作小容量电动机的起动、换向和变速等。

（1）外形、结构与符号

万能转换开关的外形、符号和触点分合表如图4-8所示。

图4-8 万能转换开关

图4-8中的万能转换开关有6路触点，它们的通断受手柄的控制。手柄有Ⅰ、0、Ⅱ3个档位，手柄处于不同档位时，6路触点通断情况不同，从图4-8b所示的万能转换开关符号可以看出不同档位触点的通断情况。在万能转换开关符号中，"—○—"表示一路触点，竖虚线表示手柄位置，触点下方虚线上的"·"表示手柄处于虚线所示的档位时该路触点接通。例如手柄处于"0"档位时，6路触点在该档位虚线上都标有"·"，表示在"0"档位时6路触点都是接通的；手柄处于"Ⅰ"档时，第1、3路触点相通；手柄处于"Ⅱ"档时，第2、4、5、6路触点是相通的。万能转换开关触点在不同档位的通断情况也可以用图4-8c所示的触点分合表说明，"×"表示相通。

（2）型号含义

万能转换开关的型号含义说明如下：

4.1.8 行程开关

行程开关是一种利用机械运动部件的碰压使触点接通或断开的开关。

（1）外形、结构与符号

行程开关的外形与符号如图 4-9 所示。

行程开关的种类很多，根据结构可分为直动式（或称按钮式）、旋转式、微动式和组合式等。图 4-10 所示为直动式行程开关的结构示意图。从图中可以看出，行程开关的结构与按钮开关的基本相同，但将按钮改成推杆。在使用时将行程开关安装在机械部件运动路径上，当机械部件运动到行程开关位置时，会撞击推杆而让常闭触点断开、常开触点接通。

图 4-9 行程开关的外形与符号

图 4-10 直动式行程开关的结构示意图

（2）型号含义

行程开关的型号含义说明如下：

4.1.9 接近开关

接近开关又称无触点位置开关，当运动的物体靠近接近开关时，接近开关能感知物体的存在而输出信号。接近开关既可以用在运动机械设备中进行行程控制和限位保护，又可以用作高速计数、测速、检测物体大小等。

（1）外形与符号

接近开关的外形和符号如图 4-11 所示。

（2）种类与工作原理

接近开关种类很多，常见的有高频振荡型、电容型、光电型、霍尔型、电磁感应型和超声波型等，其中高频振荡型接近开关最为常见。高频振荡型接近开关的组成如图 4-12 所示。

a) 外形　　　　　b) 符号

图 4-11　接近开关

图 4-12　高频振荡型接近开关的组成

当金属检测体接近感应头时，作为振荡器一部分的感应头损耗增大，迫使振荡器停止工作，随后开关电路因振荡器停振而产生一个控制信号送给输出电路，让输出电路输出控制电压，若该电压送给继电器，继电器就会产生吸合动作来接通或断开电路。

（3）型号含义

接近开关的型号含义说明如下：

TH—热带产品
感应面方向：1—顶端；2—左侧；3—右侧；4—底面
输出接头方向：1—接插式；2—螺纹式
工作电压：1—DC12V；2—DC24V
无字母—普通型；G—高电位输出型；S—延时动作型；
F—感应头分离型；FC—感应头分离式高电位输出型；
FS—感应头分离式延时动作型
动作距离：5—5mm；10—10mm；15—15mm
设计序号
接近开关
主令电器

4.1.10　开关的检测

开关的种类很多，但检测方法大同小异，一般采用万用表的欧姆档检测触点的通断情况。下面以图 4-13 所示的复合型按钮开关为例来说明开关的检测，该按钮开关有一个常开触点和一个常闭触点，共有 4 个接线端子。

复合按钮开关的检测可分为以下两个步骤：

1）**在未按下按钮时进行检测**。复合型按钮开关有一个常闭触点和一个常开触点。在检测时，先测量常闭触点的两个接线端子之间的电阻，如图 4-14a 所示，正常电阻接近 0Ω，然后测量常开触点的两个接线端子之间的电阻，若常开触点正常，数字万用表会显示超出量程符号 "1" 或 "OL"，用指针万用表测量时电阻为无穷大。

2）**在按下按钮时进行检测**。在检测时，将按钮按下不放，分别测量常闭触点和常开触点两个接线端子之间的电阻。如果按钮开关正常，则常闭触点的电阻应为无穷大，如图 4-14b 所示，而常开触点的电阻应接近 0Ω；若与之不符，则表明按钮开关损坏。

图 4-13　复合型按钮开关的接线端子

a) 未按下按钮时检测常闭触点

b) 按下按钮时检测常闭触点

图 4-14　按钮开关的检测

在测量常闭或常开触点时，如果出现阻值不稳定，则通常是由于相应的触点接触不良。因为开关的内部结构比较简单，如果检测时发现开关不正常，可将开关拆开进行检查，找出具体的故障原因，并进行排除，无法排除的就需要更换新的开关。

扫一扫看视频

4.2　熔　断　器

熔断器是对电路、用电设备短路和过载进行保护的电器。熔断器一般串接在电路中，当电路正常工作时，熔断器就相当于一根导线；当电路出现短路或过载时，流过熔断器的电流很大，熔断器中的熔体就会被熔断，电路就会开路，从而保护电路和用电设备。

熔断器的种类很多，常见的有 RC 插入式熔断器、RL 螺旋式熔断器、RM 无填料封闭式熔断器、RS 快速熔断器、RT 有填料管式熔断器和 RZ 自复式熔断器等。熔断器的型号含义说明如下：

R(熔断器——产品名称)
C(插入式)
L(螺旋式)
M(无填料封闭管式) 结构形式
S(快速式)
T(有填料管式)
Z(自复式)

熔体额定电流(A)
额定电流(A)
其他标志A(改进型)
设计序号

4.2.1　五种类型的熔断器介绍

1. RC 插入式熔断器

RC 插入式熔断器主要用于电压在 380V 及以下、电流在 5~200A 的电路中，如照明电路和小容量的电动机电路。图 4-15 所示是一种常见的 RC 插入式熔断器。这种熔断器用在额定电流在 30A 以下的电路中时，熔丝一般采用铅锡丝；当用在电流为 30~100A 的电路中时，熔丝一般采用铜丝；当用在电流达 100A 以上的电路中时，一般用变截面的铜片作熔丝。

图 4-15　一种常见的 RC 插入式熔断器

2. RL 螺旋式熔断器

图 4-16 所示是一种常见的 RL 螺旋式熔断器，这种熔断器在使用时，要在内部安装一个螺旋状的熔管，在安装熔管时，先将熔断器的瓷帽旋下，再将熔管放入内部，然后旋好瓷帽。熔管上、下方为金属盖，熔管内部装有石英砂和熔丝，有的熔管上方的金属盖中央有一个红色的熔断指示器，当熔丝熔断时，指示器颜色会发生变化，以指示内部熔丝已断。指示器的颜色变化可以通过熔断器瓷帽上的玻璃窗口观察到。

图 4-16　一种常见的 RL 螺旋式熔断器

RL 螺旋式熔断器具有体积小、分断能力较强、工作安全可靠和安装方便等优点，通常用在工厂 200A 以下的配电箱、控制箱和机床电动机的控制电路中。

3. RM 无填料封闭式熔断器

扫一扫看视频

图 4-17 所示是一种典型的 RM 无填料封闭式熔断器。这种熔断器的熔体是一种变截面的锌片，被安装在纤维管中，锌片两端的刀形接触片穿过黄铜帽，再通过垫圈安插在刀座中。这种熔断器通过大电流时，锌片上窄的部分首先熔断，使中间大段的锌片脱断，形成很大的间隔，从而有利于灭弧。

RM 无填料封闭式熔断器具有保护性好、分断能力强、熔体更换方便和安全可靠等优点，主要用在交流380V以下、直流440V以下，电流600A以下的电力电路中。

4. RS 有填料快速熔断器

RS 有填料快速熔断器主要用于硅整流器件、晶闸管器件等半导体器件及其配套设备的短路和过载保护，它的熔体一般采用银制成，具有熔断迅速、能灭弧等优点。图 4-18 所示是两种常见的 RS 有填料快速熔断器。

图 4-17 一种典型的 RM 无填料封闭式熔断器

图 4-18 两种常见的 RS 有填料快速熔断器

5. RT 有填料封闭管式熔断器

RT 有填料封闭管式熔断器又称为石英熔断器，它常用作变压器和电动机等电气设备的过载和短路保护。图 4-19a 所示是几种常见的 RT 有填料封闭管式熔断器，这种熔断器可以用螺钉、卡座等与电路连接起来；图 4-19b 所示是将一种熔断器插在卡座内的情形。

RT 有填料封闭管式熔断器具有保护性好、分断能力强、灭弧性能好和使用安全等优点，主要用在短路电流大的电力电网和配电设备中。

图 4-19 几种常见的 RT 有填料封闭管式熔断器

4.2.2 熔断器的检测

熔断器常见的故障是开路和接触不良。熔断器的种类很多，但检测方法基本相同。下面以检测图 4-20 所示的熔断器为例来说明熔断器的检测方法。

检测时，万用表的档位开关选择 200Ω 档，然后将红、黑表笔分别接熔断器的两端，测量熔断器的电阻。若熔断器正常，则电阻接近 0Ω；若显示屏显示超出量程符号"1"或"OL"（指针万用表显示电阻无穷大），

第三步：显示屏显示的电阻接近0Ω，表明熔断器正常

第二步：红、黑表笔接熔断器的两端

第一步：档位开关选择200Ω档

图 4-20 熔断器的检测方法

则表明熔断器开路；若阻值不稳定（时大时小），则表明熔断器内部接触不良。

4.3 断 路 器

断路器又称为自动空气开关，它既能对电路进行不频繁的通断控制，又能在电路出现过载、短路和欠电压（电压过低）时自动掉闸（即自动切断电路），因此它既是一个开关电器，又是一个保护电器。

4.3.1 外形与符号

断路器种类较多，图 4-21a 是一些常用的塑料外壳式断路器，断路器的电路符号如图 4-21b 所示，从左至右依次为单极（1P）、两极（2P）和三极（3P）断路器。在断路器上标有额定电压、额定电流和工作频率等内容。

图 4-21 断路器的外形与符号

4.3.2 结构与工作原理

扫一扫看视频

断路器的典型结构如图 4-22 所示。该断路器是一个三相断路器，内部主要由主触点、反力弹簧、搭钩、杠杆、电磁脱扣器、热脱扣器和欠电压脱扣器等组成。该断路器可以实现过电流、过热和欠电压保护功能。

（1）过电流保护

三相交流电源经断路器的三个主触点和三条电路为负载提供三相交流电，其中一条电路中串接了电磁脱扣器线圈和发热元件。当负载有严重短路时，流过电路的电流很大，流过电磁脱扣器线圈的电流也很大，线圈产生很强的磁场并通过铁心吸引衔铁，衔铁动作，带动杠杆上移，两个搭钩脱离，依靠反力弹簧的作用，三个主触点的动、静触点断开，从而切断电源以保护短路的负载。

（2）过热保护

如果负载没有短路，但若长时间超负荷运

图 4-22 断路器的典型结构

行，负载比较容易损坏。虽然在这种情况下电流也较正常时大，但还不足以使电磁脱扣器动作，断路器的热保护装置可以解决这个问题。若负载长时间超负荷运行，则流过发热元件的电流长时间偏大，发热元件温度升高，它加热附近的双金属片（热脱扣器），其中上面的金属片热膨胀小，双金属片受热后向上弯曲，推动杠杆上移，使两个搭钩脱离，三个主触点的动、静触点断开，从而切断电源。

（3）欠电压保护

如果电源电压过低，则断路器也能切断电源与负载的连接，进行保护。断路器的欠电压脱扣器线圈与两条电源线连接，当三相交流电源的电压很低时，两条电源线之间的电压也很低，流过欠电压脱扣器线圈的电流小，线圈产生的磁场弱，不足以吸引住衔铁，在拉力弹簧的拉力作用下，衔铁上移，并推动杠杆上移，两个搭钩脱离，三个主触点的动、静触点断开，从而断开电源与负载的连接。

4.3.3 型号含义与种类

1. 型号含义

断路器种类很多，其型号含义说明如下：

2. 种类及特点

根据结构形式来分，断路器主要有塑料外壳式和框架式（万能式）。图 4-23 所示是几种常见的断路器。

a) 塑料外壳式　　　　　　　b) 框架式（万能式）

图 4-23　几种常见的断路器

（1）塑料外壳式断路器

塑料外壳式断路器又称为装置式断路器，它采用封闭式结构，除按钮或手柄外，其余的部件均安装在塑料外壳内。这种断路器的电流容量较小，分断能力弱，但分断速度快。它主要用在照明配电和电动机控制电路中，起保护作用。

常见的塑料外壳式断路器型号有 DZ5 系列和 DZ10 系列。其中 DZ5 系列为小电流断路器，额定电流范围一般为 10 ~ 50A；DZ10 系列为大电流断路器，额定电流等级有 100A、250A 和 600A 三种。

（2）框架式断路器

框架式断路器又称为万能式熔断器，它一般都有一个钢制的框架，所有的部件都安装在这个框架内。这种断路器电流容量大，分断能力强，热稳定性好。它主要用在 380V 的低压配电系统中作为过电流、欠电压和过热保护。常见的框架式断路器有 DW10 系列和 DW15 系列，其额定电流等级有 200A、400A、600A、1000A、1500A、2500A 和 4000A 七种。

此外，还有一种限流式断路器，当电路出现短路故障时，能在短路电流还未达到预期的电流峰值前，迅速将电路断开。这种断路器由于具有分断速度快的特点，因此常用在分断能力要求高的场合，常见的限流式断路器有 DWX 系列和 DZX 系列等。

4.3.4 面板标注参数的识读

1．主要参数

断路器的主要参数如下：

1）额定工作电压 U_e：是指在规定条件下断路器长期使用能承受的最高电压，一般指线电压。

2）额定绝缘电压 U_i：是指在规定条件下断路器绝缘材料能承受最高电压，该电压一般较额定工作电压高。

扫一扫看视频

3）额定频率：是指断路器适用的交流电源频率。

4）额定电流 I_n：是指在规定条件下断路器长期使用而不会脱扣跳闸的最大电流。流过断路器的电流超过额定电流，断路器会脱扣跳闸，电流越大，跳闸时间越短，比如有的断路器电流为 $1.13I_n$ 时 1h 内不会跳闸，当电流达到 $1.45I_n$ 时 1h 内会跳闸，当电流达到 $10I_n$ 时会瞬间（<0.1s）跳闸。

5）瞬间脱扣整定电流：是指会引起断路器瞬间（<0.1s）脱扣跳闸的动作电流。

6）额定温度：是指断路器长时间使用允许的最高环境温度。

7）短路分断能力：它可分为极限短路分断能力（I_{cu}）和运行短路分断能力（I_{cs}），分别是指在极限条件下和运行时断路器触点能断开（触点不会产生熔焊、粘连等）所允许通过的最大电流。

2．面板标注参数的识读

断路器面板上一般会标注重要的参数，在选用时要会识读这些参数的含义。断路器面板标注参数的识读如图 4-24 所示。

4.3.5 断路器的检测

断路器检测通常使用万用表的欧姆档，检测过程如图 4-25 所示，具体分以下两步：

1）将断路器上的开关拨至"OFF（断开）"位置，然后将红、黑表笔分别接断路器一路触点的两个接线端子，正常电阻应为无穷大（数字万用表显示超出量程符号"1"或"OL"），如图 4-25a 所示，接着再用同样的方法测量其他路触点的接线端子间的电阻，正常电阻均应为无穷大，若某路触点的电阻为 0 或时大时小，则表明断路器的该路触点短路或

图 4-24 断路器的参数识读

接触不良；

2）将断路器上的开关拨至"ON（闭合）"位置，然后将红、黑表笔分别接断路器一路触点的两个接线端子，正常电阻应接近0Ω，如图 4-25b 所示，接着再用同样的方法测量其他路触点的接线端子间的电阻，正常电阻均应接近0Ω，若某路触点的电阻为无穷大或时大时小，则表明断路器的该路触点开路或接触不良。

扫一扫看视频

a）断路器开关处于"OFF"时　　　　　b）断路器开关处于"ON"时

图 4-25 断路器的检测

4.4 漏电保护器

断路器具有过电流、过热和欠电压保护功能，但当用电设备绝缘性能下降而出现漏电时却无保护功能，这是因为漏电电流一般较短路电流小得多，不足以使断路器跳闸。**漏电保护器是一种具有断路器功能和漏电保护功能的电器，在电路出现过电流、过热、欠电压和漏电**

时，均会脱扣跳闸保护。

4.4.1 外形与符号

漏电保护器又称为剩余电流保护器或漏电保护开关，英文缩写为 RCD，其外形和符号如图 4-26 所示。在图 4-26a 中，左边的为单极漏电保护器，当后级电路出现漏电时，只切断一条 L 电路（N 电路始终是接通的），中间的为两极漏电保护器，漏电时切断两条电路，右边的为三极漏电保护器，漏电时切断三条电路。对于图 4-26a 后面两种漏电保护器，其下方有两组接线端子，如果接左边的端子（需要拆下保护盖），则只能用到断路器功能，无漏电保护功能。

a) 外形　　　　　　　　　　　　b) 符号

图 4-26　漏电保护器的外形与符号

4.4.2 结构与工作原理

图 4-27 所示为漏电保护器的结构示意图。

工作原理说明如下：

220V 的交流电压经漏电保护器内部的触点在输出端接负载（灯泡），在漏电保护器内部两根导线上缠有线圈 E_1，该线圈与铁心上的线圈 E_2 连接，当人体没有接触导线时，流过两根导线的电流 I_1、I_2 大小相等，方向相反，它们产生大小相等、方向相反的磁场，这两

图 4-27　漏电保护器的结构示意图

个磁场相互抵消，穿过 E_1 线圈的磁场为 0，E_1 线圈不会产生电动势，衔铁不动作。一旦人体接触导线，如图 4-27 所示，一部分电流 I_3（漏电电流）会经人体直接到地，再通过大地回到电源的另一端，这样流过漏电保护器内部两根导线的电流 I_1、I_2 就不相等，它们产生的磁场也就不相等，不能完全抵消，即两根导线上的 E_1 线圈有磁场通过，线圈会产生电流，电流流入铁心上的 E_2 线圈，E_2 线圈产生磁场吸引衔铁而脱扣跳闸，将触点断开，切断供电，触电的人就得到了保护。

扫一扫看视频

为了在不漏电的情况下检验漏电保护器的漏电保护功能是否正常，漏电保护器一般设有"TEST（测试）"按钮，当按下该按钮时，L 线上的一部分电流通过按钮、

电阻流到 N 线上，这样流过 E_1 线圈内部的两根导线的电流不相等（$I_2 > I_1$），E_1 线圈产生电动势，有电流流过 E_2 线圈，衔铁动作而脱扣跳闸，将内部触点断开。如果测试按钮无法闭合或电阻开路，测试时漏电保护器不会动作，但使用时发生漏电，则漏电保护器会动作。

4.4.3 在不同供电系统中的接线

漏电保护器在不同供电系统中的接线方法如图 4-28 所示。

图 4-28 漏电保护器在不同供电系统中的接线方法

图 4-28a 是漏电保护器在 TT 供电系统中的接线方法。**TT 供电系统是指电源侧中性线直接接地，而电气设备的金属外壳直接接地**。图 4-28b 是漏电保护器在 TN-C 供电系统中的接线方法。**TN-C 供电系统是指电源侧中性线直接接地，而电气设备的金属外壳通过接中性线而接地**。图 4-28c 是漏电保护器在 TN-S 供电系统中的接线方法。**TN-S 供电系统是指电源侧中性线和保护线都直接接地，整个系统的中性线和保护线是分开的**。图 4-28d 是漏电保护器在 TN-C-S 供电系统中的接线方法。**TN-C-S 供电系统是指电源侧中性线直接接地，整个系统中有一部分中性线和保护线是合一的，而在末端是分开的**。

4.4.4 面板介绍及漏电模拟测试

1. 面板介绍

漏电保护器的面板介绍如图 4-29 所示，左边为断路器部分，右边为漏电保护部分，漏电保护部分的主要参数有漏电保护的动作电流和动作时间，对于人体来说，30mA 以下是安全电流，动作电流一般不要大于 30mA。

扫一扫看视频

图 4-29　漏电保护器的面板介绍

2. 漏电模拟测试

在使用漏电保护器时，先要对其进行漏电测试。漏电保护器的漏电测试操作如图 4-30 所示，具体操作如下：

1) 按下漏电指示及复位按钮（如果该按钮处于弹起状态），再将漏电保护器合闸（即 开关拨至"ON"），复位按钮处于弹起状态时无法合闸，然后将漏电保护器 的输入端接交流电源，如图 4-30a 所示；

2) 按下测试按钮，模拟电路出现漏电，如果漏电保护器正常，则会跳 闸，同时漏电指示及复位按钮弹起，如图 4-30b 所示。

当漏电保护器的漏电测试通过后才能投入使用，如果漏电测试未通过却 继续使用，可能在电路出现漏电时无法执行漏电保护。

扫一扫看视频

a) 测试准备

b) 开始测试

图 4-30　漏电保护器的漏电测试

4.4.5 检测

1. 输入输出端的通断检测

漏电保护器的输入输出端的通断检测与断路器基本相同，即将开关分别置于"ON"和"OFF"位置，分别测量输入端与对应输出端之间的电阻。

在检测时，先将漏电保护器的开关置于"ON"位置，用万用表测量输入与对应输出端之间的电阻，正常应接近0Ω，如图4-31所示；再将开关置于"OFF"位置，测量输入与对应输出端之间的电阻，正常应为无穷大（数字万用表显示超出量程符号"1"或"OL"）。若检测与上述不符，则漏电保护器损坏。

2. 漏电测试电路的检测

在按压漏电保护器的测试按钮进行漏电测试时，若漏电保护器无跳闸保护动作，可能是漏电测试电路故障，也可能是其他故障（如内部机械类故障），如果仅是内部漏电测试电路出现故障导致漏电测试不跳闸，这样的漏电保护器还可继续使用，在实际电路出现漏电时仍会执行跳闸保护。

漏电保护器的漏电测试电路比较简单，如图4-27所示，主要由一个测试按钮开关和一个电阻构成。漏电保护器的漏电测试电路检测如图4-32所示，如果按下测试按钮测得电阻为无穷大，则可能是按钮开关开路或电阻开路。

扫一扫看视频

第四步：显示屏显示的电阻值接近0Ω，表明漏电保护器被测极的输入、输出端是相通的

第二步：红、黑表笔分别接漏电保护器某极的输入、输出端

第三步：将漏电保护器的手柄置于"ON"

第一步：档位开关选择"200Ω"档

图4-31 漏电保护器输入输出端的通断检测

第四步：显示屏显示电阻值为3.84Ω，它是内部漏电测试线路的电阻值

第三步：将漏电保护器手柄置于"ON"，再按下测试按钮

第一步：档位开关选择"20kΩ"档

第二步：红、黑表笔分别接漏电保护器L极输入端和N极输出端

图4-32 漏电保护器的漏电测试电路检测

4.5 交流接触器

接触器是一种利用电磁、气动或液压操作原理，来控制内部触点频繁通断的电器，它主要用于频繁接通和切断交、直流电路。接触器的种类很多，按通过的电流来分，接触器可分

为交流接触器和直流接触器；按操作方式来分，接触器可分为电磁式接触器、气动式接触器和液压式接触器，这里主要介绍最为常用的电磁式交流接触器。

4.5.1　结构、符号与工作原理

扫一扫看视频

交流接触器的结构与符号如图 4-33 所示，它主要由三组主触点、一组常闭辅助触点、一组常开辅助触点和控制线圈组成，当给控制线圈通电时，线圈产生磁场，磁场通过铁心吸引衔铁，而衔铁则通过连杆带动所有的动触点动作，与各自的静触点接触或断开。交流接触器的主触点允许流过的电流较辅助触点大，故主触点通常接在大电流的主电路中，辅助触点接在小电流的控制电路中。

有些交流接触器带有联动架，按下联动架可以使内部触点动作，使常开触点闭合、常闭触点断开，在线圈通电时衔铁会动作，联动架也会随之运动，因此如果接触器内部的触点不够用时，可以在联动架上安装辅助触点组，接触器线圈通电时联动架会带动辅助触点组内部的触点同时动作。

1-2、3-4、5-6 端子内部为三组常开主触点；7-8 端子内部为常闭辅助触点；
9-10 端子内部为常开辅助触点；11-12 端子内部为控制线圈

a) 结构　　　　　　　　　　　　　　　　　　b) 符号

图 4-33　交流接触器的结构与符号

4.5.2　外形与接线端

图 4-34 所示为一种常用的交流接触器，它内部有三个主触点和一个常开触点，没有常闭触点，控制线圈的接线端位于接触器的顶部，从标注可知，该接触器的线圈电压为 220～230V（电压频率为 50Hz 时）或 220～240V（电压频率为 60Hz 时）。

4.5.3　辅助触点组的安装

扫一扫看视频

图 4-35 左边的交流接触器只有一个常开辅助触点，如果希望给它再增加一个常开触点和一个常闭触点，可以在该接触器上安装一个辅助触点组（在图 4-35 的右边），安装时只要将辅助触点组底部的卡扣套到交流接触器的联动架上即可，安装了辅助触点的交流接触器如图 4-36 所示。当交流接触器的控制线圈通电时，除了自身各个触点会动作外，还通过联动架带动辅助触点

a) 前视图   b) 俯视图

图 4-34   一种常用的交流接触器的外形与接线端

图 4-35   交流接触器及配套的辅助触点组

a) 侧视图   b) 俯视图

图 4-36   一种常用交流接触器的外形与接线端

组内部的触点动作。

4.5.4   铭牌参数的识读

交流接触器的参数很多,在外壳上会标注一些重要的参数,其识读如图 4-37 所示。

不同的电气设备,其负载性质及通断过程的电流差别很大,选用的交流接触器要能符合相应类型负载的要求。表 4-1 为接触器和电动机起动器(主电路)的使用类别代号与典型用途举例。

扫一扫看视频

图 4-37　交流接触器外壳标注参数的识读

表 4-1　接触器和电动机起动器（主电路）的使用类别代号与典型用途举例

类别代号	典型用途举例
AC-1	无感或微感负载、电阻炉
AC-2	绕线式异步电动机的起动、分断
AC-3	笼型异步电动机的起动、运转中分断
AC-4	笼型异步电动的起动、反接制动或反向运转、点动
AC-5a	放电灯的通断
AC-5b	白炽灯的通断
AC-6a	变压器的通断
AC-6b	电容器组的通断
AC-7a	家用电器和类似用途的低感负载
AC-7b	家用的电动机负载
AC-8a	具有手动复位过载脱扣器的密封制冷压缩机中的电动机控制
AC-8b	具有自动复位过载脱扣器的密封制冷压缩机中的电动机控制
DC-1	无感或微感负载、电阻炉
DC-3	并激电动机的起动、反接制动或反向运转、点动、电动机在动态中分断
DC-5	串激电动机的起动、反接制动或反向运转、点动、电动机在动态中分断
DC-6	白炽灯的通断

4.5.5　型号含义

图 4-38 所示为一种常用的交流接触器，其型号各部分的含义见图标注说明。

4.5.6　接触器的检测

交流接触器的检测过程如下：

1）常态下检测常开触点和常闭触点的电阻。图 4-39 为在常态下检测交流接触器常开触点的电阻，因为常开触点在常态下处于开路，故正常电阻应为无穷大，数字万用表检测时会

接触器型号含义:

C-接触器

J-交流

X-小型

2-设计序号

12-额定电流为12A

1-常开辅助触点数量为1个

0-常闭辅助触点数量为0个

图 4-38 交流接触器型号含义

第三步:显示屏显示符号"1",表示被测常开触点处于断开状态

第二步:红、黑表笔某个常开触点的两端

第一步:档位开关选择200Ω档

图 4-39 在常态下检测交流接触器常开触点的电阻

显示超出量程符号"1"或"OL",在常态下检测常闭触点的电阻时,正常测得的电阻值应接近0Ω。对于带有联动架的交流接触器,按下联动架,内部的常开触点会闭合,常闭触点会断开,可以用万用表检测这一点是否正常。

2)检测控制线圈的电阻。检测控制线圈的电阻如图 4-40 所示,控制线圈的电阻值正常应在几百欧,一般来说,交流接触器功率越大,要求线圈对触点的吸合力越大(即要求线圈流过的电流大),线圈电阻更小。若线圈的电阻为无穷大则为线圈开路,线圈的电阻为 0 则为线圈短路。

3)给控制线圈通电来检测常开、常闭触点的电阻。图 4-41 所示为给交流接触器的控制

扫一扫看视频

线圈通电来检测常开触点的电阻，在控制线圈通电时，若交流接触器正常，会发出"咔哒"声，同时常开触点闭合、常闭触点断开，故测得常开触点电阻应接近0Ω、常闭触点应为无穷大（数字万用表检测时会显示超出量程符号"1"或"OL"）。如果控制线圈通电前后被测触点电阻无变化，则可能是控制线圈损坏或传动机构卡住等。

图 4-40　检测控制线圈的电阻

图 4-41　给交流接触器的控制线圈通电来检测常开触点的电阻

4.5.7　接触器的选用

在选用接触器时，要注意以下事项：

1）根据负载的类型选择不同的接触器。直流负载选用直流接触器，不同的交流负载选用相应类别的交流接触器。

2）选择的接触器额定电压应不小于所接电路的电压，绕组电压应与所接电路电压相同。接触器的额定电压是指主触点的额定电压。

3）选择的接触器额定电流应不小于负载的额定电流。接触器的额定电流是指主触点的额定电流。对于额定电压为 380V 的中、小容量电动机，其额定电流可按 $I_n = 2P_n$ 来估算，如额定电压为 380V、额定功率为 3kW 的电动机，其额定电流 $I_n = 2 \times 3 = 6A$。

4）选择接触器时，要注意主触点和辅助触点数应符合电路的需要。

4.6 热继电器

热继电器是利用电流通过发热元件时产生热量而使内部触点动作的。热继电器主要用于电气设备发热保护，如电动机过载保护。

4.6.1 结构与工作原理

热继电器的典型结构与符号如图 4-42 所示，从图中可以看出，热继电器由电热丝、双金属片、导板、测试杆、推杆、动触片、静触片、弹簧、螺钉、复位按钮和整定旋钮等组成。

图 4-42 热继电器的典型结构与符号

该热继电器有 1-2、3-4、5-6、7-8 四组接线端，1-2、3-4、5-6 三组串接在主电路的三相交流电源和负载之间，7-8 一组串接在控制电路中，1-2、3-4、5-6 三组接线端内接电热丝，电热丝绕在双金属片上，当负载过载时，流过电热丝的电流大，电热丝加热双金属片，使之往右弯曲，推动导板往右移动，导板推动推杆转动而使动触片运动，动触点与静触点断开，从而向控制电路发出信号，控制电路通过电器（一般为接触器）切断主电路的交流电源，防止负载长时间过载而损坏。

扫一扫看视频

在切断交流电源后，电热丝温度下降，双金属片恢复到原状，导板左移，动触点和静触点又重新接触，该过程称为自动复位，出厂时热继电器一般被调至自动复位状态。如需手动复位，可将螺钉（图中右下角）往外旋出数圈，这样即使切断交流电源让双金属片恢复到原状，动触点和静触点也不会自动接触，需要用手动方式按下复位按钮才可使动触点和静触点接触，该过程称为手动复位。

只有流过发热元件的电流超过一定值（整定电流值）时，内部机构才会动作，使常闭触

点断开（或常开触点闭合），**电流越大，动作时间越短**，例如流过某热继电器的电流为 1.2 倍整定电流时，2h 内动作，为 1.5 倍整定电流时 2min 内动作。**热继电器的整定电流（最大不动作电流）可以通过整定旋钮来调整**，例如对于图 4-42 所示的热继电器，将整定旋钮往内旋时，推杆位置下移，导板需要移动较长的距离才能让推杆运动而使触点动作，而只有流过电热丝电流较大，才能使双金属片弯曲程度更大，即将整定旋钮往内旋可将整定电流调大一些。

4.6.2 外形与接线端

图 4-43 所示为一种常用的热继电器，它内部有三组发热元件和一个常开触点、一个常

扫一扫看视频

a) 前视图

b) 后视图　　　c) 侧视图

图 4-43　一种常用热继电器的接线端及外部操作部件

闭触点，发热元件的一端接交流电源，另一端接负载，当流过发热元件的电流长时间超过整定电流时，发热元件弯曲最终使常开触点闭合、常闭触点断开。在热继电器上还有整定电流旋钮、复位按钮、测试杆和手动/自动复位切换螺钉，其功能说明见图标注所示。

4.6.3　铭牌参数的识读

热继电器铭牌参数的识读如图 4-44 所示。

热、电磁和固态继电器的脱扣分四个等级，它是根据在 7.2 倍额定电流时的脱扣时间来确定的，具体见表 4-2。例如，对于 10A 等级的热继电器，如果施加 7.2 倍额定电流，在 2~10s 内会产生脱扣动作。

热继电器是一种保护电器，其触点开关接在控制电路，图 4-44 中的热继电器使用类别为 AC-15，即控制电磁铁类负载，更多控制电路的电器开关元件的使用类型见表 4-3。

扫一扫看视频

图 4-44　热继电器铭牌参数的识读

表 4-2　热、电磁和固态继电器的脱扣级别与时间

级别	在 7.2 倍额定电流下的脱扣时间
10A	$2 < T_p \leqslant 10$
10	$4 < T_p \leqslant 10$
20	$6 < T_p \leqslant 20$
30	$9 < T_p \leqslant 30$

表 4-3　控制电路的电器开关元件的使用类型

电流种类	使用类别	典型用途
交流	AC-12	控制电阻性负载和光电耦合隔离的固态负载
	AC-13	控制具有变压器隔离的固态负载
	AC-14	控制小型电磁铁负载（≤72V·A）
	AC-15	控制电磁铁负载（>72V·A）
直流	DC-12	控制电阻性负载和光电耦合隔离的固态负载
	DC-13	控制电磁铁负载
	DC-14	控制电路中具有经济电阻的电磁铁负载

4.6.4　型号含义

热继电器的型号含义说明如下：

4.6.5　选用

热继电器在选用时，可遵循以下原则：

1）在大多数情况下，可选用两相热继电器（对于三相电压，热继电器可只接其中两相）。对于三相电压均衡性较差、无人看管的三相电动机，或与大容量电动机共用一组熔断器的三相电动机，应该选用三相热继电器。

2）热继电器的额定电流应大于负载（一般为电动机）的额定电流。

3）热继电器的整定电流一般与电动机的额定电流相等。对于过载容易损坏的电动机，整定电流可调小一些，为电动机额定电流的 60%~80%；对于起动时间较长或带冲击性负载的电动机，所接热继电器的整定电流可稍大于电动机的额定电流，为其 1.1~1.15 倍。

选用举例：选择一个热继电器用来对一台电动机进行过热保护，该电动机的额定电流为 30A，起动时间短，不带冲击性负载。根据热继电器选择原则可知，应选择额定电流略大于 30A 的热继电器，并将整定电流调到 30A（或略大于 30A）。

4.6.6　检测

热继电器检测分为发热元件检测和触点检测，两者检测都使用万用表欧姆档。

（1）检测发热元件

发热元件由电热丝或电热片组成，其电阻很小（接近 0Ω）。热继电器的发热元件检测如图 4-45 所示，三组发热元件的正常电阻均应接近 0Ω，如果电阻无穷大（数字万用表显示超出量程符号 "1" 或 "OL"），则为发热元件开路。

（2）检测触点

热继电器一般有一个常闭触点和一个常开触点，触点检测包括未动作时检测和动作时检

扫一扫看视频

测。检测热继电器常闭触点的电阻如图 4-46 所示。图 4-46a 为检测未动作时的常闭触点电阻，正常应接近 0Ω，然后检测动作时的常闭触点电阻，检测时拨动测试杆，如图 4-46b 所示，模拟发热元件过电流发热弯曲使触点动作，常闭触点应变为开路，电阻为无穷大。

第三步:显示屏显示电阻接近0Ω,表明发热元件电阻正常

第二步:红、黑表笔接某组发热元件的两端

第一步:档位开关选择200Ω档

图 4-45　检测热继电器的发热元件

第三步:显示屏显示电阻接近0Ω,表明常闭触点处于闭合状态

第二步:红、黑表笔接常闭触点的两端

第一步:档位开关选择200Ω档

a) 检测未动作时的常闭触点电阻

第五步:显示屏显示超出量程符号"1",表明常闭触点断开

第四步:用手拨动测试杆,模拟发热元件过电流发热弯曲而使导杆动作

b) 检测动作时的常闭触点电阻

图 4-46　检测热继电器常闭触点的电阻

4.7　电磁继电器

　　电磁继电器是利用线圈通过电流产生磁场，来吸合衔铁而使触点断开或接通的。电磁继电器在电路中可以用作保护和控制。

4.7.1　电磁继电器的基本结构与原理

　　电磁继电器的结构与符号如图 4-47 所示，它主要由常开触点、常闭触点、控制线圈、

铁心和衔铁等组成。在控制线圈未通电时，依靠弹簧的拉力使常闭触点接通、常开触点断开，当给控制线圈通电时，线圈产生磁场并克服弹簧的拉力而吸引衔铁，从而使常闭触点断开、常开触点接通。

电流继电器、电压继电器和中间继电器都属于电磁继电器。

图 4-47　电磁继电器的结构与符号

4.7.2　电流继电器

电流继电器在使用时，应与电路串联，以监测电路中电流的变化。电流继电器线圈的匝数少、导线粗、阻抗小。电流继电器分为过电流继电器和欠电流继电器，分别在电流过大和电流过小时产生动作。

1. 符号

电流继电器符号如图 4-48 所示。

图 4-48　电流继电器符号

2. 型号含义

电流继电器的型号很多，较常见的有 JL14 系列、JL15 系列和 JL18 系列。以 JL14 系列为例，电流继电器的型号含义说明如下：

3. 选用

在选用过电流继电器时，继电器的额定电流应不小于被保护电动机的额定电流，继电器动作电流一般为电动机额定电流的 1.7~2 倍，对于频繁起动的电动机，继电器动作电流要稍大些，为 2.25~2.5 倍。

在选用欠电流继电器时，欠电流继电器的额定电流不能小于被保护电动机的额定电流，其动作电流应小于被保护电动机正常时可能出现的最小电流。

4.7.3 电压继电器

电压继电器在使用时，应与电路并联，以监测电路中电压的变化。电压继电器线圈的匝数多、导线细、阻抗大。电压继电器也分为过电压继电器和欠电压继电器，分别在电压过高和电压过低时产生动作。

1. 符号

电压继电器符号如图 4-49 所示。

控制线圈　　　常闭触点　　　常开触点　　　　控制线圈　　　常闭触点　　　常开触点

a) 过电压继电器　　　　　　　　　　　　b) 欠电压继电器

图 4-49　电压继电器符号

2. 型号含义

电压继电器的型号很多，其中 JT4 系列较为常用，它常用在交流 50Hz、380V 及以下的控制电路中，用作零电压、过电压和过电流保护。JT4 系列电压继电器的型号含义说明如下：

P—零电压(或中间),L—过电流,
S—手动复位,A—过电压
常闭触点数
常开触点数
设计序号
通用
继电器

4.7.4 中间继电器

中间继电器实际上也是电压继电器，与普通电压继电器的不同之处在于，中间继电器有很多触点，并且触点允许流过的电流较大，可以断开和接通较大电流的电路。

1. 符号及实物外形

中间继电器的外形与符号如图 4-50 所示。

2. 引脚触点图及重要参数的识读

采用直插式引脚的中间继电器，为了便于接线安装，需要配合相应的底座使用。中间继电器的引脚触点图及重要参数的识读如图 4-51 所示。

图 4-50　中间继电器的外形与符号

图 4-51　中间继电器的引脚触点图及重要参数的识读

3. 型号与参数

中间继电器的型号含义说明如下：

```
  J   Z   □ - □ □
                  └─── 动断触点数量
                └───── 动合触点数量
              └─────── 设计序号
          └─────────── 中间
      └─────────────── 继电器
```

4. 选用

在选用中间继电器时，主要考虑触点的额定电压和电流应不小于所接电路的电压和电流，触点类型及数量应满足电路的要求，绕组电压应与所接电路电压相同。

5. 检测

中间继电器电气部分由线圈和触点组成，两者检测均使用万用表的欧姆档。

1）控制线圈未通电时检测触点。触点包括常开触点和常闭触点，在控制线圈未通电的情况下，常开触点处于断开，电阻为无穷大，常闭触点处于闭合，电阻接近0Ω。中间继电器控制线圈未通电时检测常开触点如图 4-52 所示。

2）检测控制线圈。中间继电器控制线圈的检测如图 4-53 所示，一般触点的额定电流越大，控制线圈的电阻越小，这是因为触点的额定电流越大，触点体积越大，只有控制线圈电阻小（线径更粗）才能流过更大的电流，才能产生更强的磁场吸合触点。

扫一扫看视频

3）给控制线圈通电来检测触点。给中间继电器的控制线圈施加额定电压，再用万用表检测常开、常闭触点的电阻，正常常开触点应处于闭合，电阻接近0Ω，常闭触点处于断开，电阻为无穷大。

图 4-52　中间继电器控制线圈未通电时检测常开触点

图 4-53　中间继电器控制线圈的检测

4.8　时间继电器

时间继电器是一种延时控制继电器，它在得到动作信号后并不是立即让触点动作，而是延迟一段时间才让触点动作。时间继电器主要用在各种自动控制系统和电动机的起动控制电路中。

4.8.1 外形与符号

图 4-54 列出一些常见的时间继电器。

图 4-54 一些常见的时间继电器

扫一扫看视频

时间继电器分为通电延时型和断电延时型两种，其符号如图 4-55 所示。对于通电延时型时间继电器，当线圈通电时，通电延时型触点经延时时间后动作（常闭触点断开、常开触点闭合），线圈断电后，该触点马上恢复常态；对于断电延时型时间继电器，当线圈通电时，断电延时型触点马上动作（常闭触点断开、常开触点闭合），线圈断电后，该触点需要经延时时间后才会恢复到常态。

通电型延时线圈　通电延时型触点　瞬时动作型触点　　　断电型延时线圈　断电延时型触点　瞬时动作型触点

a) 通电延时型　　　　　　　　　　　　　b) 断电延时型

图 4-55 时间继电器的符号

4.8.2 种类及特点

时间继电器的种类很多，主要有空气阻尼式、电磁式、电动式和电子式。这些时间继电器有各自的特点，具体说明如下：

1）空气阻尼式时间继电器又称为气囊式时间继电器，它是根据空气压缩产生的阻力来进行延时的，其结构简单，价格便宜，延时范围大（0.4~180s），但延时准确度低。

2）电磁式时间继电器延时时间短（0.3~1.6s），但结构比较简单，通常用在断电延时场合和直流电路中。

3）电动式时间继电器的原理与钟表类似，它是由内部电动机带动减速齿轮转动而获得延时的。这种继电器延时准确度高，延时范围宽（0.4~72h），但结构比较复杂，价格很贵。

4）电子式时间继电器又称为半导体时间继电器，它是利用延时电路来进行延时的。这种继电器准确度高、体积小。

4.8.3 电子式时间继电器

电子式时间继电器具有体积小、延时时间长和延时准确度高等优点，使用非常广泛。图

4-56 所示为一种常用的通电延时型电子式时间继电器。

a) 前视图　　　　　　　b) 后视图

c) 俯视图

图 4-56　一种常用的通电延时型电子式时间继电器

扫一扫看视频

4.8.4　选用

在选用时间继电器时，一般可遵循下面的规则：

1）根据受控电路的需要来决定选择时间继电器是通电延时型还是断电延时型；

2）根据受控电路的电压来选择时间继电器吸引绕组的电压；

3）若对延时要求高，则可选择晶体管式时间继电器或电动式时间继电器；若对延时要求不高，则可选择空气阻尼式时间继电器。

4.8.5　检测

时间继电器的检测主要包括触点常态检测、线圈的检测和线圈通电检测。

1）触点的常态检测。触点常态检测是指在控制线圈未通电的情况下检测触点的电阻，常开触点处于断开状态，电阻为无穷大，常闭触点处于闭合状态，电阻接近0Ω。时间继电器常开触点的常态检测如图4-57所示。

2）控制线圈的检测。时间继电器控制线圈的检测如图4-58所示。

3）给控制线圈通电来检测触点。给时间继电器的控制线圈施加额定电压，然后根据时间继电器的类型检测触点状态有无变化，例如对于通电延时型时间继电器，通电经延时时间后，其延时常开触点是否闭合（电阻接近0Ω）、延时常闭触点是否断开（电阻为无穷大）。

扫一扫看视频

图 4-57　时间继电器常开触点的常态检测

图 4-58　时间继电器控制线圈的检测

4.9　速度继电器与压力继电器

4.9.1　速度继电器

速度继电器是一种当转速达到规定值时而产生动作的继电器。速度继电器在使用时通常与电动机的转轴连接在一起。

1. 外形与符号

速度继电器的外形与符号如图4-59所示。

2. 结构与工作原理

速度继电器的结构如图4-60所示。

图 4-59　速度继电器的外形与符号

图 4-60　速度继电器的结构

速度继电器主要由转子、定子、摆锤和触点组成。转子由永久磁铁制成，定子内圆表面嵌有线圈（定子绕组）。在使用时，将速度继电器转轴与电动机的转轴连接在一起，电动机运转时带动继电器的磁铁转子旋转，继电器的定子绕组上会感应出电动势，从而产生感应电流。此电流产生的磁场与磁铁的磁场相互作用，使定子转动一个角度，定子转向与转度分别由磁铁转子的转向与转速决定。当转子转速达到一定值时，定子会偏转到一定角度，与定子联动的摆锤也偏转到一定的角度，会碰压动触点使常闭触点断开、常开触点闭合。当电动机速度很慢或为零时，摆锤偏转角很小或为零，动触点自动复位，常闭触点闭合、常开触点断开。

3. 型号含义

JFZ0 系列速度继电器较为常用，其型号含义说明如下：

图中标注：
继电器 — 反接 — 制动 — J F Z 0 - □ — 转速等级、设计序号

4.9.2 压力继电器

压力继电器能根据压力的大小来决定触点的接通和断开。压力继电器常用于机械设备的液压或气压控制系统中，对设备提供保护或控制。

1. 外形与符号

压力继电器的外形与符号如图 4-61 所示。

2. 结构与工作原理

压力继电器的结构如图 4-62 所示。

a) 外形 b) 符号

图 4-61 压力继电器的外形与符号

微动开关 131 129 130 导线 调节螺母 压力弹簧 顶杆 橡皮膜 缓冲器 压力油入口

图 4-62 压力继电器的结构

从图 4-62 中可以看出，压力继电器主要由缓冲器、橡皮膜、顶杆、压力弹簧、调节螺母和微动开关组成。在使用时，压力继电器装在油路（或气路、水路）的分支管路中，当管路中的油压超过规定值时，压力油通过缓冲器、橡皮膜推动顶杆，顶杆克服弹簧的压力碰压微动开关，使微动开关的常闭触点断开、常开触点闭合。当油路压力减小到一定值时，依靠压力弹簧的作用，顶杆复位，微动开关的常闭触点接通、常开触点断开。调节螺母可以调节压力继电器的动作压力。

第5章 电子元器件

5.1 电 阻 器

电阻器是电子电路中最常用的元器件之一，电阻器简称电阻。**电阻器种类很多，通常可以分为三类：固定电阻器、电位器和敏感电阻器。**

5.1.1 固定电阻器

1. 外形与图形符号

固定电阻器是一种阻值固定不变的电阻器。常见固定电阻器的实物外形如图 5-1a 所示，固定电阻器的图形符号如图 5-1b 所示，在图 5-1b 中，上方为国家标准的电阻器符号，下方为国外常用的电阻器符号（在一些国外技术资料中常见）。

a) 实物外形　　　　　　　　b) 图形符号

图 5-1　固定电阻器

2. 功能

固定电阻器的主要功能有降压、限流、分流和分压。固定电阻器的功能说明如图 5-2 所示。

a) 降压、限流　　　　　　　b) 分流　　　　　　　c) 分压

图 5-2　固定电阻器的功能说明

（1）降压、限流

在图 5-2a 所示电路中，电阻器 R_1 与灯泡串联，如果用导线直接代替 R_1，加到灯泡两端的电压有 6V，流过灯泡的电流很大，灯泡将会很亮，串联电阻 R_1 后，由于 R_1 上有 2V 电压，灯泡两端的电压就被降低到 4V，同时由于 R_1 对电流有阻碍作用，流过灯泡的电流也就减小。电阻器 R_1 在这里就起着降压、限流功能。

（2）分流

在图 5-2b 所示电路中，电阻器 R_2 与灯泡并联在一起，流过 R_1 的电流 I 除了一部分流过灯泡外，还有一路经 R_2 流回到电源，这样流过灯泡的电流减小，灯泡变暗。R_2 的这种功能称为分流。

（3）分压

在图 5-2c 所示电路中，电阻器 R_1、R_2 和 R_3 串联在一起，从电源正极出发，每经过一个电阻器，电压会降低一次，电压降低多少取决于电阻器阻值的大小，阻值越大，电压降低越多，图中的 R_1、R_2 和 R_3 将 6V 电压分成 5V 和 2V 的电压。

3. 阻值的识读

为了表示阻值的大小，电阻器在出厂时会在表面标注阻值。**标注在电阻器上的阻值称为标称阻值。电阻器的实际阻值与标称阻值往往有一定的差距，这个差距称为偏差。电阻器标称阻值和偏差的标注方法主要有直标法和色环法。**

（1）直标法

直标法是指用文字符号（数字和字母）在电阻器上直接标注出阻值和偏差的方法。直标法的阻值单位有欧（Ω）、千欧（kΩ）和兆欧（MΩ）。

偏差大小表示一般有两种方式：一是用罗马数字 Ⅰ、Ⅱ、Ⅲ 分别表示偏差为 ±5%、±10% 和 ±20%，如果不标注偏差，则偏差为 ±20%；二是用字母来表示，各字母对应的偏差见表 5-1，如 J、K 分别表示偏差为 ±5%、±10%。

表 5-1　字母与阻值偏差对照表

字母	对应偏差	字母	对应偏差
W	±0.05%	G	±2%
B	±0.1%	J	±5%
C	±0.25%	K	±10%
D	±0.5%	M	±20%
F	±1%	N	±30%

直标法常见形式主要有以下几种：

1）用"数值+单位+偏差"表示。图 5-3a 中所示的四个电阻器都采用这种方式，它们分别标注 12kΩ±10%、12kΩ Ⅱ、12kΩ10%、12kΩK，虽然偏差标注形式不同，但都表示电阻器的阻值为 12kΩ，偏差为 ±10%。

2）用单位代表小数点表示。图 5-3b 中所示的四个电阻器采用这种表示方式，1k2 表示 1.2kΩ，3M3 表示 3.3MΩ，3R3（或 3Ω3）表示 3.3Ω，R33（或 Ω33）表示 0.33Ω。

3）用"数值+单位"表示。这种标注法没标出偏差，表示偏差为 ±20%，图 5-3c 中所示的两个电阻器均采用这种方式，它们分别标注 12kΩ、12k，表示的阻值都为 12 kΩ，偏差为±20%。

4）**用数字直接表示**。一般 1kΩ 以下的电阻器采用这种形式，图 5-3d 中所示的两个电阻器采用这种表示方式，12 表示 12Ω，120 表示 120Ω。

图 5-3　直标法表示阻值的常见形式

（2）色环法

色环法是指在电阻器上标注不同颜色圆环来表示阻值和偏差的方法。图 5-4 中所示的两个电阻器就采用了色环法来标注阻值和偏差，其中一只电阻器上有四条色环，称为四环电阻器，另一只电阻器上有五条色环，称为五环电阻器，五环电阻器的阻值准确度较四环电阻器更高。

图 5-4　色环电阻器

1）色环含义。要正确识读色环电阻器的阻值和偏差，须先了解各种色环代表的意义。色环电阻器各色环代表的意义见表 5-2。

表 5-2　色环电阻器各色环代表的意义

颜色	第 1 色环有效数	第 2 色环有效数	第 3 色环倍乘数	第 4 色环允许偏差数
棕	1	1	10^1	±1%
红	2	2	10^2	±2%
橙	3	3	10^3	—
黄	4	4	10^4	—
绿	5	5	10^5	±0.5%
蓝	6	6	10^6	±0.25%
紫	7	7	10^7	±0.1%
灰	8	8	10^8	—
白	9	9	10^9	—
黑	0	0	$10^0 = 1$	—
金	—	—	10^{-1}	±5%
银	—	—	10^{-2}	±10%
无色	—	—	—	±20%

2）四环电阻器的识读。四环电阻器阻值与偏差的识读如图5-5所示。四环电阻器的识读具体过程如下。

第一步：判别色环排列顺序。

四环电阻器色环顺序判别规律如下：

① 四环电阻器的第四条色环为偏差环，一般为金色或银色，因此如果靠近电阻器一个引脚的色环颜色为金、银色，该色环必为第四环，从该环向另一引脚方向排列的三条色环顺序依次为三、二、一。

第一环 红色（代表"2"）
第二环 黑色（代表"0"）
第三环 红色（代表"10^2"）
第四环 金色（代表"±5%"）

标称阻值为$20×10^2\Omega×(1±5\%)=2k\Omega×(95\%\sim105\%)$

图5-5　四环电阻器阻值和偏差的识读

② 对于色环标注标准的电阻器，一般第四环与第三环间隔较远。

第二步：识读色环。

按照第一、二环为有效数环，第三环为倍乘数环，第四环为偏差数环，再对照表5-2各色环代表的数字识读出色环电阻器的阻值和偏差。

3）五环电阻器的识读。五环电阻器阻值和偏差的识读方法与四环电阻器基本相同，不同在于**五环电阻器的第一、二、三环为有效数环，第四环为倍乘数环，第五环为偏差数环。**另外，五环电阻器的偏差数环颜色除了有金、银色外，还可能是棕、红、绿、蓝和紫色。五环电阻器的识读如图5-6所示。

第一环 红色（代表"2"）
第二环 红色（代表"2"）
第三环 黑色（代表"0"）
第四环 红色（代表"10^2"）
第五环 棕色（代表"±1%"）

标称阻值为$220×10^2\Omega×(1±1\%)=22k\Omega×(99\%\sim101\%)$

图5-6　五环电阻器阻值和偏差的识读

4. 额定功率

额定功率是指在一定的条件下电阻器长期使用允许承受的最大功率。电阻器额定功率越大，允许流过的电流越大。

固定电阻器的额定功率要按国家标准进行标注，其标称系列有1/8W、1/4W、1/2W、1W、2W、5W和10W等。小电流电路一般采用功率为1/8~1/2W的电阻器，而大电流电路常采用1W以上的电阻器。

电阻器额定功率的识别方法主要有以下几点：

1）对于标注了功率的电阻器，可根据标注的功率值来识别功率大小。图5-7a中所示的

体积小的电阻器功率小

功率10W 阻值330Ω 偏差±5%

a)

体积大的电阻器功率大

b)

图5-7　根据标注和体积识别功率

电阻器标注的额定功率值为10W，阻值为330Ω，偏差为±5%。

2）**对于没有标注功率的电阻器，可根据长度和直径来判别其功率大小**。长度和直径值越大，功率越大，图5-7b中体积一大一小两个色环电阻器，体积大的电阻器的功率更大。

3）在电路图中，为了表示电阻器的功率大小，一般会在电阻器符号上标注一些标志。电阻器上标注的标志与对应功率值如图5-8所示，1W以下用线条表示，1W以上的直接用数字表示功率大小（旧标准用罗马数字表示）。

图5-8　电路图中电阻器的功率标注方法

5. 常见故障及检测

固定电阻器常见故障有开路、短路和变值。检测固定电阻器使用万用表的欧姆档。

在检测时，先识读出电阻器上的标称阻值，然后选用合适的档位并进行欧姆调零，测量时为了减小测量偏差，应尽量让万用表指针指在欧姆刻度线中央，若指针在刻度线上过于偏左或偏右时，应切换更大或更小的档位重新测量。

固定电阻器的检测如图5-9所示（以测量一只标称阻值为2kΩ的色环电阻器为例），具体步骤如下所述：

第一步：将万用表的档位开关拨至×100Ω档。

第二步：进行欧姆调零。将红、黑表笔短路，观察指针是否指在"Ω"刻度线的"0"刻度处，若未指在该处，应调节欧姆调零旋钮，让指针准确指在"0"刻度处。

图5-9　固定电阻器的检测

第三步：将红、黑表笔分别接电阻器的两个引脚，再观察指针指在"Ω"刻度线的位置，图中指针指在刻度"20"，那么被测电阻器的阻值为20×100Ω＝2000Ω＝2kΩ。

若万用表测量出来的阻值与电阻器的标称阻值相同，说明该电阻器正常（若测量出来的阻值与电阻器的标称阻值有些偏差，但在偏差允许范围内，电阻器也算正常）；若测量出来的阻值为∞，说明电阻器开路；若测量出来的阻值为0，说明电阻器短路；若测量出来的阻值大于或小于电阻器的标称阻值，并超出偏差允许范围，说明电阻器变值。

5.1.2　电位器

1. 外形与图形符号

电位器是一种阻值可以通过调节而变化的电阻器，又称可变电阻器。常见电位器的实物外形及其图形符号如图5-10所示。

2. 结构与原理

电位器种类很多，但结构基本相同，电位器的结构示意图如图5-11所示。

a) 实物外形　　　　　　　　　　　　　　　b) 图形符号

图 5-10　电位器的实物外形及其图形符号

从图 5-11 中可看出，电位器有 A、C、B 三个引出极，在 A、B 极之间连接着一段电阻体，该电阻体的阻值用 R_{AB} 表示，对于一个电位器，R_{AB} 值是固定不变的，该值为电位器的标称阻值，C 极连接一个导体滑动片，该滑动片与电阻体接触，A 极与 C 极之间电阻体的阻值用 R_{AC} 表示，B 极与 C 极之间电阻体的阻值用 R_{BC} 表示，$R_{AC}+R_{BC}=R_{AB}$。

图 5-11　电位器的结构示意图

当转轴逆时针旋转时，滑动片往 B 极滑动，R_{BC} 减小，R_{AC} 增大；当转轴顺时针旋转时，滑动片往 A 极滑动，R_{BC} 增大，R_{AC} 减小，当滑动片移到 A 极时，$R_{AC}=0$，而 $R_{BC}=R_{AB}$。

3. 检测

电位器检测使用万用表的欧姆档。在检测时，先测量电位器两个固定端之间的阻值，正常测量值应与标称阻值一致，然后再测量一个固定端与滑动端之间的阻值，同时旋转转轴，正常测量值应在 0 至标称阻值范围内变化。

电位器检测分两步，只有每步测量均正常才能说明电位器正常。电位器的检测如图 5-12 所示。**电位器的检测过程如下所述：**

1）测量电位器两个固定端之间的阻值。将万用表拨至 $R \times 1k\Omega$ 档（该电位器标称阻值为 $20k\Omega$），红、黑表笔分别接电位器两个固定端，如图 5-12a 所示，然后在刻度盘上读出阻值大小。

若电位器正常，测得的阻值应与电位器的标称阻值相同或相近（在偏差允许范围内）；若测得的阻值为 ∞，说明电位器两个固定端之间开路；若测得的阻值为 0，说明电位器两个固定端之间短路；若测得的阻值大于或小于标称阻值，说明电位器两个固定端之间的阻体变值。

2）测量电位器一个固定端与滑动端之间的阻值。万用表仍置于 $R \times 1k\Omega$ 档，红、黑表笔分别接电位器任意一个固定端和滑动端，如图 5-12b 所示，然后旋转电位器转轴，同时观察刻度盘指针。

若电位器正常，指针会发生摆动，指示的阻值应在 $0 \sim 20k\Omega$ 范围内连续变化；若测得的阻值始终为 ∞，说明电位器固定端与滑动端之间开路；若测得的阻值为 0，说明电位器固定端与滑动端之间短路；若测得的阻值变化不连续、有跳变，说明电位器滑动端与阻体之间接触不良。

图 5-12　电位器的检测

5.1.3　敏感电阻器

敏感电阻器是指阻值随某些条件改变而变化的电阻器。敏感电阻器种类很多，常见的有热敏电阻器、光敏电阻器、压敏电阻器、湿敏电阻器、气敏电阻器、力敏电阻器和磁敏电阻器等。

1. 热敏电阻器

（1）外形与图形符号

热敏电阻器是一种对温度敏感的电阻器，当温度变化时其阻值也会随之变化。热敏电阻器实物外形和图形符号如图 5-13 所示。

（2）种类

热敏电阻器种类很多，但通常可分为负温度系数热敏电阻器（简称 NTC）、正温度系数热敏电阻器（简称 PTC）和临界负温度系数热敏电阻器（简称 CTR）。

1）负温度系数热敏电阻器。**负温度系数热敏电阻器阻值随温度升高而减小**。NTC 是由氧化锰、氧化钴、氧化镍、氧化铜和氧化

a) 实物外形　　b) 图形符号

图 5-13　热敏电阻器实物外形和图形符号

铝等金属氧化物为主要原料制作而成的。根据使用温度条件不同，负温度系数热敏电阻器可分为低温（-60~300℃）、中温（300~600℃）、高温（>600℃）三种。

2）正温度系数热敏电阻器。**正温度系数热敏电阻器阻值随温度升高而增大**。PTC 是在钛酸钡中掺入适量的稀土元素制作而成。**PTC 可分为缓慢型和开关型**。

（3）检测

热敏电阻器检测分两步，只有两步测量均正常才能说明热敏电阻器正常，在这两步测量时还可以判断出电阻器的类型（NTC 或 PTC）。

热敏电阻器的检测过程如图 5-14 所示。**热敏电阻器的检测步骤如下所述:**

1) 测量常温下 (25℃左右) 的标称阻值。根据标称阻值选择合适的欧姆档,图中的热敏电阻器的标称阻值为 25Ω,故选择 R×1Ω 档,将红、黑表笔分别接热敏电阻器两个电极,然后在刻度盘上查看测得阻值的大小。

若阻值与标称阻值一致或接近,说明热敏电阻器正常;若阻值为 0,说明热敏电阻器短路;若阻值为无穷大,说明热敏电阻器开路;若阻值与标称阻值偏差过大,说明热敏电阻器性能变差或损坏。

2) 改变温度测量阻值。用火焰靠近热敏电阻器 (不要让火焰接触电阻器,以免烧坏电阻器),如图 5-14b 所示,让火焰的热量对热敏电阻器进行加热,然后将红、黑表笔分别接触热敏电阻器两个电极,再在刻度盘上查看测得阻值的大小。

若阻值与标称阻值比较有变化,说明热敏电阻器正常;若阻值往大于标称阻值方向变化,说明热敏电阻器为 PTC;若阻值往小于标称阻值方向变化,说明热敏电阻器为 NTC;若阻值不变化,说明热敏电阻器损坏。

图 5-14 热敏电阻器的检测

2. 光敏电阻器

光敏电阻器是一种对光线敏感的电阻器,当照射的光线强弱变化时,阻值也会随之变化,通常光线越强阻值越小。光敏电阻器外形与图形符号如图 5-15 所示。

根据光的敏感性不同,光敏电阻器可分为可见光光敏电阻器 (硫化镉材料)、红外光光敏电阻器 (砷化镓材料) 和紫外光光敏电阻器 (硫化锌材料)。其中硫化镉材料制成的可见光光敏电阻器应用最广泛。

a) 实物外形   b) 图形符号

图 5-15 光敏电阻器外形与图形符号

3. 压敏电阻器

压敏电阻器是一种对电压敏感的特殊电阻器,当两端电压低于标称电压时,其阻值接近

无穷大，当两端电压超过标称电压值时，阻值急剧变小，如果两端电压回落至标称电压值以下时，其阻值又恢复到接近无穷大。压敏电阻器外形与图形符号如图 5-16 所示。

4. 湿敏电阻器

湿敏电阻器是一种对湿度敏感的电阻器，当湿度变化时其阻值也会随之变化。湿敏电阻器外形与图形符号如图 5-17 所示。湿敏电阻器可分为正温度系数湿敏电阻器（阻值随湿度增大而增大）和负温度系数湿敏电阻器（阻值随湿度增大而减小）。

a) 实物外形　　　b) 图形符号

图 5-16　压敏电阻器外形与图形符号

新图形符号　　　旧图形符号

a) 实物外形　　　　　　b) 图形符号

图 5-17　湿敏电阻器外形与图形符号

5.2　电　感　器

5.2.1　外形与图形符号

将导线在绝缘支架上绕制一定的匝数（圈数）就构成了电感器。常见的电感器的实物外形如图 5-18a 所示，根据绕制的支架不同，电感器可分为空心电感器（无支架）、磁心电感器（磁性材料支架）和铁心电感器（硅钢片支架），它们的图形符号如图 5-18b 所示。

空心电感器

磁心电感器

铁心电感器

a) 实物外形　　　　　　　　b) 图形符号

图 5-18　电感器外形与图形符号

5.2.2　主要参数与标注方法

1. 主要参数

电感器的主要参数有电感量和偏差等。

（1）电感量

电感器由线圈组成，当电感器通过电流时就会产生磁场，电流越大，产生的磁场越强，穿过电感器的磁场（又称为磁通 Φ）就越大。实验证明，穿过电感器的磁通 Φ 和电感器通

入的电流 I 成正比关系。**磁通 Φ 与电流的比值称为自感系数，又称电感量 L，**用公式表示为

$$L = \frac{\Phi}{I}$$

电感量的基本单位为亨利（简称亨），用字母 H 表示，此外还有毫亨（mH）和微亨（μH），它们之间的关系是

$$1\mathrm{H} = 10^3\mathrm{mH} = 10^6\mu\mathrm{H}$$

电感器的电感量大小主要与线圈的匝数（圈数）、绕制方式和磁心材料等有关。线圈匝数越多、绕制的线圈越密集，电感量就越大；有磁心的电感器比无磁心的电感量大；电感器的磁心磁导率越高，电感量也就越大。

（2）偏差

偏差是指电感器上标称电感量与实际电感量的差距。对于准确度要求高的电路，电感器的允许偏差范围通常为±0.2%～±0.5%，一般的电路可采用偏差为±10%～±15%的电感器。

2. 参数标注方法

电感器的参数标注方法主要有直标法和色标法。

（1）直标法

电感器采用直标法标注时，一般会在外壳上标注电感量、偏差和额定电流值。图 5-19 所示列出了几个采用直标法标注的电感器。

在标注电感量时，通常会将电感量值及单位直接标出。在标注偏差时，分别用Ⅰ、Ⅱ、Ⅲ表示±5%、±10%、±20%。在标注额定电流时，用 A、B、C、D、E 分别表示 50mA、150mA、300mA、0.7A 和 1.6A。

图 5-19 电感器的直标法例图

（2）色标法

色标法是采用色点或色环标在电感器上来表示电感量和偏差的方法。色码电感器采用色标法标注，其电感量和偏差标注方法同色环电阻器，单位为 μH。色码电感器的识别如图 5-20 所示。

色码电感器的各种颜色含义及代表的数值与色环电阻器相同，具体参见表 5-2。色码电感器颜色的排列顺序方法也与色环

图 5-20 色码电感器参数的识别

电阻器相同。色码电感器与色环电阻器识读不同仅在于单位不同，色码电感器单位为 μH。图 5-20 中所示的色码电感器上标注"红棕黑银"表示电感量为 21μH，偏差为 ±10%。

5.2.3 性质

电感器的主要性质有"通直阻交"和"阻碍变化的电流"。

1. "通直阻交"特性

电感器的"通直阻交"是指电感器对通过的直流信号阻碍很小，直流信号可以很容易通过电感器，而交流信号通过时会受到很大的阻碍。

电感器对通过的交流信号有较大的阻碍，这种阻碍称为感抗，感抗用 X_L 表示，感抗的单位是欧姆（Ω）。电感器的感抗大小与自身的电感量和交流信号的频率有关，感抗大小可以用以下公式计算

$$X_L = 2\pi fL$$

式中，X_L 表示感抗，单位为 Ω；f 表示交流信号的频率，单位为 Hz；L 表示电感器的电感量，单位为 H。

由上式可以看出：交流信号的频率越高，电感器对交流信号的感抗越大；电感器的电感量越大，对交流信号感抗也越大。

举例：在图 5-21 所示的电路中，交流信号的频率为 50Hz，电感器的电感量为 200mH，那么电感器对交流信号的感抗就为 $X_L = 2\pi fL = 2 \times 3.14 \times 50 \times 200 \times 10^{-3} = 62.8$（Ω）

图 5-21 感抗计算例图

2. "阻碍变化的电流"特性

当变化的电流流过电感器时，电感器会产生自感电动势来阻碍变化的电流。下面以图 5-22 所示的两个电路来说明电感器这个性质。

a) 开关闭合，灯泡慢慢变亮   b) 开关断开，灯泡慢慢熄灭

图 5-22 电感器"阻碍变化的电流"说明图

在图 5-22a 所示电路中，当开关 S 闭合时，会发现灯泡不是马上亮起来，而是慢慢亮起来。这是因为当开关闭合后，有电流流过电感器，这是一个增大的电流（从无到有），电感器马上产生自感电动势来阻碍电流增大，其极性是 A 正 B 负，该电动势使 A 点电位上升，电流从 A 点流入较困难，也就是说电感器产生的这种电动势就对电流有阻碍作用。由于电

感器产生 A 正 B 负自感电动势的阻碍，流过电感器的电流不能一下子增大，而是慢慢增大，所以灯泡慢慢变亮，当电流不再增大（即电流大小恒定）时，电感器上的电动势消失，灯泡亮度也就不变了。

如果将开关 S 断开，如图 5-22b 所示，会发现灯泡不是马上熄灭，而是慢慢暗下来。这是因为当开关断开后，流过电感器的电流突然变为 0，也就是说流过电感器的电流突然变小（从有到无），电感器马上产生 A 负 B 正的自感电动势，由于电感器、灯泡和电阻器 R 连接成闭合回路，电感器的自感电动势会产生电流流过灯泡，电流方向是：电感器 B 正→灯泡→电阻器 R→电感器 A 负，开关断开后，该电流维持灯泡继续发光，随着电感器上的电动势逐渐降低，流过灯泡的电流慢慢减小，灯泡也就慢慢变暗。

从上面的电路分析可知，**只要流过电感器的电流发生变化（不管是增大还是减小），电感器都会产生自感电动势，电动势的方向总是阻碍电流的变化**。电感器这个性质非常重要，在以后的电路分析中经常要用到该性质。为了让大家能更透彻地理解电感器这个性质，再来看如图 5-23 所示的两个例子。

a) 电流增大时　　　　　　　　　　　　b) 电流减小时

图 5-23　电感器性质解释图

在图 5-23a 所示电路中，流过电感器的电流是逐渐增大的，电感器会产生 A 正 B 负的电动势阻碍电流增大（可理解为 A 点为正，A 点电位升高，电流通过较困难）；在图 5-23b 所示电路中，流过电感器的电流是逐渐减小的，电感器会产生 A 负 B 正的电动势阻碍电流减小（可理解为 A 点为负时，A 点电位低，吸引电流流过来，阻碍它减小）。

5.2.4　检测

电感器的电感量和 Q 值一般用专门的电感测量仪和 Q 表来测量，一些功能齐全的万用表也具有电感量测量功能。电感器常见的故障有开路和线圈匝间短路。电感器实际上就是线圈，由于线圈的电阻一般比较小，测量时一般用万用表的 $R×1Ω$ 档，电感器的检测如图 5-24 所示。

线径粗、匝数少的电感器电阻小，接近于 0Ω，线径细、匝数多的电感器阻值较大。在测量电感器时，万用表可以很容易检测出是否开路（开路时测出的电阻为无穷大），但

图 5-24　电感器的检测

很难判断它是否匝间短路，因为电感器匝间短路时电阻减小很少。解决方法是：当怀疑电感器匝数有短路，万用表又无法检测出来时，可更换新的同型号电感器，故障排除则说明原电感器已损坏。

5.3 电 容 器

5.3.1 结构、外形与图形符号

电容器是一种可以存储电荷的元件。**相距很近且中间有绝缘介质（如空气、纸和陶瓷等）的两块导电极板就构成了电容器**。电容器的结构、外形与图形符号如图 5-25 所示。

a) 结构　　　　　　　　　　b) 实物外形　　　　　　　c) 图形符号

图 5-25　电容器的结构、外形与图形符号

5.3.2 主要参数

电容器主要参数有容量、允许偏差、额定电压和绝缘电阻等。

1. 容量与允许偏差

电容器能存储电荷，其存储电荷的多少称为容量。这一点与蓄电池类似，不过蓄电池存储电荷的能力比电容器大得多。电容器的容量越大，存储的电荷越多。**电容器的容量大小与下面的因素有关：**

1）**两导电极板相对面积。相对面积越大，容量越大。**

2）**两极板之间的距离。极板相距越近，容量越大。**

3）**两极板中间的绝缘介质。**在极板相对面积和距离相同的情况下，绝缘介质不同的电容器，其容量不同。

电容器容量的单位有法拉（F）、毫法（mF）、微法（μF）、纳法（nF）和皮法（pF），它们的关系是

$$1F = 10^3 mF = 10^6 \mu F = 10^9 nF = 10^{12} pF$$

标注在电容器上的容量称为标称容量。允许偏差是指电容器标称容量与实际容量之间允许的最大偏差范围。

2. 额定电压

额定电压又称电容器的耐压值，它是指在正常条件下电容器长时间使用两端允许承受的最高电压。一旦加到电容器两端的电压超过额定电压，两极板之间的绝缘介质容易被击穿而失去绝缘能力，造成两极板直接短路。

3. 绝缘电阻

电容器两极板之间隔着绝缘介质，绝缘电阻用来表示绝缘介质的绝缘程度。绝缘电阻越

大，表明绝缘介质绝缘性能越好，如果绝缘电阻比较小，绝缘介质绝缘性能下降，就会出现一个极板上的电流会通过绝缘介质流到另一个极板上，这种现象称为漏电。由于绝缘电阻小的电容器存在着漏电，故不能继续使用。

一般情况下，无极性电容器的绝缘电阻为无穷大，而有极性电容器（电解电容器）绝缘电阻很大，但一般达不到无穷大。

5.3.3 性质

电容器的性质主要有"充电""放电"和"隔直""通交"。

1. "充电"和"放电"性质

"充电"和"放电"是电容器非常重要的性质，下面以图5-26所示的电路来说明该性质。

图 5-26 电容器充、放电性质说明图

（1）充电

在图5-26a所示电路中，当开关S_1闭合后，从电源正极输出电流经开关S_1流到电容器的金属极板E上，在极板E上聚集了大量的正电荷，由于金属极板F与极板E相距很近，又因为同性相斥，所以极板F上的正电荷受到很近的极板E上正电荷产生的电场排斥而流走，这些正电荷汇合形成电流到达电源的负极，极板F上就剩下很多负电荷，结果在电容器的上、下极板就存储了大量的上正下负的电荷（注意，金属极板E、F常态时不呈电性，但极板上都有大量的正、负电荷，只是正、负电荷数相等呈中性）。

电源输出电流流经电容器，在电容器上获得大量电荷的过程称为电容器的"充电"。

（2）放电

在图5-26b所示电路中，先闭合开关S_1，让电源对电容器C充得上正下负的电荷，然后断开S_1，再闭合开关S_2，电容器上的电荷开始释放，电荷流经的途径是：电容器极板E上的正电荷流出→开关S_2→电阻R→灯泡→极板F，中和极板F上的负电荷。大量的电荷移动形成电流，该电流流经灯泡，灯泡发光。随着极板E上的正电荷不断流走，正电荷的数量慢慢减少，流经灯泡的电流减少，灯泡慢慢变暗，当极板E上先前充得的正电荷全放完后，无电流流过灯泡，灯泡熄灭，此时极板F上的负电荷也完全被中和，电容器两极板上先前充得的电荷消失。

电容器一个极板上的正电荷经一定的途径流到另一个极板，中和该极板上负电荷的过程称为电容器的"放电"。

电容器充电后两极板上存储了电荷，两极板之间也就有了电压，这就像杯子装水后有水位一样。电容器极板上的电荷数与两极板之间的电压有一定的关系，具体可这样概括：**在容量不变的情况下，电容器存储的电荷数与两端电压成正比，即**

$$Q = CU$$

式中，Q 表示电荷数，单位为库仑（C）；C 表示容量，单位为法拉（F）；U 表示电容器两端的电压，单位为伏特（V）。这个公式可以从以下几个方面来理解：

1）在容量不变的情况下（C 不变），电容器充得电荷越多（Q 增大），两端电压越高（U 增大）。这就像杯子大小不变时，杯子中装得水越多，杯子的水位越高一样。

2）若向容量一大一小的两只电容器充相同数量的电荷（Q 不变），那么容量小的电容器两端的电压更高（C 小 U 大）。这就像往容量一大一小的两只杯子装入同样多的水时，小杯子中的水位更高一样。

2. "隔直"和"通交"性质

电容器的"隔直"和"通交"是指直流不能通过电容器，而交流能通过电容器。下面以图 5-27 所示的电路来说明电容器的"隔直"和"通交"性质。

图 5-27　电容器的"隔直"和"通交"性质说明图

（1）隔直

在图 5-27a 所示电路中，电容器与直流电源连接，当开关 S 闭合后，直流电源开始对电容器充电，充电途径是：电源正极→开关 S→电容器上极板获得大量正电荷→通过电荷的排斥作用（电场作用），下极板上的大量正电荷被排斥流出形成电流→灯泡→电源负极，有电流流过灯泡，灯泡亮。随着电源对电容器不断充电，电容器两端电荷越来越多，两端电压越来越高，当电容器两端电压与电源电压相等时，电源不能再对电容器充电，无电流流到电容器上极板，下极板也就无电流流出，无电流流过灯泡，灯泡熄灭。

以上过程说明：**在刚开始时直流可以对电容器充电而通过电容器，该过程持续时间很短，充电结束后，直流就无法通过电容器，这就是电容器的"隔直"性质。**

（2）通交

在图 5-27b 所示电路中，电容器与交流电源连接，通过第 1 章知识可知，交流电的极性是经常变化的，故图 5-27b 中所示的交流电源的极性也是经常变化的，一段时间极性是上正下负，下一段时间极性变为下正上负。开关 S 闭合后，当交流电源的极性是上正下负时，交流电源从上端输出电流，该电流对电容器充电，充电途径是：交流电源上端→开关 S→电容器→灯泡→交流电源下端，有电流流过灯泡，灯泡发光，同时交流电源对电容器充得上正下负的电荷；当交流电源的极性变为上负下正时，交流电源从下端输出电流，它经过灯泡对电容反充电，电流途径是：交流电源下端→灯泡→电容器→开关 S→交流电源上端，有电流流过灯泡，灯泡发光，同时电流对电容器反充得上负下正的电荷，这次充得的电荷极性与先前充得的电荷极性相反，它们相互中和抵消，电容器上的电荷消失。当交流电源极性重新变为上正下负时，又可以对电容器进行充电，以后不断重复上述过程。

从上面的分析可以看出，**由于交流电源的极性不断变化，使得电容器充电和反充电（中和抵消）交替进行，从而始终有电流流过电容器，这就是电容器"通交"性质。**

（3）电容器对交流有阻碍作用

电容器虽然能通过交流，但对交流也有一定的阻碍，这种阻碍称之为容抗，用 X_C 表示，容抗的单位是欧姆（Ω）。 在图 5-28 所示电路中，两个电路中的交流电源电压相等，灯泡也一样，但由于电容器的容抗对交流阻碍作用，故图 5-28b 中的灯泡要暗一些。

图 5-28 容抗说明图

电容器的容抗与交流信号频率、电容器的容量有关，交流信号频率越高，电容器对交流信号的容抗越小，电容器容量越大，它对交流信号的容抗越小。 在图 5-28b 所示电路中，若交流电频率不变，当电容器容量越大，灯泡越亮；或者电容器容量不变，交流电频率越高灯泡越亮。容抗可用下式计算

$$X_C = \frac{1}{2\pi f C}$$

式中，X_C 为容抗；f 为交流信号频率；π 为常数 3.14。

在图 5-28b 所示电路中，若交流电源的频率 $f=50\text{Hz}$，电容器的容量 $C=100\mu\text{F}$，那么该电容器对交流电的容抗为

$$X_C = \frac{1}{2\pi f C} = \frac{1}{2\times 3.14\times 50\times 100\times 10^{-6}} \approx 31.8 \ (\Omega)$$

5.3.4 容量与偏差的标注方法

电容器容量的标注方法很多，下面介绍一些常用的容量标注方法。

（1）直标法

直标法是指在电容器上直接标出容量值和容量单位。电解电容器常采用直标法，图 5-29 所示左方的电容器的容量为 2200μF，耐压为 63V，偏差为 ±20%，右方电容器的容量为 68nF，J 表示偏差为 ±5%。

（2）小数点标注法

容量较大的无极性电容器常采用小数点标注法。小数点标注法的容量单位是 μF。 图 5-30 中所示的两个实物电容器的容量分别是 0.01μF 和 0.033μF。

有的电容器用 μ、n、p 来表示小数点，同时指明容量单位，如图 5-30 中的 p1、4n7、3μ3 分别表示容量 0.1pF、4.7nF、3.3μF，如果用 R 表示小数点，单位则为 μF，如 R33 表示容量是 0.33μF。

图 5-29　直标法例图

图 5-30　小数点标注法例图

（3）整数标注法

容量较小的无极性电容器常采用整数标注法，单位为 pF。若整数末位是 0，如标"330" 则表示该电容器容量为 330pF；若整数末位不是 0，如标"103"，则表示容量为 10×10^3 pF。图 5-31 中所示的几个电容器的容量分别是 180pF、330pF 和 22000pF。如果整数末尾是 9，不是表示 10^9，而是表示 10^{-1}，如 339 表示 3.3pF。

图 5-31　整数标注法例图

5.3.5　常见故障及检测

电容器常见的故障有开路、短路和漏电。 检测时，万用表拨至 $R \times 10\mathrm{k}\Omega$ 或 $R \times 1\mathrm{k}\Omega$ 档（对于容量小的电容器选 $R \times 10\mathrm{k}\Omega$ 档），测量电容器两引脚之间的阻值。如果电容器正常，指针先往右摆动，然后慢慢返回到无穷大处，容量越小向右摆动的幅度越小，该过程如图 5-32 所示。指针摆动过程实际上就是万用表内部电池通过表笔对被测电容器的充电过程，被测电容器容量越小充电越快，指针摆动幅度越小，充电完成后指针就停在无穷大处。

图 5-32　电容器的检测

若检测时指针始终停在无穷大处不动，说明电容器不能充电，该电容器开路；若指针能往右摆动，也能返回，但回不到无穷大，说明电容器能充电，但绝缘电阻小，该电容器漏电；若指针始终指在阻值小或 0 处不动，说明电容器不能充电，并且绝缘电阻很小，该电容器短路。

注意：对于容量小于 $0.01\mu F$ 的正常电容器，在测量时指针可能不会摆动，故无法用万用表判断是否开路，但可以判别是否短路和漏电。如果怀疑容量小的电容器开路，万用表又无法检测时，可找相同容量的电容器代换，如果故障消失，就说明原电容器开路。

5.4　二　极　管

5.4.1　半导体

导电性能介于导体与绝缘体之间的材料称为半导体，常见的半导体材料有硅、锗和硒等。利用半导体材料可以制作各种各样的半导体元器件，如二极管、晶体管、场效应晶体管和晶闸管等都是由半导体材料制作而成的。

1. 半导体的特性

半导体的主要特性有以下几种：

1）**掺杂性**。当往纯净的半导体中掺入少量某些物质时，半导体的导电性就会大大增强。二极管、晶体管就是用掺入杂质的半导体制成的。

2）**热敏性**。当温度上升时，半导体的导电能力会增强，利用该特性可以将某些半导体制成热敏器件。

3）**光敏性**。当有光线照射半导体时，半导体的导电能力也会显著增强，利用该特性可以将某些半导体制成光敏器件。

2. 半导体的类型

半导体主要有三种类型：本征半导体、N 型半导体和 P 型半导体。

1）本征半导体。纯净的半导体称为本征半导体，它的导电能力是很弱的，在纯净的半导体中掺入杂质后，导电能力会大大增强。

2）N 型半导体。在纯净半导体中掺入五价杂质（原子核最外层有五个电子的物质，如磷、砷和锑等）后，半导体中会有大量带负电荷的电子（因为半导体原子核最外层一般只有四个电子，所以可理解为当掺入五价元素后，半导体中的电子数偏多），这种电子偏多的半导体称为"N 型半导体"。

3）P 型半导体。在纯净半导体中掺入三价杂质（如硼、铝和镓）后，半导体中电子偏少，有大量的空穴（可以看作正电荷）产生，这种空穴偏多的半导体称为"P 型半导体"。

5.4.2　二极管

1. PN 结的形成

当 P 型半导体（含有大量的正电荷）和 N 型半导体（含有大量的电子）结合在一起时，P 型半导体中的正电荷向 N 型半导体中扩散，N 型半导体中的电子向 P 型半导体中扩散，于是在 P 型半导体和 N 型半导体中间就形成一个特殊的薄层，这个薄层称之为 PN 结，该过程如图 5-33 所示。

从含有 PN 结的 P 型半导体和 N 型半导体两端各引出一个电极并封装起来就构成了二极管，与 P 型半导体连接的电极称为正极（或阳极），用 "+" 或 "A" 表示，与 N 型半导体连接的电极称为负极（或阴极），用 "–" 或 "K" 表示。

图 5-33　PN 结的形成

2. 二极管内部结构、图形符号和实物外形

二极管内部结构、图形符号和实物外形如图 5-34 所示。

图 5-34　二极管内部结构、图形符号和实物外形

3. 二极管的性质

下面通过分析图 5-35 中所示的两个电路来详细介绍二极管的性质。

在图 5-35a 所示电路中，当闭合开关 S 后，发现灯泡会发光，表明有电流流过二极管，二极管导通；而在图 5-35b 所示电路中，当开关 S 闭合后灯泡不亮，说明无电流流过二极管，二极管不导通。

图 5-35　二极管的性质说明图

通过观察这两个电路中二极管的接法可以发现：在图 5-35a 所示电路中，二极管的正极通过开关 S 与电源的正极连接，二极管的负极通过灯泡与电源负极相连；在图 5-35b 所示电路中，二极管的负极通过开关 S 与电源的正极连接，二极管的正极通过灯泡与电源负极相连。

由此可以得出这样的结论：当二极管正极与电源正极连接，负极与电源负极相连时，二极管能导通，反之二极管不能导通。二极管这种单方向导通的性质称为二极管的单向导电性。

4. 二极管的极性判别

二极管引脚有正、负极之分，在电路中乱接轻则不能正常工作，重则损坏二极管。二极管极性判别可采用下面一些方法。

（1）根据标注或外形判断极性

为了让人们更好地区分出二极管正、负极，有些二极管会在表面标注一定的标志来指示正、负极，有些特殊的二极管，从外形也可看出正、负极。图 5-36 所示左上方的二极管表

面标有二极管符号，其中三角形端对应的电极为正极，另一端为负极；左下方的二极管标有
白色圆环的一端为负极；右方的二极管金属螺栓为负极，另一端为正极。

图 5-36　根据标注或外形判断二极管的极性

（2）用指针万用表判断极性

对于没有标注极性或无明显外形特征的二极管，可用指针万用表的欧姆档来判断极性。
万用表拨至 $R×100\Omega$ 或 $R×1k\Omega$ 档，测量二极管两个引脚之间的阻值，正、反各测一次，会
出现阻值一大一小，如图 5-37 所示，以阻值小的一次为准，黑表笔接的为二极管的正极，
红表笔接的为二极管的负极。

图 5-37　用指针万用表判断二极管的极性

（3）用数字万用表判断极性

数字万用表与指针万用表一样，也有欧姆档，但由于两者测量原理不同，数字万用表欧
姆档无法判断二极管的正、负极（因为测量正、反向电阻时阻值都显示无穷大符号"1"），
不过数字万用表有一个二极管专用测量档，可以用该档来判断二极管的极性。用数字万用表
判断二极管极性如图 5-38 所示。

在检测判断时，数字万用表拨至"▶┤"档（二极管测量专用档），然后红、黑表笔分
别接被测二极管的两极，正、反各测一次，测量会出现一次显示"1"，如图 5-38a 所示，另
一次显示 100~800 的数字，如图 5-38b 所示，以显示 100~800 数字的那次测量为准，红表
笔接的为二极管的正极，黑表笔接的为二极管的负极。

在图 5-38 所示测量中，显示"1"表示二极管未导通，显示"585"表示二极管已导
通，并且二极管当前的导通电压为 585mV（即 0.585V）。

a) 未导通 b) 导通

图 5-38 用数字万用表判断二极管的极性

5. 二极管常见的故障及检测

二极管常见故障有开路、短路和性能不良。

在检测二极管时，万用表拨至 $R\times1k\Omega$ 档，测量二极管正、反向电阻，测量方法与极性判断相同，可参见图 5-37 所示。正常锗材料二极管正向阻值在 $1k\Omega$ 左右，反向阻值在 $500k\Omega$ 以上；正常硅材料二极管正向电阻在 $1\sim10k\Omega$，反向电阻为无穷大（注：不同型号万用表测量值略有差距）。也就是说，正常二极管的正向电阻小、反向电阻很大。

若测得二极管正、反电阻均为 0，说明二极管短路；若测得二极管正、反向电阻均为无穷大，说明二极管开路；若测得正、反向电阻差距小（即正向电阻偏大，反向电阻偏小），说明二极管性能不良。

5.4.3 发光二极管

1. 外形与图形符号

发光二极管是一种电-光转换器件，能将电信号转换成光。图 5-39a 所示是一些常见的发光二极管的实物外形，图 5-39b 所示为发光二极管的图形符号。

新符号   旧符号

a) 实物外形 b) 图形符号

图 5-39 发光二极管实物外形和图形符号

2. 性质

发光二极管在电路中需要正接才能工作。下面以图 5-40 所示的电路来说明发光二极管的性质。

在图 5-40 所示中，可调电源 E 通过电阻 R 将电压加到发光二极管 VL 两端，电源正极对应 VL 的正极，负极对应 VL 的负极。将电源 E 的电压由 0 开始慢慢调高，发光二极管两端电压 U_{VL} 也随之升高，在电压较低时发光二极管并不导通，只有 U_{VL} 达到一定值时，发光二极

图 5-40　发光二极管的性质说明图

管才导通，此时的 U_{VL} 电压称为发光二极管的导通电压。发光二极管导通后有电流流过就开始发光，流过的电流越大，发出的光越强。

不同颜色的发光二极管，其导通电压一般不同，红外线发光二极管最低，略高于 1V，红光二极管为 1.5~2V，黄光二极管为 2V 左右，绿光二极管为 2.5~2.9V，高亮度蓝光、白光二极管导通电压一般达到 3V 以上。**发光二极管正常工作时的电流较小，小功率的发光二极管工作电流一般为 5~30mA，若流过发光二极管的电流过大，容易被烧坏。发光二极管的反向耐压也较低，一般在 10V 以下。**

3. 检测

发光二极管的检测包括极性检测和好坏检测。

（1）极性检测

对于未使用过的发光二极管，引脚长的为正极，引脚短的为负极。发光二极管与普通二极管一样具有单向导电性，即正向电阻小，反向电阻大。根据这一点可以用万用表来判别发光二极管的极性。

由于发光二极管的导通电压在 1.5V 以上，而万用表选择 $R×1Ω$~$R×1kΩ$ 档时，内部使用 1.5V 电池，它所提供的电压无法使发光二极管正向导通，故检测发光二极管极性时，万用表应选择 $R×10kΩ$ 档，红、黑表笔分别接发光二极管两个引脚，正、反各测一次，两次测量阻值会出现一大一小，以阻值小的那次为准，黑表笔接的引脚为正极，红表笔接的引脚为负极。

（2）好坏检测

在检测发光二极管好坏时，万用表选择 $R×10kΩ$ 档，测量两引脚之间的正、反向电阻。若发光二极管正常，正向电阻小，反向电阻大（接近无穷大）；若正、反向电阻均为无穷大，则发光二极管开路；若正、反向电阻均为 0，则发光二极管短路；若反向电阻偏小，则发光二极管反向漏电。

5.4.4　稳压二极管

1. 外形与图形符号

稳压二极管又称齐纳二极管或反向击穿二极管，它在电路中起稳压作用。稳压二极管的实物外形和图形符号如图 5-41 所示。

2. 工作原理

在电路中，稳压二极管可以稳定电压。**要让稳压二极管起稳压作用，须将它反接在电路中（即稳压二极管的负极接电路中的高电位处，正极接低电位处），**稳压二极管在电路中正

接时的性质与普通二极管相同。下面以图 5-42 所示的电路来说明稳压二极管的稳压原理。

图 5-41　稳压二极管的实物外形和图形符号

图 5-42　稳压二极管的稳压原理说明图

图 5-42 电路中的稳压二极管 VZ 的稳压值为 5V，若电源电压低于 5V，当闭合开关 S 时，VZ 反向不能导通，无电流流过电阻器 R，$U_R = IR = 0$，电源电压在经电阻器 R 时，R 上没有电压降，故 A 点电压与电源电压相等，VZ 两端的电压 U_{VZ} 与电源电压也相等，例如 $E = 4V$ 时，U_{VZ} 也为 4V，电源电压在 0~5V 变化时，U_{VZ} 会在随之变化。也就是说，当加到稳压二极管两端电压低于它的稳压值时，稳压二极管处于截止状态，无稳压功能。

若电源电压超过稳压二极管稳压值，如 $E = 8V$，当闭合开关 S 时，8V 电压通过电阻器 R 送到 A 点，该电压超过稳压二极管的稳压值，VZ 马上反向击穿导通，有电流流过电阻器 R 和稳压二极管 VZ，电流在流过电阻器 R 时，R 上会有 3V 的电压降（即 $U_R = 3V$），稳压二极管 VZ 两端的电压 $U_{VZ} = 5V$。若调节电源 E 使电压由 8V 上升到 10V 时，由于电压的升高，流过 R 和 VZ 的电流都会增大，因流过 R 的电流增大，R 上的电压 U_R 也随之增大，由 3V 上升到 5V，而稳压二极管 VZ 上的电压维持 5V 不变。

稳压二极管的稳压原理可概括为：当外加电压低于稳压二极管稳压值时，稳压二极管不能导通，无稳压功能；当外加电压高于稳压二极管稳压值时，稳压二极管反向击穿导通，两端电压保持不变，其大小等于稳压值。（注：为了保护稳压二极管并使它有良好的稳压效果，必须要给稳压二极管串接限流电阻）。

5.5　晶　体　管

5.5.1　外形与图形符号

晶体管又称晶体三极管，是一种具有放大功能的半导体器件。图 5-43a 所示是一些常见的晶体管实物外形，晶体管的图形符号如图 5-43b 所示。

5.5.2　结构

晶体管有 PNP 型和 NPN 型两种。PNP 型晶体管的构成如图 5-44 所示。

将两个 P 型半导体和一个 N 型半导体按图 5-44a 所示的方式结合在一起，两个 P 型半导体中的正电荷会向中间的 N 型半导体中移动，N 型半导体中的负电荷会向两个 P 型半导体移动，结果在 P、N 型半导体的交界处形成 PN 结，如图 5-44b 所示。

图 5-43 晶体管

图 5-44 PNP 型晶体管的构成

在两个 P 型半导体和一个 N 型半导体上通过连接导体各引出一个电极，然后封装起来就构成了晶体管。**晶体管三个电极分别称为集电极（用 c 或 C 表示）、基极（用 b 或 B 表示）和发射极（用 e 或 E 表示）。**PNP 型晶体管的图形符号如图 5-44c 所示。

晶体管内部有两个 PN 结，其中基极和发射极之间的 PN 结称为发射结，基极与集电极之间的 PN 结称为集电结。两个 PN 结将晶体管内部分作三个区，与发射极相连的区称为发射区，与基极相连的区称为基区，与集电极相连的区称为集电区。发射区的半导体掺入杂质多，故有大量的电荷，便于发射电荷；集电区掺入的杂质少且面积大，便于收集发射区送来的电荷；基区处于两者之间，发射区流向集电区的电荷要经过基区，故基区可控制发射区流向集电区电荷的数量，基区就像设在发射区与集电区之间的关卡。

NPN 型晶体管的构成与 PNP 型晶体管类似，它是由两个 N 型半导体和一个 P 型半导体构成的。具体如图 5-45 所示。

5.5.3 电流、电压规律

单独的晶体管是无法正常工作的，在电路中需要为晶体管各极提供电压，让它内部有电流流过，这样的晶体管才具有放大能力。**为晶体管各极提供电压的电路称为偏置电路。**

a) 形成前   b) 形成后   c) 图形符号

图 5-45　NPN 型晶体管的构成

1. PNP 型晶体管的电流、电压规律

图 5-46a 所示为 PNP 型晶体管的偏置电路，从图 5-46b 所示电路中可以清楚地看出晶体管内部电流情况。

a) 电路   b) 电流流向示意图

图 5-46　PNP 型晶体管的偏置电路

（1）电流关系

在图 5-46 所示电路中，当闭合电源开关 S 后，电源输出的电流马上流过晶体管，晶体管导通。**流经发射极的电流称为 I_e 电流，流经基极的电流称 I_b 电流，流经集电极的电流称为 I_c 电流。**

I_e、I_b、I_c 电流的途径分别如下：

1）I_e 电流的途径：从电源的正极输出电流→电流流入晶体管 VT 的发射极→电流在晶体管内部分作两路：一路从 VT 的基极流出，此为 I_b 电流；另一路从 VT 的集电极流出，此为 I_c 电流；

2）I_b 电流的途径：VT 基极流出电流→电流流经电阻 R→开关 S→流到电源的负极；

3）I_c 电流的途径：VT 集电极流出的电流→经开关 S→流到电源的负极。

从图 5-46b 可以看出，流入晶体管的 I_e 电流在内部分成 I_b 和 I_c 电流，即发射极流入的 I_e 电流在内部分成 I_b 和 I_c 电流分别从基极和发射极流出。

不难看出，**PNP 型晶体管的 I_e、I_b、I_c 电流的关系是 $I_b+I_c=I_e$，并且 I_c 电流要远大于**

I_b 电流。

（2）电压关系

在图 5-46 所示电路中，PNP 型晶体管 VT 的发射极直接接电源正极，集电极直接接电源的负极，基极通过电阻 R 接电源的负极。根据电路中电源正极电压最高、负极电压最低可判断出，晶体管发射极电压 U_e 最高，集电极电压 U_c 最低，基极电压 U_b 处于两者之间。

PNP 型晶体管 U_e、U_b、U_c 电压之间的关系是

$$U_e > U_b > U_c$$

$U_e > U_b$ 使发射区的电压较基区的电压高，两区之间的发射结（PN 结）导通，这样发射区大量的电荷才能穿过发射结到达基区。晶体管发射极与基极之间的电压（电位差）U_{eb}（$U_{eb} = U_e - U_b$）称为发射结正向电压。

$U_b > U_c$ 可以使集电区电压较基区电压低，这样才能使集电区有足够的吸引力（电压越低，对正电荷吸引力越大），将基区内大量电荷吸引穿过集电结而到达集电区。

2. NPN 型晶体管的电流、电压规律

图 5-47 所示为 NPN 型晶体管的偏置电路。从图中可以看出，NPN 型晶体管的集电极接电源的正极，发射极接电源的负极，基极通过电阻接电源的正极，这与 PNP 型晶体管连接正好相反。

a) 电路　　　　　　　　b) 电流流向示意图

图 5-47　NPN 型晶体管的偏置电路

（1）电流关系

在图 5-47 所示电路中，当开关 S 闭合后，电源输出的电流马上流过晶体管，晶体管导通。流经发射极的电流称为 I_e 电流，流经基极的电流称 I_b 电流，流经集电极的电流称为 I_c 电流。

I_e、I_b、I_c 电流的途径分别如下：

1）I_b 电流的途径：从电源的正极输出电流→开关 S→电阻 R→电流流入晶体管 VT 的基极→基区；

2）I_c 电流的途径：从电源的正极输出电流→电流流入晶体管 VT 的集电极→集电区→基区；

3）I_e 电流的途径：晶体管集电极和基极流入的 I_b、I_c 在基区汇合→发射区→电流从发射极输出→电源的负极。

不难看出，NPN 型晶体管 I_e、I_b、I_c 电流的关系是：$I_b + I_c = I_e$，并且 I_c 电流要远大于 I_b 电流。

（2）电压关系

在图 5-47 所示电路中，NPN 型晶体管的集电极接电源的正极，发射极接电源的负极，基极通过电阻接电源的正极。故 NPN 型晶体管 U_e、U_b、U_c 电压之间的关系是

$$U_e < U_b < U_c$$

$U_c > U_b$ 可以使基区电压较集电区电压低，这样基区才能将集电区的电荷吸引穿过集电结而到达基区。

$U_b > U_e$ 可以使发射区的电压较基极的电压低，两区之间的发射结（PN 结）导通，基区的电荷才能穿过发射结到达发射区。

NPN 型晶体管基极与发射极之间的电压 U_{be}（$U_{be} = U_b - U_e$）称为发射结正向电压。

5.5.4 检测

晶体管的检测包括类型检测、电极检测和好坏检测。

1. 类型检测

晶体管类型有 NPN 型和 PNP 型，晶体管的类型可用万用表欧姆档进行检测。

在检测晶体管类型时，万用表拨至 $R \times 100\Omega$ 或 $R \times 1k\Omega$ 档，测量晶体管任意两脚之间的电阻，当测量出现一次阻值小时，黑表笔接的为 P 极，红表笔接的为 N 极，如图 5-48a 所示；然后黑表笔不动（即让黑表笔仍接 P 极），将红表笔接到另外一个极，有两种可能：若测得阻值很大，红表笔接的极一定是 P 极，该晶体管为 PNP 型，红表笔先前接的极为基极，如图 5-48b 所示；若测得阻值小，则红表笔接的为 N 极，则该晶体管为 NPN 型，黑表笔所接为基极。

图 5-48 晶体管类型的检测

2. 电极检测

晶体管有发射极、基极和集电极三个电极，在使用时不能混用，由于在检测类型时已经

找出基极，故下面介绍如何用万用表欧姆档检测出发射极和集电极。

（1）NPN 型晶体管集电极和发射极的判别

NPN 型晶体管集电极和发射极的判别如图 5-49 所示。

将万用表置于 $R×1kΩ$ 或 $R×100Ω$ 档，黑表笔接基极以外任意一个极，再用手接触该极与基极（手相当于一个电阻，即在该极与基极之间接一个电阻），红表笔接另外一个极，测量并记下阻值的大小，该过程如图 5-49a 所示；然后红、黑表笔互换，手再捏住基极与对换后黑表笔所接的极，测量并记下阻值大小，该过程如图 5-49b 所示。两次测量会出现阻值一大一小，以阻值小的那次为准，如图 5-49a 所示，黑表笔接的为集电极，红表笔接的为发射极。

图 5-49 NPN 型晶体管的集电极和发射极的判别

注意：如果两次测量出来的阻值大小区别不明显，可先将手蘸点水，让手的电阻减小，再用手接触两个电极进行测量。

（2）PNP 型晶体管集电极和发射极的判别

PNP 型晶体管集电极和发射极的判别如图 5-50 所示。

图 5-50 PNP 型晶体管的集电极和发射极的判别

将万用表置于 $R×1kΩ$ 或 $R×100Ω$ 档，红表笔接基极以外任意一个极，再用手接触该极与基极，黑表笔接余下的一个极，测量并记下阻值的大小，该过程如图 5-50a 所示；然后红、黑表笔互换，手再接触基极与对换后红表笔所接的极，测量并记下阻值大小，该过程如图 5-50b 所示。两次测量会出现阻值一大一小，以阻值小的那次为准，如图 5-50a 所示，红表笔接的为集电极，黑表笔接的为发射极。

（3）利用万用表的晶体管放大倍数档来判别发射极和集电极

如果万用表有晶体管放大倍数档，可利用该档判别晶体管的电极，使用这种方法一般应在已检测出晶体管的类型和基极时使用。利用万用表的晶体管放大倍数档来判别极性的测量过程如图 5-51 所示。

图 5-51 利用万用表的晶体管放大倍数档来判别发射极和集电极

将万用表拨至"hFE"档（晶体管放大倍数测量档），再根据晶体管类型选择相应的插孔，并将基极插入基极插孔中，另外两个极分别插入另外两个插孔中，记下此时测得的放大倍数值，如图 5-51a 所示；然后让晶体管的基极不动，将另外两极互换插孔，观察这次测得的放大倍数，如图 5-51b 所示，两次测得的放大倍数会出现一大一小，以放大倍数大的那次为准，如图 5-51b 所示，c 极插孔对应的电极是集电极，e 极插孔对应的电极为发射极。

3. 好坏检测

晶体管好坏检测具体包括下面内容。

（1）测量集电结和发射结的正、反向电阻

晶体管内部有两个 PN 结，任意一个 PN 结损坏，晶体管就不能使用，所以晶体管检测时先要测量两个 PN 结是否正常。检测时，万用表拨至 $R\times100\Omega$ 或 $R\times1k\Omega$ 档，测量 PNP 型或 NPN 型晶体管集电极和基极之间的正、反向电阻（即测量集电结的正、反向电阻），然后再测量发射极与基极之间的正、反向电阻（即测量发射结的正、反向电阻）。正常时，集电结和发射结正向电阻都比较小，为几百欧至几千欧，反向电阻都很大，为几百千欧至无穷大。

（2）测量集电极与发射极之间的正、反向电阻

对于 PNP 型晶体管，红表笔接集电极，黑表笔接发射极测得为正向电阻，正常为十几千欧至几百千欧（用 $R\times1k\Omega$ 档测得），互换表笔测得为反向电阻，与正向电阻阻值相近；对于 NPN 型晶体管，黑表笔接集电极，红表笔接发射极，测得为正向电阻，互换表笔测得为反向电阻，正常时正、反向电阻阻值相近，为几百千欧至无穷大。如果晶体管任意一个PN 结的正、反向电阻不正常，或发射极与集电极之间正、反向电阻不正常，说明晶体管损坏。如发射结正、反向电阻阻值均为无穷大，说明发射结开路；集、射之间阻值为 0，说明集电极与发射极之间击穿短路。

综上所述，**一个晶体管的好坏检测需要进行 6 次测量：其中测发射结正、反向电阻各一次（两次），集电结正、反向电阻各一次（两次）和集电极与发射极之间的正、反向电阻各**

一次（两次）。只有这 6 次检测都正常才能说明晶体管是正常的，只要有一次测量发现不正常，该晶体管就不能使用。

5.6　其他常用元器件

电阻器、电容器、电感器、二极管和晶体管是电路中应用最广泛的元器件，本节再简单介绍一些其他常用元器件。

5.6.1　光电耦合器

1. 外形与图形符号

光电耦合器是将发光二极管和光电二极管组合在一起并封装起来构成。图 5-52a 所示是一些常见的光电耦合器的实物外形，图 5-52b 所示为光电耦合器的图形符号。

a) 实物外形　　　　　　　　　　　b) 图形符号

四引脚型　　　　　六引脚型

图 5-52　光电耦合器实物外形和图形符号

2. 工作原理

光电耦合器内部集成了发光二极管和光电二极管。下面以图 5-53 所示的电路来说明光电耦合器的工作原理。

在图 5-53 所示电路中，当闭合开关 S 时，电源 E_1 经开关 S 和电位器 RP 为光电耦合器内部发光二极管提供电压，有电流流过发光二极管，发光二极管发

图 5-53　光电耦合器工作原理说明

出光线，光线照射到内部光电晶体管，光电晶体管导通，电源 E_2 输出的电流经电阻 R、发光二极管 VL 流入光电耦合器的 C 极，然后从 E 极流出回到 E_2 的负极，有电流流过发光二极管 VL，VL 亮。

调节电位器 RP 可以改变发光二极管 VL 的光线亮度。当 RP 滑动端右移时，其阻值变小，流入光电耦合器内发光管的电流大，发光管光线强，内部光电晶体管导通程度深，光电晶体管 C、E 极之间电阻变小，电源 E_2 的回路总电阻变小，流经发光二极管 VL 的电流大，VL 变得更亮。

若断开开关 S，无电流流过光电耦合器内的发光二极管，发光二极管不亮，光电晶体管无光照射不能导通，电源 E_2 回路切断，发光二极管 VL 无电流通过而熄灭。

5.6.2 晶闸管

1. 外形与图形符号

晶闸管又称可控硅，它有三个电极，分别是阳极（A）、阴极（K）和门极（G）。图 5-54a 所示是一些常见的晶闸管的实物外形，图 5-54b 所示为晶闸管的图形符号。

a) 实物外形　　　　　　　　　　　　　　b) 图形符号

图 5-54　晶闸管的实物外形和图形符号

2. 性质

晶闸管在电路中主要当作电子开关使用，下面以图 5-55 所示的电路来说明晶闸管的性质。

在图 5-55 所示电路中，当闭合开关 S 时，电源正极电压通过开关 S_1、电位器 RP_1 加到晶闸管 VS 的 G 极，有电流 I_G 流入 VS 的 G 极，VS 的 A、K 极之间马上被触发导通，电源正极输出的电流经 RP_2、灯泡流入 VS 的 A 极，该 I_A 电流与 G 极流入的电流 I_G 汇合形成 I_K 电流从 K 极输出，回到电源的负极。I_A 电流远大于 I_G 电流，很大的电流 I_A 流过灯泡，灯泡亮。

图 5-55　晶闸管的性质

给晶闸管 G 极提供电压，让 I_G 电流流入 G 极，晶闸管 A、K 极之间马上导通，这种现象称为晶闸管的触发导通。晶闸管导通后，如果调节 RP_1 的大小，流入晶闸管 G 极的 I_G 电流会改变，但流入 A 极的电流 I_A 大小基本不变，灯泡亮度不会发生变化，如果断开 S_1，切断晶闸管的 I_G 电流，晶闸管 A、K 极之间仍处于导通状态，I_A 电流继续流过晶闸管，灯泡仍亮。

也就是说，当晶闸管导通后，撤去 G 极电压或改变 G 极电流均无法使晶闸管 A、K 极之间阻断。要使导通的晶闸管截止（A、K 极之间关断），可在撤去 G 极电压的前提下采用两种方法：一是将 RP_2 的阻值调大，减小流入 I_A 电流，当 I_A 电流减小到某一值（维持电流）时，晶闸管会截止；二是将晶闸管 A、K 极之间的电压减小到 0 或将 A、K 极之间的电压反向，晶闸管也会阻断，如将 I_A 电流调到 0 或调换电源正、负极均可使晶闸管截止。

综上所述，**晶闸管有以下性质：**

1）无论 A、K 极之间加什么电压，只要 G、K 极之间没有加正向电压，晶闸管就无法导通；

2）只有 A、K 极之间加正向电压，并且 G、K 极之间也加一定的正向电压，晶闸管才能导通；

3）晶闸管导通后，撤掉 G、K 极之间的正向电压后晶闸管仍继续导通；要让导通的晶闸管截止，可采用两种方法：一是让流入晶闸管 A 极的电流减小到小于某一值 I_H（维持电流）；二是让 A、K 极之间的正向电压 U_{AK} 减小到 0 或为反向电压。

5.6.3 场效应管

场效应管全称场效应晶体管，常见的是金属氧化物半导体（MOS）场效应晶体管，它与晶体管一样，具有放大能力。场效应管有漏极（D）、栅极（G）和源极（S）。场效应管的种类较多，下面以增强型绝缘栅场效应管为例来介绍场效应管。

1. 图形符号

增强型绝缘栅场效应管简称增强型 MOS 管，它可分为 N 沟道 MOS 管和 P 沟道 MOS 管，其图形符号如图 5-56 所示。

2. 结构与原理

增强型 MOS 管有 N 沟道和 P 沟道之分，分别称为增强型 NMOS 管和增强型 PMOS 管，其结构与工作原理基本相似，在实际中增强型 NMOS 管更为常用。下面以增强型 NMOS 管为例来说明增强型 MOS 管的结构与工作原理。

（1）结构

增强型 NMOS 管的结构与等效图形符号如图 5-57 所示。

图 5-56 MOS 管的图形符号

图 5-57 增强型 NMOS 管

增强型 NMOS 管是以 P 型硅片作为基片（又称衬底），在基片上制作两个含很多杂质的 N 型材料，再在上面制作一层很薄的二氧化硅（SiO_2）绝缘层，在两个 N 型材料上引出两个铝电极，分别称为漏极（D）和源极（S），在两极中间的 SiO_2 绝缘层上制作一层铝制导电层，从该导电层上引出的电极称为栅极（G）。P 型衬底与 D 极连接的 N 型半导体会形成二极管结构（称为寄生二极管）。由于 P 型衬底通常与 S 极连接在一起，所以增强型 NMOS 管又可用图 5-57b 所示的等效图形符号表示。

（2）工作原理

增强型 NMOS 管需要加合适的电压才能工作。加有电压的增强型 NMOS 管如图 5-58 所示，图 5-58a 所示为结构图形式，图 5-58b 所示为电路图形式。

如图 5-58a 所示，电源 E_1 通过 R_1 接 NMOS 管 D、S 极，电源 E_2 通过开关 S 接 NMOS 管的 G、S 极。在开关 S 断开时，NMOS 管的 G 极无电压，D、S 极所接的两个 N 区之间没有导电沟道，所以两个 N 区之间不能导通，I_D 电流为 0A；如果将开关 S 闭合，NMOS 管的 G

极获得正电压，与 G 极连接的铝电极有正电荷，它产生的电场穿过 SiO$_2$ 层，将 P 衬底的很多电子吸引靠近 SiO$_2$ 层，从而在两个 N 区之间出现导电沟道，由于此时 D、S 极之间加上正向电压，就有 I_D 电流从 D 极流入，再经导电沟道从 S 极流出。

图 5-58　加有电压的增强型 NMOS 管

如果改变 E_2 电压的大小，也即改变 G、S 极之间的电压 U_{GS}，与 G 极相通的铝层产生的电场大小就会变化，SiO$_2$ 层下面的电子数量就会变化，两个 N 区之间的沟道宽度就会变化，流过的 I_D 电流大小就会变化。U_{GS} 电压越高，沟道就会越宽，I_D 电流就会越大。

由此可见，**改变 G、S 极之间的电压 U_{GS}，D、S 极之间的内部沟道宽窄就会发生变化，从 D 极流向 S 极的 I_D 电流大小也就发生变化，并且 I_D 电流变化较 U_{GS} 电压变化大得多，这就是场效应管的放大原理**（即电压控制电流变化原理）。为了表示场效应管的放大能力，引入一个参数——跨导 g_m，g_m 用下面的公式计算

$$g_m = \frac{\Delta I_D}{\Delta U_{GS}}$$

g_m 反映了 G、S 极电压 U_{GS} 对 D 极电流 I_D 的控制能力，是表述场效应管放大能力的一个重要的参数（相当于晶体管的 β），g_m 的单位是西门子（S），也可以用 A/V 表示。

增强型 MOC 管具有的特点是：在 G、S 极之间未加电压（即 $U_{GS}=0V$）时，D、S 极之间没有沟道，$I_D=0A$；当 G、S 极之间加上合适的电压（大于开启电压 U_T）时，D、S 极之间有沟道形成，U_{GS} 电压变化时，沟道宽窄会发生变化，I_D 电流也会变化。

对于增强型 NMOS 管，G、S 极之间应加正电压（即 $U_G>U_S$，$U_{GS}=U_G-U_S$ 为正压），D、S 极之间才会形成沟道；对于增强型 PMOS 管，G、S 极之间须加负电压（即 $U_G<U_S$，$U_{GS}=U_G-U_S$ 为负压），D、S 极之间才有沟道形成。

5.6.4　IGBT

IGBT 是绝缘栅双极型晶体管的简称，是一种由场效应管和晶体管组合成的复合器件，它综合了晶体管和 MOS 管的优点，故有很好的特性，因此广泛应用在各种中小功率的电力电子设备中。

1. 外形、结构与图形符号

IGBT 的外形、结构及等效图和图形符号如图 5-59 所示。从等效图可以看出，IGBT 相当于一个 PNP 型晶体管和增强型 NMOS 管以图 5-59c 所示的方式组合而成。**IGBT 有三个极：集电极（C）、栅极（G）和发射极（E）。**

a) 外形　　　　　　　　　　　　　　　b) 结构

c) 等效图　　　　　　　　　　　　　　d) 图形符号

图 5-59　IGBT 的外形、结构及等效图和图形符号

2. 工作原理

图 5-59 中所示的 IGBT 是由 PNP 型晶体管和 N 沟道 MOS 管组合而成的，这种 IGBT 称为 N-IGBT，用图 5-59d 所示图形符号表示；相应的还有 P 沟道 IGBT，称为 P-IGBT，将图 5-59d 所示图形符号中的箭头改为由 E 极指向 G 极即为 P-IGBT 的图形符号。

由于电力电子设备中主要采用 N-IGBT，下面以图 5-60 所示电路来说明 N-IGBT 的工作原理。

图 5-60　N-IGBT 工作原理说明图

电源 E_2 通过开关 S 为 IGBT 提供 U_{GE} 电压，电源 E_1 经 R_1 为 IGBT 提供 U_{CE} 电压。当开关 S 闭合时，IGBT 的 G、E 极之间获得电压 U_{GE}，只要 U_{GE} 电压大于开启电压（2~6V），IGBT 内部的 NMOS 管就有导电沟道形成，NMOS 管 D、S 极之间导通，为晶体管 I_b 电流提供通路，晶体管导通，有电流 I_C 从 IGBT 的 C 极流入，经晶体管 E 极后分成 I_1 和 I_2 两路电流，I_1 电流流经 NMOS 管的 D、S 极，I_2 电流从晶体管的集电极流出，I_1、I_2 电流汇合成 I_E 电流从 IGBT 的 E 极流出，即 IGBT 处于导通状态。当开关 S 断开后，U_{GE} 电压为 0V，

NMOS 管导电沟道夹断（消失），I_1、I_2 都为 0A，I_C、I_E 电流也为 0A，即 IGBT 处于截止状态。

调节电源 E_2 可以改变 U_{GE} 电压的大小，IGBT 内部的 NMOS 管的导电沟道宽度会随之变化，I_1 电流大小会发生变化。由于 I_1 电流实际上是晶体管的 I_b 电流，I_1 细小的变化会引起 I_2 电流（I_2 为晶体管的 I_c 电流）的急剧变化。例如当 U_{GE} 增大时，NMOS 管的导通沟道变宽，I_1 电流增大，I_2 电流也增大，即 IGBT 的 C 极流入、E 极流出的电流增大。

5.6.5 集成电路

将电阻、二极管和晶体管等元器件以电路的形式制作在半导体硅片上，然后接出引脚并封装起来，就构成了集成电路（IC）。集成电路简称为集成块，又称芯片。

1. 举例

图 5-61a 中所示的 LM380 是一种常见的音频放大集成电路，其内部电路如图 5-61b 所示。

a) 实物外形　　　　b) 内部电路

图 5-61　一种常见的集成电路

单独集成电路是无法工作的，需要给它加接相应的外围元器件并提供电源才能工作。图 5-62 所示的集成电路 LM380 提供了电源并加接了外围元器件，它就可以对 6 脚输入的音频信号进行放大，然后从 8 脚输出放大的音频信号，再送入扬声器使之发声。

图 5-62　LM380 构成的实用电路

2. 特点

有的集成电路内部只有十几个元器件，而有些集成电路内部则有数千万至数十亿个元器件（如电脑中的 CPU）。集成电路内部电路很复杂，对于大多数电子爱好者可不用理会内部电路原理，只要了解各引脚功能及内部大致组成即可，对于从事电路高端设计工作，通常要了解内部电路结构。

3. 引脚识别

集成电路的引脚很多，少则几个，多则几百个，各个引脚功能又不一样，所以在使用时一定要对号入座，否则集成电路不工作甚至烧坏。因此一定要知道集成电路引脚的识别方法。

不管什么集成电路，它们都有一个标记指出第一脚，常见的标记有小圆点、小突起、缺口和缺角，找到该脚后，逆时针依次数 2、3、4…，如图 5-63 所示。

图 5-63 集成电路引脚识别

第6章 传 感 器

传感器是一种将非电量（如温度、压力、位移和速度等）转换成电信号的元件。传感器种类很多，主要可分为物理传感器和化学传感器。物理传感器可将物理变化（如压力、速度、温度和磁场的变化）转换成变化的电信号，化学传感器主要以化学吸附、电化学反应等原理，将被测量的微小变化转换成变化的电信号。

6.1 温度传感器

6.1.1 热敏电阻温度传感器

半导体材料具有热敏性，其电阻会随温度的变化而变化，**热敏电阻就是一种利用半导体热敏性制成的半导体电阻器**。热敏电阻的工作温度在-50~300℃范围内。

1. 外形与符号

热敏电阻实物外形和符号如图6-1所示，空调器室内机中用来测室温和蒸发器铜管温度的测温探头一般采用热敏电阻制成，电阻型温度传感器都用图b所示的符号。

图 6-1 热敏电阻的外形与符号

2. 特性

负温度系数热敏电阻（NTC）、正温度系数热敏电阻（PTC）和临界负温度系数热敏电阻（CTR）的特性曲线如图6-2所示。

（1）负温度系数热敏电阻（NTC）

NTC 具有阻值随温度升高而减小的特点。NTC
的温度每升高 1℃，阻值会减小 1%~6%，阻值减小
程度视不同型号而定。NTC 广泛用于温度补偿和温度
自动控制电路，如电冰箱、空调器和温室等温控系统
常采用 NTC 作为测温元件。

（2）正温度系数热敏电阻（PTC）

PTC 具有阻值随温度升高而增大的特点。PTC
可分为缓慢型（线性）和开关型（非线性）。缓慢型
PTC 的温度每升高 1℃，其阻值会增大 0.5%~8%。
开关型 PTC 有一个转折温度（又称居里点温度，钛
酸钡材料 PTC 的居里点温度一般为 120℃左右），当

图 6-2　热敏电阻的温度特性曲线

温度低于居里点温度时，阻值较小，并且温度变化时阻值基本不变（相当于一个闭合的开
关），一旦温度超过居里点温度，其阻值会急剧增大（相当于开关断开）。

（3）临界负温度系数热敏电阻（CTR）

CTR 的阻值随温度升高而减小，在某一温度下阻值会随温度的增加而急剧减小，这一
性质与开关型 PTC 正好相反。CTR 的应用没有 PTC 和 NTC 广泛。

3. 应用

热敏电阻的应用电路如图 6-3 所示。

a）NTC构成的温度保护电路　　　　b）PTC构成的测温电路

图 6-3　热敏电阻的应用电路

在图 6-3a 中，Rt（NTC）与灯泡相距很近，当开关 S 闭合后，流过 R_1 的电流分作两
路，一路流过灯泡，另一路流过 Rt，由于开始 Rt 温度低，阻值大，经 Rt 分掉的电流小，灯
泡流过的电流大而很亮。但是，因为 Rt 与灯泡距离近，受灯泡的烘烤而温度上升，阻值变
小，分掉的电流增大，流过灯泡的电流减小，灯泡变暗，又会回到正常亮度。

在图 6-3b 中，热敏电阻 Rt 为线性 PTC，它与 R_1、R_2、R_3 构成直流电桥电路，该 PTC
在 25℃时的阻值为 1kΩ，此时 A 点电压为 1V，B 点电压也为 1V，$U_{AB} = U_A - U_B = 0$，电桥处
于平衡，放大电路输入电压为 0，放大电路输出一定的电流流入电流表构成的温度计，温度
计指示 25℃，若 PTC 接触高温物体，温度会上升，其阻值增大，A 点电压升高，B 点仍保
持 1V，A、B 电压不相等，电桥失衡，此时 U_{AB} 为正压，放大电路输出电流增大，电流表

指针偏转幅度大，指示的温度值大于 25℃。

6.1.2 金属热电阻温度传感器

大多数金属具有温度升高电阻增大的特点，金属热电阻传感器是选用铂和铜等金属材料制成的温度传感器。铂金属热电阻测温范围为 -200~850℃，铜金属热电阻测温范围为 -50~150℃。铜金属热电阻虽然价格低，但测温范围小，测量准确度不是很高，铂金属热电阻虽然价格高，但物理化学性质稳定，温度测量范围大，故铂金属热电阻使用更广泛。

1. 外形

金属热电阻温度传感器外形如图 6-4 所示，左边的 CU50 为铜金属热电阻温度传感器，右边的 PT100 为铂金属热电阻温度传感器，CU、PT 分别表示铜和铂，后面的数字表示在 0℃ 时温度传感器的电阻值。

图 6-4 两种常见的金属热电阻温度传感器

2. 分度表

PT100 铂金属热电阻温度传感器在 0℃ 时的电阻值为 100Ω，CU50 铜金属热电阻温度传感器在 0℃ 时的电阻值为 50Ω，在其他温度时热电阻的电阻值可查看其分度表。表 6-1 为 PT100 铂金属热电阻温度传感器的分度表，表 6-2 为 CU50 铜金属热电阻温度传感器的分度表，从表 6-1 可以查得 PT100 在 100℃、110℃、-110℃ 时的电阻值分别为 138.50Ω、142.29Ω 和 56.19Ω。

表 6-1 PT100 铂金属热电阻温度传感器的分度表

温度/℃	0	10	20	30	40	50	60	70	80	90
	电阻/Ω									
-200	18.49									
-100	60.25	56.19	52.11	48.00	43.87	39.71	35.53	31.32	27.08	22.80
0	100.00	96.09	92.16	88.22	84.27	80.31	76.33	72.33	68.33	64.30
0	100.00	103.90	177.9	111.67	115.54	119.40	123.24	127.07	130.89	134.70
100	138.50	142.29	146.06	149.82	153.58	157.31	161.04	164.76	168.46	172.16
200	175.84	179.51	183.17	186.82	190.45	194.07	197.69	201.29	204.88	208.45
300	212.02	215.57	219.12	222.652	226.17	229.67	233.17	236.65	240.13	345.59
400	247.04	250.45	253.90	257.32	260.72	264.11	267.49	270.86	274.22	277.56
500	280.90	284.22	287.53	290.83	294.11	297.39	300.65	303.91	307.15	310.38
600	313.59	316.80	319.99	323.18	326.35	329.51	332.66	335.79	338.92	342.03

（续）

温度/℃	0	10	20	30	40	50	60	70	80	90
	电阻/Ω									
700	345.13	348.22	351.30	354.37	357.37	360.47	363.50	366.52	369.53	372.53
800	375.51	378.48	384.45	387.34	387.34	390.26				

表 6-2　CU50 铜金属热电阻温度传感器的分度表

温度/℃	−50	−40	−30	−20	−10	0		
电阻值/Ω	39.242	41.400	43.555	45.706	47.854	50.000		
温度/℃	0	10	20	30	40	50	60	70
电阻值/Ω	50.000	52.144	54.285	56.426	58.565	60.704	62.842	64.981
温度/℃	80	90	100	110	120	130	140	150
电阻值/Ω	67.120	69.259	71.400	73.542	75.686	77.833	79.982	82.134

3. 应用

金属热电阻温度传感器内部有一个金属制成的电阻，电阻两端各引出一根线称为两线制，为了消除引线电阻对测量的影响，出现了三线制（电阻一端引出两根线，另一端引出一根线）和四线制（电阻两端各引出两根线），四线制不仅能消除引线电阻的影响，还能消除测量电路产生的干扰信号的影响，所以常用作高准确度测量。

金属热电阻温度传感器的应用电路如图 6-5 所示。

a) 三线制热电阻温度传感器的应用电路　　　　b) 四线制热电阻温度传感器的应用电路

图 6-5　金属热电阻温度传感器的应用电路

图 6-5a 为三线制热电阻温度传感器的应用电路。r 为传感器的引线电阻，调节电位器 R_3 使之与热电阻 Rt 的电阻值（0℃时）相等，如果 $R_2/(R_3+r)=R_1/(Rt+r)$，电桥平衡，A 点电压等于 B 点电压，当 Rt 温度上升时，其电阻值增大，A 点电压上升，大于 B 点电压，有电流流过电流表构成的温度计，温度计指示的温度值大于 0℃，温度越高，Rt 越大，A 点电压越高，流过温度计的电流越大，指示的温度值越高。

图 6-5b 为四线制热电阻温度传感器的应用电路。r 为传感器的引线电阻，恒流源电路产

生一个恒定电流 I（如 $2mA$），该电流流经热电阻 Rt 时，电阻上会有电压 U_{Rt}，$U_{Rt} = IRt$，温度越高，Rt 越大，U_{Rt} 电压越高，放大电路的输入端电压越高，输出信号就越大。

6.1.3 热电偶温度传感器

1. 外形与组成

热电偶是一种温度传感器，可以将不同的温度转换成大小不同的电信号。热电偶的测温范围比较宽，为 $-180 \sim 2800℃$。常见的热电偶外形如图 6-6 所示，右边的是数字万用表用来测量温度的热电偶，将两个冷端插头分别插入万用表的红、黑表笔插孔，再选择温度测量档，将热端（测温端）接触被测物，万用表就会显示被测温度。

图 6-6 常见的热电偶外形

2. 热电偶的测量原理

（1）热电效应

当将两个不同的导体（或半导体）两端连接起来时，如图 6-7 所示，如果结点 1 的温度 T_1 大于结点 2 的温度 T_2，那么该回路会有电动势（常称为热电势）产生，由于两导体连接构成了闭合回路，因而回路中

图 6-7 热电效应说明图

有电流流过，这种现象称为塞贝克效应，也称热电效应。两结点温差越大，回路产生的电动势越高，回路中的电流就越大。

（2）利用热电偶测量温度的连接方式

在图 6-7 中，如果将结点 2 的温度 T_2 固定下来（如固定为 $0℃$），那么回路产生的电动势会随结点 1 的温度 T_1 变化而变化，只要测得回路的电动势或电流值，就能确定结点 1 的 T_1 温度值。利用热电偶测量温度的接线如图 6-8 所示。

在图 6-8a 接线中，导体 B 被分作两部分，中间接入导体 C（导线和电流表），只要 3、4 点的温度相同，回路的电动势大小与 3、4 点直接连接起来是一样的。

在图 6-8b 接线中，取消了结点 2，但只要 3、4 点的温度相同，回路中的电动势大小与有结点 2 是一样的。在利用热电偶测量温度时，多使用图 6-8b 所示的接线方式，3、4 称为冷端（或自由端），结点 1 称为热端，在测量温度时，将结点 1 接触被测对象。如果希望测

量准确度高，应不用导线，而是直接将仪表接 3、4 端，但由于测量对象与测量仪表往往有较远的距离，故一般测量时常使用补偿导线来连接热电偶与测量仪表。补偿导线有两种：一种采用伸长型的与热电偶材料相同的导线，另一种采用与热电偶具有类似热电势特性的合金导线。

图 6-8　热电偶测量温度的两种连接方式

3. 热电偶冷端温度的补偿

在使用热电偶测温度时，仪表根据热电偶产生的电动势大小来确定被测温度值，而电动势的大小与热、冷端的温度差有关，温差越大，热电偶产生的电动势越大，为了让电动势值与温度值一一对应，通常让冷端固定为 0℃。在实际测量中，冷端温度通常与环境温度一致，如 25℃ 左右，如果将冷端为 0℃、热端为 40℃ 时热电偶产生的电动势设为 E40，这时仪表显示温度值应为 40℃，那么在冷端为 25℃、热端为 40℃ 时热电偶产生的电动势肯定小于 E40，仪表显示温度值会小于 40℃，测量出现很大的偏差。为了使测量准确，需要对热电偶进行冷端温度补偿。

（1）冰浴补偿法（0℃ 恒温法）

冰浴补偿法又称 0℃ 恒温法，是指将热电偶的冷端放置在冰水混合物中，让冷端温度恒定为 0℃ 的补偿方法。冰浴补偿法如图 6-9 所示，补偿导线一端通过接线盒与热电偶的热端连接，另一端与铜线连接形成接点，该接点为冷端，它被放置在 0℃ 的冰水混合物中，铜线的另一端接毫伏表，用于测量热电偶产生的电动势，如果将毫伏表刻度按一定的规律标记成温度值，该装置就是温度测量装置。在用冰浴补偿法测温时，由于冰融化很快，不能长时间让冷端保持 0℃，故该方法多用在实验室中。

图 6-9　冰浴补偿法(0℃ 恒温法)

（2）电桥补偿法

电桥补偿法是利用电桥产生一个与环境温度相关的电压来补偿热电偶冷端温度的变化。电桥补偿热电偶冷端的电路如图 6-10 所示。R_{Cu} 为锰铜丝绕制成的电阻，其电阻值会随温度变化而变化，R_1、R_2、R_3 的阻值相等，并且与 R_{Cu} 在 20℃ 时的阻值相等，这样在 20℃ 时 $R_1 = R_2 = R_3 = R_{Cu}$，电桥处于平衡，a、b 点电压相等，$U_{ab} = U_a - U_b = 0$，温度表（由电流表构成）两端的电压 U（$U = U_{AB} + U_{ab}$）与热电偶输出电压 U_{AB} 相等。如果测量时环境温度高于 20℃，热电偶的热端 A 与冷端 B（分开为 B_1、B_2）的温差减小，输出电压 U_{AB} 减小，环境温度高同时会使 R_{Cu} 阻值增大，a 点电压大于 b 点电压，$U_{ab} = U_a - U_b > 0$，U_{ab}（电压极性为 a 正、b 负）与 U_{AB} 叠加，补偿冷端 B 因环境温度上升引起的 U_{AB} 减小。

图 6-10　电桥补偿热电偶冷端的电路

（3）专用热电偶冷端补偿芯片

为了让热电偶冷端补偿更简单，可使用一些专用的热电偶冷端补偿芯片（如 AD594、AD595、AD597 芯片等）。图 6-11 所示为采用 AD594 芯片的热电偶冷端补偿电路，在测量温度时，热电偶产生的电压送到 AD594 的 1、14 脚，在内部放大并进行冷端补偿后，从 9 脚输出 0~3V 的电压（8 脚为反馈端），再送到 OP07 芯片进一步放大后输出。

热电偶冷端补偿除了可以采用以上方法外，还可以采用计算修正法、仪表修正法和软件修正法等。

图 6-11　采用热电偶冷端补偿 AD594 芯片的电路

4. 多个热电偶的使用

热电偶不但能单独使用，还可以将多个热电偶连接在一起使用，从而实现各种灵活的温度测量功能。多个热电偶的使用见表 6-3。

表6-3 多个热电偶的使用

测量应用	测量图	说 明
测量两点间的温度差		测量时,将两热电偶同性质的B极连接在一起,两个A极分别接仪表两输入端,如果一个热电偶接触 T_1 温度产生的电压为 U_{T1},另一个热电偶接触 T_2 温度产生的电压为 U_{T2},那么($U_{T1}-U_{T2}$)就是(T_1-T_2)温差产生的电压,它驱动仪表显示出温差值
测量多点的平均温度值		测量时,将热电偶的B极全部连接到一起,再接到仪表一个输入端,各A极分别通过一个阻值为 R 的电阻接到仪表的另一个输入端,即将各热电偶并联起来再接仪表,仪表显示出来的为各点温度的平均值
测量多点温度之和		测量时,将各个热电偶串联起来,各热电偶产生的电压叠加后送给仪表
多个热电偶共用一台仪表		测量时,当开关切换到不同位置时,相应的热电偶就与仪表连接起来

5. 热电偶的种类及特点

国际电工委员会（IEC）认证的标准热电偶有8种，这8种热电偶特点说明见表6-4。

表 6-4 8 种热电偶的特点说明

类型与材料	说　明
S 型热电偶 （铂铑 10-铂）	S 型热电偶在热电偶系列中具有准确度最高、稳定性最好、测温温区宽和使用寿命长等优点，其物理、化学性能良好，热电势稳定性及在高温下抗氧化性能好，适用于氧化性和惰性气体中。由于 S 型热电偶具有优良的综合性能，符合国际使用温标的 S 型热电偶，曾一度作为国际温标的仪器。长期最高使用温度为 1300℃，短期最高使用温度为 1600℃ S 型热电偶的缺点是热电势较小、灵敏度低、高温下机械强度下降、对污染非常敏感和价格昂贵
R 型热电偶 （铂铑 13-铂）	R 型热电偶在热电偶系列中具有准确度最高、稳定性最好、测温区宽和使用寿命长等优点，其物理、化学性能良好，热电势稳定性及在高温下抗氧化性能好，适用于氧化性和惰性气体中。由于 R 型热电偶的综合性能与 S 型热电偶相当，在我国一直难以推广，除在进口设备上的测温有所应用外，国内测温很少采用 R 型热电偶的稳定性和复现性均比 S 型热电偶要好，其长期最高使用温度为 1300℃，短期最高使用温度为 1600℃。R 型热电偶的缺点是热电势较小、灵敏度低、高温下机械强度下降、对污染非常敏感和价格昂贵
B 型热电偶 （铂铑 30-铂铑 6）	B 型热电偶在热电偶系列中具有准确度最高、稳定性最好、测温区宽、使用寿命长和测温上限高等优点，适用于氧化性和惰性气体中，也可短期用于真空中，但不适用于还原性气体或含有金属或非金属蒸气气体中。B 型热电偶一个明显的优点是不需用补偿导线进行补偿，因为在 0～50℃ 范围内热电势小于 3μV B 型热电偶长期最高使用温度为 1600℃，短期最高使用温度为 1800℃。其缺点是热电势较小、灵敏度低、高温下机械强度下降、对污染非常敏感和价格昂贵
K 型热电偶 （镍铬-镍硅）	镍铬-镍硅热电偶是用量最大的廉价金属热电偶，其用量为其他热电偶的总和，使用温度为 −200～1300℃。 K 型热电偶具有线性度好、热电动势较大、灵敏度高、稳定性和均匀性较好、抗氧化性能强和价格便宜等优点，能用于氧化性惰性气体中，故用户广泛采用。K 型热电偶不能直接在高温下用于硫、还原性或还原、氧化交替的气体中和真空中，也不推荐在弱氧化气体中使用
N 型热电偶 （镍铬硅-镍硅）	镍铬硅-镍硅热电偶是廉价金属热电偶，是一种最新国际标准化的热电偶，它克服了 K 型热电偶在 300～500℃ 和 800℃ 左右的热电动势不稳定的缺点，其使用温度范围为 −200～1300℃ N 型热电偶具有线性度好、热电动势较大、灵敏度较高、稳定性和均匀性较好、抗氧化性能强和价格便宜等优点，其综合性能优于 K 型热电偶，是一种很有发展前途的热电偶。N 型热电偶不能直接在高温下用于硫、还原性或还原、氧化交替的气体中和真空中，也不推荐在弱氧化气体中使用
E 型热电偶 （镍铬-铜镍）	镍铬-铜镍热电偶又称镍铬-康铜热电偶，也是一种廉价金属的热电偶，使用温度为 −200～900℃ E 型热电偶的热电动势在所有热电偶中最大，宜制成热电堆，测量微小的温度变化。对于高湿度气体的腐蚀不甚灵敏，宜用于湿度较高的环境。E 热电偶稳定性好，抗氧化性能优于铜-康铜、铁-康铜热电偶，价格便宜，可用于氧化性和惰性气体中，故被用户广泛采用。E 型热电偶不能直接在高温下用于硫、还原性气体环境中，热电势均匀性较差
J 型热电偶 （铁-铜镍）	铁-铜镍热电偶又称铁-康铜热电偶，是一种廉价金属热电偶，其测温范围为 −200～1200℃，但通常使用温度范围为 0～750℃ J 型热电偶具有线性度好、热电动势较大、灵敏度较高、稳定性和均匀性较好和价格便宜等优点，可用于真空、氧化、还原和惰性气体中，但正极铁在高温下氧化较快，故使用温度受到限制，也不能直接无保护地在高温下用于硫化气体中
T 型热电偶 （铜-铜镍）	铜-铜镍热电偶又称铜-康铜热电偶，是一种最佳的测量低温的廉价金属热电偶，其测温范围为 −200～350℃ T 型热电偶具有线性度好、热电动势较大、灵敏度较高、稳定性和均匀性较好和价格便宜等优点，特别适合在 −200～0℃ 温度范围内使用，稳定性更好，年稳定性可小于 ±3μV

6.1.4 集成温度传感器

集成温度传感器是一种将测温元件和有关电路封装在一起构成的集成电路。根据输出信号的不同，集成温度传感器可分为模拟集成温度传感器、逻辑输出型温度传感器和数字集成温度传感器。

1. 模拟集成温度传感器

模拟集成温度传感器可以直接将温度转换成模拟信号（电压或电流信号）输出，具有灵敏度高、线性度好和响应速度快等优点，由于将驱动电路、信号处理电路和必要的控制电路集成在芯片内，故尺寸小、使用方便。模拟集成温度传感器可分为电压输出型（如 LM35、LM45、LM3911、LM335、AD22103 等）和电流输出型（如 AD590、AD592、LM134、LM234 等）。

（1）LM35

LM35 是一种应用广泛的电压输出型集成温度传感器，有三个引脚（电源 V_s、输出 V_{out} 和接地 GND），其封装形式及特点如图 6-12 所示，该集成电路最大的测温范围为 $-55 \sim 150℃$。

图 6-12 LM35 的封装形式及特点

LM35 的应用电路如图 6-13 所示。LM35 的输出电压 U_o 与温度 t（摄氏温度）的对应关系为 $t = U_o / 10\text{mV}$，比如 $U_o = 0.3\text{V}$，那么 LM35 所测温度为 30℃。图 a 电路中的 LM35 采用正电源供电，输出电压 U_o 只能为正值，即该电路中的 LM35 只能测正温度，图 b 电路中的

图 6-13 LM35 的应用电路

LM35 采用正负电源供电，输出电压 U_o 可为正值，也可为负值，该电路中的 LM35 可以测量正负温度。

（2）AD590

AD590 是一款电流输出型集成温度传感器，有 V+、V– 两个引脚。AD590 封装形式及特点如图 6-14 所示。AD590 的应用电路如图 6-15 所示。

图 6-14　AD590 的封装形式及特点

图 6-15　AD590 的应用电路

图 6-15a 电路的输出电压与热力学温度成正比。AD590 输出电流是以热力学温度的零度（$T = 0\text{K} = -273℃$）为基准，每增加 1℃，会增加 1μA 输出电流，在室温 $t = 25℃$ 时，热力学温度 $T = t + 273 = 25 + 273 = 298\text{K}$，AD590 输出电流 $I_o = 298μA$，输出电压 $U_o = I_o R = 298μA × 1\text{k}Ω = 298\text{mV}$。

图 6-15b 电路的输出电压与摄氏温度成正比。在室温 $t = 25℃$ 时，热力学温度 $T = t + 273 = 25 + 273 = 298\text{K}$，AD590 输入电流 $I_o = 298μA$，由于运放 "–" 端有 "虚断（内部相当于开路）" 和 "虚地（电位为 0V）" 特性，+6V 电压经 R_1 提供 273μA 的电流，输出端经 R_f 提供 25μA 的电流，输出电压 U_o 取自 R_f 上的电压，$U_o = 25μA × 100\text{k}Ω = 2.5\text{V}$，0.1V 电压对应 1℃，2.5V 电压对应 25℃。

2. 逻辑输出型集成温度传感器

逻辑输出型集成温度传感器也称温度监控开关芯片，它不严格测量温度值，只测量温度是否超出了一个设定范围，一旦温度超出所规定的范围，则发出报警信号，起动或关闭电风扇、空调器、加热器或其他控制设备。常见的逻辑输出型集成温度传感器有 LM56、MAX6501、MAX6504、MAX6509/6510 等。

3. 数字集成温度传感器

数字集成温度传感器可以将温度转换成数字信号输出，由于数字信号存取方便，如果与单片机配合，可实现很多复杂的温度测量处理。下面简单介绍几种常用的数字集成温度传感器。

（1）MAX6575/76/77

MAX6575/76/77 系列温度传感器可通过单线与单片机进行温度数据的传送，提供频率、周期或定时三种输出方式，并具备±0.8℃的典型准确度，一条线最多允许挂接 8 个传感器，典型电源电流为 150μA，电源电压范围为 2.7~5.5V，测温范围为-45~125℃。它输出的方波信号正比于绝对温度的周期，采用 6 脚 SOT-23 封装，仅通过一条 I/O 线与单片机连接，利用单片机内部的计数器测出周期后就能计算出温度。

（2）DS1612

DS1612 是一种可多点检测、直接输出数字量的集成温度传感器，内含两个不挥发性存储器，可以在存储器中任意设定上限和下限温度值进行恒温器的温度控制，由于这些存储器具有不挥发性，因此一次设定后，即使不用 CPU 也仍然可以独立使用。DS1612 同外部电路的控制信号和数据的通信是通过双向总线来实现的，由 CPU 生成串行时钟脉冲（SCL），SDA 是双向数据线。通过地址引脚 A0、A1、A2 将 8 个不同的地址分配给各器件。通过设定寄存器来设置工作方式，并对工作状态进行监控。被测的温度数据被存储在温度传感器寄存器中，高温（TH）和低温（TL）阈值寄存器存储了恒温器输出（Tout）的阈值。

（3）MAX1619

MAX1619 是一种增强型精密远端数字集成温度传感器，能够监测远端 PN 结和其自身封装的温度。它具有 ALERT 和 OVERT 双报警输出，ALERT 用于指示各传感器的高/低温状态，OVERT 信号相当于一个自动调温器，在远端温度传感器超上限时触发，MAX1619 与 MAX1617A 完全软件兼容，非常适合于系统关断或风扇控制，在系统"死锁"后仍能正常工作。

（4）DS1615 和 DS17775

DS1615 是一种有记录功能的数字集成温度传感器。其内部含有实时时钟、数字温度传感器、非易失性存储器、控制逻辑电路以及串行接口电路。温度测量范围为-40~85℃，准确度为±2℃，读取 9 位时的分辨率是 0.03125℃。时钟提供的时间从秒至年月，并对到 2100 年以前的闰年作了修正。电源电压为 2.2~5.5V，8 脚 SOIC 封装。

DS17775 是数字温度计及恒温控制器集成电路。其内部含有数字温度传感器、A/D 转换器、数字寄存器、恒温控制比较器以及两线串行接口电路。电源电压范围为 3~5V，测量温度准确度为±2℃，读取 9 位时的分辨率是 0.5℃，读取 13 位时的分辨率是 0.03125。

（5）DS18B20

DS18B20 是一种应用非常广泛的数字集成温度传感器，其输出的是数字信号，具有体积小、硬件价格低、抗干扰能力强和准确度高的特点。DS18B20接线方便，可根据不同场合封装成不同形式，如管道式、螺纹式、磁铁吸附式和不锈钢封装式。DS18B20外形、封装和特点如图6-16所示。

DS18B20特点：
◆ 适应电压范围更宽，电压范围为3.0～5.5V，在寄生电源方式下可由数据线供电。
◆ 独特的单线接口方式，与单片机连接仅需要一条线即可实现双向通信。
◆ 支持多点组网功能，多个DS18B20可以并联在唯一的三线上，实现组网多点测温。
◆ 在使用中不需要任何外围元件。
◆ 测温范围−55～125℃，在−10～85℃时准确度为±0.5℃。
◆ 可编程的分辨率为9～12位，对应的可分辨温度分别为0.5℃、0.25℃、0.125℃和0.0625℃，可实现高准确度测温。
◆ 在9位分辨率时最多在93.75ms内把温度转换为数字，12位分辨率时最多可在750ms内把温度值转换为数字。
◆ 测量结果直接输出数字温度信号，用一根总线串行传送给CPU，同时可传送CRC校验码，具有极强的抗干扰纠错能力。
◆ 负压特性：电源极性接反时，芯片不会因发热而烧毁，但不能正常工作。

图 6-16　DS18B20 外形、封装和特点

6.1.5　红外线温度传感器

物体都会往外辐射红外线，辐射强度随着温度变化而变化，温度越高辐射的红外线越强。**红外线温度传感器又称红外测温仪，是一种光电传感器，可不接触被测物，只需接收被测物发射的红外线即能将其转换成与温度有对应关系的电信号，再经电路处理后输出。**

1. 外形与主要参数

图 6-17 所示为两种常见的红外线温度传感器外形及主要参数，从表中可以看出，传感器的工作电源为直流 24V，测温范围为 0～100℃，输出的电信号为 4～20mA（测量的温度越高，输出电流越大）。

工作电源	DC 24V
最大电流	50mA
输出信号	4～20mA
光谱范围	8～14 μm
温度范围	0～100℃
光学分辨率	20:1
响应时间	150ms(95%)
测温精度	测量值的±1%或±1.5℃，取大值
重复精度	测量值的±0.5%或±1℃，取大值
尺寸	113mm×φ18mm(长度×直径)
发射率	0.95固定

安装支架

图 6-17　常见的红外线温度传感器外形及主要参数

2. 接线

红外线温度传感器工作时需要外部提供电源，将红外线转换成电信号（电流信号或电压信号）后需要送给其他设备。红外线温度传感器的引线主要有两线制（电流输出）和四线制（电压输出），其接线如图6-18所示，接线时要根据传感器的引线数选择相对应的显示表或监控器。

图 6-18 红外线温度传感器的接线

3. 选用

红外线温度传感器的选用要点如下：

1）确定传感器的电源电压和信号输出类型。若用在工业方面，一般使用 24V 直流电源，传感器的信号输出类型（电流或电压输出）应根据连接的显示表或监控器确定。

2）根据被测目标可能的温度确定传感器的测温范围。红外线温度传感器测温范围可达 −50～3000℃，具体由型号决定，一般来说，测温范围越窄，测量准确度越高，测温范围过宽，测温准确度会减低。

3）根据被测目标大小确定传感器的距离系数（光学分辨率）。距离系数是指传感器到被测目标的距离 D 与被测目标的直径 S 的比值，如图 6-19 所示，对于 $D:S=20:1$ 的红外线温度传感器，在距离被测目标 300mm 处可探测直径为 20mm 的圆形范围。在选择距离系数时，要确保被测目标大于传感器的探测范围（大于 50% 为佳），若被测目标小于探测范围，其他对象会进入探测区域，从而引起测量干扰。

	目标直径S/mm	11	13	20	30	50
$D:S=20:1$	测量距离D/mm	0	100	300	600	1000
	目标直径S/mm	11	10	20	30	60
$D:S=100:1$	测量距离D/mm	0	1000	2000	3000	6000

图 6-19 红外线温度传感器的距离系数（光学分辨率）

4）根据被测对象材料的特点确定传感器的波长范围。不同材料和表面特性的被测物，发射的红外线波长不同，一般的红外线温度传感器的测量波长范围较宽，可适合大多数测量，如果被测对象材料和表面特殊，对测温要求又高，应选择合适的窄波长范围的传感器。

6.2 接近开关与光电开关

接近开关在物体接近（无须直接接触）时会使开关产生动作。光电开关是由光线控制通断的开关，光线可以是自身发射的，也可以是其他物体发射的。

6.2.1 电感式接近开关（涡流式接近开关）

1. 外形

电感式接近开关又称涡流式接近开关，其外形如图 6-20 所示，在型号中电感式接近开关一般用"LJ"表示。

产品名称	电感式接近开关
检测物体	金属物体
额定电压	DC12～24V(6～36V)
检测距离	4mm±10%
输出电流	300mA
输出形式	直流三线NPN常开
产品线长	1.8m

图 6-20 电感式接近开关外形

2. 结构与工作原理

电感式接近开关的结构与原理如图 6-21 所示，在工作时，由 L、C 等元件构成的高频振荡电路产生高频信号，当金属接近电感线圈 L 时，L 产生的磁场会使金属内部产生涡流，因金属对能量的损耗，振荡器产生的信号频率降低（甚至不产生信号），该信号经信号处理电路处理后得到一个控制信号送入开关量输出电路，控制输出电路中的电子开关（晶体管）闭合或断开。

电感式接近开关抗干扰性能好、开关频率高（大于 200Hz），缺点是只能感应金属，通常用在机械设备上做位置检测、计数信号拾取等。

图 6-21 电感式接近开关的结构与原理图

6.2.2　电容式接近开关

电容式接近开关的结构原理与电感式接近开关相似，两者区别在于：电感式接近开关是利用金属接近时改变电感的电感量来工作的，而电容式接近开关是利用金属（也可以是非金属）接近时改变电容的电容量来工作的。**电容式接近开关的检测对象可以是金属，也可以是绝缘的液体或粉状物等。**

电容式接近开关外形与主要参数如图 6-22 所示，在型号中电容式接近开关一般用 "CJ" 表示。

主要参数：
【外形尺寸】：圆柱直径18mm
【检出方式】：电容式
【检测距离】：1～10mm可调
【工作电压】：DC 6～36V
【输出形式】：NPN三线常开
【检测物体】：金属，非金属(如塑料、玻璃、水、油、饲料等)；检测距离随被检测体的导电率、介电常数、吸水率、体积的不同而不同，对于接地的金属获得最大检测距离。

安装位　　距离调节位 感应面 LED　　安装位

图 6-22　电容式接近开关外形与主要参数

6.2.3　霍尔式接近开关（磁性接近开关）

霍尔式接近开关又称磁性接近开关，当磁性物体靠近时会使开关产生动作，它是利用霍尔效应原理工作的。

1. 霍尔效应与霍尔元件

当一个通电导体置于磁场中时，在该导体两侧面会产生电压，该现象称为霍尔效应。 霍尔效应说明如图 6-23 所示。

给导体通图示方向（Z 轴方向）的电流 I，然后在与电流垂直的方向（Y 轴方向）施加磁场 B，那么会在导体两侧（X 轴方向）产生电压 U_H，U_H 称为霍尔电压。霍尔电压 U_H 可用以下表达式来求得

图 6-23　霍尔效应说明图

$$U_H = KIB\cos\theta$$

式中，U_H 为霍尔电压，单位为 mV；K 为灵敏度，单位为 mV/(mA·T)；I 为电流，单位为 mA；B 为磁感应强度，单位为 T（特斯拉）；θ 为磁场与磁敏面垂直方向的夹角，磁场与磁敏面垂直方向一致时，$\theta = 0°$，$\cos\theta = 1$。

金属导体具有霍尔效应，但其灵敏度低，产生的霍尔电压很低，不适合作霍尔元件。霍尔元件一般由半导体材料（锑化铟最为常见）制成，其结构如图 6-24 所示，它由衬底、十字形半导体材料、电极引线和导磁体顶端等构成。十字形锑化铟材料的四个端部的引线中，1、2 端为电流引脚，3、4 端为电压引脚，导磁体顶端的作用是聚集磁场磁感线来提高元件灵敏度。由于霍尔元件产生的电压很小，故通常将霍尔元件与放大器电路、温度补偿电路及稳压电源等集成在一个芯片上，称之为霍尔传感器。

2. 霍尔式接近开关

霍尔式接近开关外形如图 6-25 所示，其内部由霍尔元件和相关电路组成，它只能检测磁性物体，如果需要检测非磁性物体，可在该物体上粘贴或安装磁铁，霍尔式接近开关还可以穿透很多物体来检测磁性目标。在型号中霍尔式接近开关一般用"SJ"、"FJ"或"HJ"表示。

图 6-24　霍尔元件的结构

工作电压：6～36V

感应物体：磁铁

响应频率：2ms

输出电流：80～300mA

感应距离：1cm

保护功能：极性保护、短路保护和浪涌保护

输出方式：直流三线NPN线长1.2m

图 6-25　霍尔式接近开关外形

6.2.4　对射型光电开关

对射型光电开关由发射器和接收器组成，两者是独立分开的。在工作时，接收器接收发射器发光管发出的光束（多为不易发散的激光束），如果光束被阻断，接收器的光敏管（也称光电管）接收不到光束，会使内部开关产生通断动作。对射型光电开关外形如图 6-26 所示。

发射端　　　接收端

产品名称	激光对射光电开关
检测物体	不透明物
感应距离	10～20m
输出电流	200mA
检出方式	对射型
输出方式	NPN常开
工作电压	DC 6～36V

图 6-26　对射型光电开关外形

6.2.5　反射型光电开关

反射型光电开关由发射器和接收器组成，两者被制作封装在一起，其外形如图 6-27 所示。在工作时，光电开关的发射器发光管发出光线，若前方一定的距离内有不透明物体，该物体会将一部分光线反射回光电开关，被接收器的光敏管接收，光敏管将光线转换成电信号，经电路处理后得到控制信号，使内部开关产生通断动作。

一些反射型光电开关上有距离调节旋钮、信号指示灯和检测指示灯，如图 6-27 下方的方形反射型光电开关所示，调节距离旋钮可改变光电开关的光线探测距离，当光电开关处于探测状态时，发射器会发射光线，此时检测指示灯亮，一旦前方有不透明物体，接收器会接收到反射光线，信号指示灯会亮。

产品名称	光电开关
检测物体	不透明物体
额定电压	DC6～36V
检测距离	10～300mm±10%
检测方式	漫反射式
输出形式	直流三线NPN常开

距离调节按钮　信号指示灯　检测指示灯

图 6-27 反射型光电开关

6.2.6 U 形槽光电开关

U 形槽光电开关也是一种对射型光电开关，其发射器和接收器制作成一体化，如图 6-28 所示，在工作时，当发射器的发光管发射红外光，光线穿过 U 形槽后被接收器的光敏管接收，如果在 U 形槽中插入不透明物体，光线被遮挡，光敏管无法接收到光线，接收器则让内部开关产生通断动作。U 形槽光电开关外形如图 6-29 所示。

图 6-28 U 形槽光电开关的结构示意图

产品名称	光电开关
工作电压	DC 6～36V
输出电流	300mA
检测物体	不透明物
检出方式	U形、槽形
电源保护	极性保护
输出形式	NPN常开
检测距离	30mm可调

图 6-29 U 形槽光电开关的外形

6.2.7 接近开关和光电开关的输出电路及接线

接近开关的接线由其输出电路决定，输出电路以晶体管或继电器触点作为开关，如果接近开关通电未检测时开关处于闭合，则为开关常闭（NC），处于断开则为开关常开（NO）。接近开关常见的输出电路结构及接线如图 6-30 所示。

图 6-30　接近开关常见的输出电路结构及接线

图 6-30a 为 NPN 型三线式接近开关，输出电路使用 NPN 型晶体管作为开关，负载接在棕、黑线之间，当有关电路控制 NPN 型晶体管导通时，相当于开关闭合，有电流流过负载（电流途径：电源+→负载→黑线→晶体管集电极→发射极→蓝线→电源-），NPN 型晶体管符号的箭头指向发射极，表示电流只能从其他极流向发射极。图中的二极管用于保护晶体管不被感性负载（线圈类）产生的高反峰电压损坏。

图 6-30b 为 NPN 型四线式接近开关，输出电路有 VT_1、VT_2 两个 NPN 型晶体管开关，通电后加到两个晶体管基极的控制信号始终相反，在未接近物体时，VT_1 基极为低电平（L），处于截止（开关断开），VT_2 基极为高电平（H），处于导通（开关闭合），在接近

物体时，VT$_1$基极为高电平（H），马上导通，VT$_2$基极为低电平（L），会进入截止状态。图 6-30d 为 PNP 型四线式接近开关的结构。

图 6-30c 为 PNP 型三线式接近开关，输出电路使用 PNP 型晶体管作为开关，负载接在黑、蓝线之间，当有关电路控制 PNP 型晶体管导通时，相当于开关闭合，有电流流过负载（电流途径：电源+→棕线→晶体管发射极→集电极→黑线→负载→电源−），PNP 型晶体管符号的箭头由发射极指向其他极，表明电流只能由发射极流向其他极。

图 6-30f 为交流型两线式接近开关，输出电路使用晶闸管作为开关，负载与交流电源串接在一起，当有关电路控制晶闸管导通时，有电流流过负载，如果交流电源极性为上正下负，电流途径为交流电源上正→负载→棕线→桥式整流电路→晶闸管的 A 极（阳极）→K 极（阴极）→桥式整流电路→蓝线→交流电源下负，如果交流电源极性为上负下正，电流途径为交流电源下正→蓝线→桥式整流电路→晶闸管的 A 极→K 极→桥式整流电路→棕线→负载→交流电源上负。晶闸管是有极性的，但由于有桥式整流电路极性转换功能，故可使得流过晶闸管的电流始终都是由 A 极流向 K 极。图 6-30e 为直流型两线式接近开关的结构。

图 6-30g 为交流型五线式接近开关，输出电路使用继电器触点作为开关，在线圈未通电时，常闭触点（NC）处于闭合，常开触点（NO）断开，当有关电路为线圈通电时，常闭触点断开，常开触点闭合。

6.2.8 接近开关的选用

接近开关的选择主要考虑检测的材料和检测的距离，同时兼顾性价比。接近开关的选择要点如下：

1）若检测的对象为金属材料，可选用电感式接近开关，其对铁镍、钢类物体检测最灵敏，对铝、黄铜和不锈钢类物体的检测灵敏度较低；

2）若检测的对象为非金属材料，如塑料、纸张、木材、玻璃和水等，可选用电容式接近开关；

3）若检测远距离的金属体和非金属，可选用光电式接近开关或超声波式接近开关；

4）若检测磁性物体，可选用霍尔式接近开关。

6.3 位移（测距）传感器

位移（测距）传感器可以将位置的移动距离转换成电信号输出，输出电信号的大小与移动的距离成比例关系，移动的距离越长，传感器输出的电流越大或电压越高。

6.3.1 电位器式位移传感器

电位器式位移传感器是利用物体移动来带动电位器滑动端（也称电刷）的移动而改变电位器的电阻值，再由电路将变化的电阻值转换成变化的电流或电压信号输出。电位器式位移传感器常见类型有直线电位器式和旋转电位器式。

1. 直线电位器式位移传感器

直线电位器式位移传感器外形如图 6-31a 所示，当拉动位移传感器的测量轴时，与之连接的测量仪表会显示测量轴移动的距离，图 6-31b 为直线电位器式位移传感器的结构示意图，当测量轴随被测目标往右移动时，电刷也随之往右移动，a、b 之间的电阻体变长，其电阻 R_{ab} 增大，测量轴右移越多，R_{ab} 电阻越大，变化的 R_{ab} 经电路处理后可转换成变化的电流或电压信号输出。

图 6-31　直线电位器式位移传感器

2. 旋转电位器式位移传感器

旋转电位器式位移传感器的结构如图 6-32a 所示，当转轴顺时针转动时，电刷在环形电阻体上滑动，a、b 之间的电阻体变长，其电阻 R_{ab} 增大，旋转角度越大，R_{ab} 越大。旋转电位器式位移传感器常见的类型为拉线式，其外形如图 6-32b 所示，在拉绳索时，通过内部的传动机构带动电刷在环形电阻体上滑动，由于传感器内部有减速机构，这样在拉出较长绳索时，电刷仅滑动较短的距离，这样可让传感器测量很长的位移。

图 6-32　旋转电位器式位移传感器

6.3.2 电感式位移传感器

电感式位移传感器与电感式接近开关结构和原理相似，两者的区别主要在于：电感式接近开关在金属物体靠近时，内部开关会产生通断动作；电感式位移传感器在物体接近时，会输出电流或电压信号，并且电流或电压信号大小与物体和传感器检测端之间的距离成比例关系，距离越近，输出的电流或电压越大。

电感式位移传感器的外形如图6-33所示，这种位移传感器在检测磁性金属时灵敏度比较高，检测非磁性金属时，检测距离会缩短。

名称	电感式位移传感器
工作电压	DC15～30V
检测距离	1～8mm
电压输出	DC0～10V
电流输出	4～20mA
开关频率	200Hz
检测物体	金属

图6-33 电感式位移传感器

6.3.3 差动变压器式位移传感器

差动变压器式位移传感器（LVDT）是通过移动衔铁改变变压器绕组间的互感量来检测位移的，可以测量1~100mm范围内的位移，具有测量准确度高、灵敏度高和性能可靠等优点。

1. 结构原理

差动变压器式位移传感器的结构原理说明如图6-34所示，变压器由一个一次绕组 L_1 和两个匝数相同的二次绕组 L_{2a}、L_{2b} 组成。当 L_1 两端加电压 U_1 时，L_{2a}、L_{2b} 两端感应得到的电压分别为 U_{2a} 和 U_{2b}，如果衔铁处于中间位置，L_1、L_{2a} 之间的互感系数 M_a 与 L_1、L_{2b} 之间的互感系数 M_b 相等，$U_{2a}=U_{2b}$，由于 L_{2a} 和 L_{2b} 接成差动方式（绕组旁的小圆点表示同名端，同名端电压极性相同），输出电压 $U_o = U_{2a}-U_{2b} = 0$；当衔铁上移时，$M_a > M_b$，$U_{2a} > U_{2b}$，输出电压 $U_o = U_{2a}-U_{2b} > 0$，衔铁上移越多，U_o 正值越大，从而将位移量转换成电压大小；当衔铁下移时，$M_a < M_b$，$U_{2a} < U_{2b}$，输出电压 $U_o = U_{2a}-U_{2b} < 0$，衔铁下移越多，U_o 负值越大，U_o 值的正、负可反映衔铁的移动方向。

2. 外形、结构及应用

差动变压器式位移传感器的外形如图6-35所示，主要由外管、内管、线圈、前后端盖、电路板、屏蔽层和出线等部分构成，外管采用不锈钢制成，内管可采用不锈钢或塑料制成，电路板的作用是为变压器一次绕组提供激励电压，并对二次绕组产生的信号进行处理，输出可被测量仪表或 PLC 使用的 0~5V 电压或 4~20mA 电流。

差动变压器式位移传感器广泛应用于航天航空、机械、建筑、纺织、铁路、煤炭、冶金、塑料、化工以及科研院校等行业，用来测量物体的伸长、振动、厚度和膨胀等。

a) 衔铁处于中间位置时($U_{2a}=U_{2b}$)

b) 衔铁上移($U_{2a}>U_{2b}$)

图 6-34　差动变压器式位移传感器的结构原理

图 6-35　差动变压器式位移传感器的外形

6.3.4　磁致伸缩位移传感器

　　磁致伸缩是指物体在磁场中磁化时，在磁化方向会发生伸长或缩短现象，伸长或缩短变化明显的材料称为磁致伸缩材料。**磁致伸缩位移传感器是利用磁致伸缩材料遇到磁场收缩振动产生声波来检测位移的。**

1. 结构原理

　　磁致伸缩位移传感器的结构原理说明如图 6-36 所示。在工作时，激励电路送出一个激励脉冲到波导丝（磁致伸缩材料制成），波导丝流过电流时会产生磁场，在磁环处波导丝的磁场与磁环的磁场相互作用，导致波导丝产生收缩振动，该振动以声波的速度往波导丝两端传递，一端的振动波被阻尼吸声管吸收，往另一端传递的振动波使磁条产生振动，绕在磁条上的线圈产生电信号，经检测电路处理后得到一个脉冲信号，由于电信号传送速度为光速（3×10^8m/s），故可认为激励电路一送出激励脉冲，磁环处的波导丝即产生收缩振动，振动以声波速度（340m/s）传递到磁条而让检测电路产生一个脉冲，磁环距离磁条越远，两脉冲间隔时间 t 越长，只要用电路计算两脉冲的时间间隔 t 就可以知道磁环的位移。

图 6-36 磁致伸缩位移传感器的结构原理说明图

2. 外形和特点

磁致伸缩位移传感器的外形如图 6-37 所示。这种传感器作为确定位置的活动磁环和敏感元件无直接接触，可应用在极恶劣的工业环境中，不易受油渍、溶液、尘埃或其他污染的影响，由于采用了高科技材料和先进的电子处理技术，因而还能应用在高温、高压和高振荡的环境中，另外因为敏感元件是非接触的，即使不断重复检测，也不会对传感器造成任何磨损，具有很高的检测可靠性和较长的使用寿命。磁致伸缩位移传感器输出信号为绝对位移值，即使电源中断、重接，数据也不会丢失，更无须重新归零。

图 6-37 磁致伸缩位移传感器的外形

6.3.5 超声波位移传感器

人耳可以听见的声波频率为 20Hz~20kHz，低于 20Hz 的声波称为次声波（如地震发生时产生的地震波），超过 20kHz 的声波称为超声波（如蝙蝠发出的声波）。**超声波位移传感器是利用超声波发射器发射超声波，遇到被测目标后超声波反射回来被接收器接收，从开始发射至接收到超声波，这段时间为超声波在传感器与被测目标的来回传播时间，被测目标的距离 $S = ($超声波的传播速度 $V \times$ 传播来回时间 $t)/2$。**

超声波传感器一般采用压电晶片振动来产生超声波，当在压电晶片两端施加交流电压时会发生振动而产生超声波（电-声转换），由于压电晶片同时具有逆压电效应，如果超声波传递到压电晶片使之产生振动时，在压电晶片两端会产生变化的电压（声-电转换）。有的超声波传感器采用独立的发射器和接收器，有的使用一块压电晶片既用作发射器产生超声波，又用作接收器来接收超声波，由于两者使用同一块压电晶片，但有时间先后之分，可采用电子开关来切换两种不同的状态，即先将压电晶片与发射电路连接起来产生超声波，然后与接收电路连接，接收反射回来的超声波。常见的超声波位移传感器外形如图 6-38 所示。

图 6-38　常见的超声波位移传感器外形

6.3.6　位移传感器的接线

位移传感器可以将位移的长度转换成 4~20mA（或 0~20mA）的电流或 0~10V（或 0~5V）的电压。位移传感器的种类很多，但接线大同小异。

图 6-39 所示为位移传感器的几种典型接线。图 6-39a 为三线电阻输出型位移传感器的接线，传感器内部只有一个电位器，当电位器的标称电阻值为 5kΩ 时，应在棕、蓝线接 5V 直流电源，黑线可输出 0~5V 电压，如果电位器的标称电阻值为 10kΩ 时，应在棕、蓝线接 10V 直流电源，黑线可输出 0~10V 电压；图 6-39b 为两线电流输出型位移传感器的接线，负载与电源、传感器串接在一起，随着位移的变化，传感器会输出 4~20mA 的电流流过负载。

图 6-39　位移传感器的典型接线

6.4　压力传感器

压力传感器可以将压力大小转换成相对应的电信号输出。压力传感器广泛用在各种工业自控环境中，如水利水电、铁路交通、智能建筑、生产自控、航空航天、军工、石化、油井、电力、船舶、机床和管道等行业。

6.4.1 种类与工作原理

压力传感器的种类很多，常见的类型有金属电阻应变片式、压阻式、压电式、电感式和电容式等，其中应用最广泛的是压阻式压力传感器，它具有价格便宜、测量准确度高和线性特性好的特点。

压阻式压力传感器是利用单晶硅材料的压阻效应来工作的。压阻效应是指硅晶体受力变形时其电阻会发生变化。 图 6-40 所示为压阻式压力传感器的结构示意图，其核心是一块单晶硅制成的硅膜片，其两侧的空间分别称为高压腔和低压腔，当液体或气体进入高压腔时，高压腔压力大于低压腔压力，硅膜片往低压腔侧弯曲变形，硅膜片的电阻发生变化，高、低压腔压力差越大，硅膜片弯曲幅度越大，其电阻值变化就越大，从而将压力变化转换

图 6-40 压阻式压力传感器的结构示意图

成电阻变化，将硅膜片构成的电阻与有关电路连接，就可以将电阻的变化转换成变化的电压（如 0~10V）或电流（如 0~20mA）输出。

6.4.2 外形及型号含义

1. 外形

压力传感器的外形如图 6-41 所示，在使用时，将其与被测液体或气体管道连接，这样可让控制系统了解被测管道中的液体或气体压力，以便做出相应的控制。

图 6-41 压力传感器的外形

2. 型号含义

压力传感器生产厂家很多，型号命名没有统一的规定，图 6-42 所示为一种典型的压力传感器型号及含义。

图 6-42　典型的压力传感器型号及含义

6.4.3　接线

压力传感器输出方式主要有两线电流输出型和三线电压输出型，其接线如图 6-43 所示。

图 6-43　压力传感器的接线

6.5　旋转编码器（角度、转速传感器）

旋转编码器用来检测电动机的转速和旋转角度。旋转编码器可分为增量型旋转编码器和绝对型旋转编码器。

6.5.1 增量型旋转编码器

增量型旋转编码器的特点是每旋转一定的角度或移动一定的距离会产生一个脉冲，即输出脉冲随位移增加而不断增多。

1. 外形

增量型旋转编码器的外形如图 6-44 所示。

图 6-44 增量型旋转编码器的外形

2. 结构与工作原理

增量型光电编码器是一种较常用的增量型旋转编码器，它主要由玻璃码盘、发光管、光电接收管和整形电路组成，玻璃码盘的结构如图 6-45 所示，它从外往内分作三环，依次为 A 环，B 环和 Z 环，各环中的黑色部分不透明，白色部分透明可通过光线，玻璃码盘中间安装转轴，与电动机同步旋转。增量型光电旋转编码器的结构与工作原理如图 6-45 所示。

图 6-45 增量型光电旋转编码器的结构与工作原理说明图

编码器的发光管发出光线照射玻璃码盘，光线分别透过 A、B 环的透明孔照射 A、B 相光电接收管，从而得到 A、B 相脉冲，脉冲经放大整形后输出，由于 A、B 环透明孔交错排列，故得到的 A、B 相脉冲相位相差 90°，Z 环只有一个透明孔，码盘旋转一周时只产生一个脉冲，该脉冲称为 Z 脉冲（零位脉冲），用来确定码盘的起始位置。

通过增量型光电编码器可以检测电动机的转向、转速和位置。由于 A、B 环上的透明孔是交错排列，如果码盘正转时 A 环的某孔超前 B 环的对应孔，编码器得到的 A 相脉冲相位较 B 相脉冲超前，码盘反转时 B 环孔就较 A 环孔超前，B 相脉冲就超前 A 相脉冲，因此了解 A、B 脉冲相位情况就能判断出码盘的转向（即电动机的转向）。如果码盘 A 环上有 100 个透明孔，码盘旋转一周，编码器就会输出 100 个 A 相脉冲，如果码盘每秒钟转 10 转，编码器每秒钟会输出 1000 个脉冲，即输出脉冲的频率为 1kHz，码盘每秒钟转 50 转，编码器每秒钟就会输出 5000 个脉冲，输出脉冲的频率为 5kHz，因此了解编码器输出脉冲的频率就能知道电动机的转速。如果码盘旋转一周会产生 100 个脉冲，从第一个 Z 相脉冲产生开始计算，若编码器输出 25 个脉冲，表明码盘（电动机）已旋转到 1/4 周的位置；若编码器输出 1000 个脉冲，表明码盘（电动机）已旋转 10 周，电动机驱动执行部件移动了相应长度的距离。

编码器旋转一周产生的脉冲个数称为分辨率，它与码盘 A、B 环上的透光孔数目有关，透光孔数目越多，旋转一周产生的脉冲数越多，编码器分辨率越高。

6.5.2　绝对型旋转编码器

增量型旋转编码器通过输出脉冲的频率反映电动机的转速，通过 A、B 相脉冲的相位关系反映电动机的转向，故检测电动机转速和转向非常方便。

增量型旋转编码器在检测电动机旋转位置时，通过第一个 Z 相脉冲之后出现的 A 相（或 B 相）脉冲的个数来反映电动机的旋转位移。由此可见，增量型旋转编码器是采用相对方式来检测电动机的旋转位移，当电动机驱动执行机构移到一定位置，增量型旋转编码器会输出 N 个相对脉冲来反映该位置，如果系统突然断电，若相对脉冲个数未存储，再次通电后系统将无法知道执行机构的当前位置，需要让电动机回到零位重新开始工作并检测位置，即使系统断电时相对脉冲个数被存储，如果人为移动执行机构，通电后，系统会以为执行机构仍在断电前的位置，继续工作时会出现错误。

绝对型旋转编码器可以解决增量型旋转编码器测位时存在的问题，它可分为单圈绝对型旋转编码器和多圈绝对型旋转编码器。

1. 外形
绝对型旋转编码器外形如图 6-46 所示。

图 6-46　绝对型旋转编码器外形

2. 单圈绝对型旋转编码器
4 位二进制单圈绝对型旋转编码器的结构与原理如图 6-47 所示，图 6-47a 为 4 位二进制单圈绝对型旋转编码器的码盘，该玻璃码盘分为 B3、B2、B1、B0 四个环，每个环分成 16 等份，环中白色部分透光，黑色部分不透光。码盘的一侧有 4 个发光管照射，另一侧有 B3、

B2、B1、B0 共 4 个光电接收管，当码盘处于图示位置时，B3、B2、B1、B0 接收管不受光，输出均为 0，即 B3B2B1B0 = 0000，如果码盘顺时针旋转一周，B3、B2、B1、B0 接收管输出的脉冲如图 6-47b 所示，B3B2B1B0 的值会从 0000 变化到 1111。

4 位二进制单圈绝对型旋转编码器将一个圆周分成 16 个位置点，每个位置点都有唯一的编码，通过编码器输出的代码就能确定电动机的当前位置，通过输出代码的变化方向可以确定电动机的转向，如由 0000 往 0001 变化为正转，1100 往 0111 变化为反转，通过检测某光电接收管（如 B0 接收管）产生的脉冲频率就能确定电动机的转速。单圈绝对型旋转编码器定位不受断电影响，再次通电后，编码器当前位置的编码不变，例如当前位置编码为 0111，系统就知道电动机停电前处于 1/2 周位置。

a) 码盘   b) 接收管输出的脉冲

图 6-47　4 位二进制单圈绝对型旋转编码器的结构与原理说明

3. 多圈绝对型旋转编码器

单圈绝对型旋转编码器只能对一个圆周进行定位，超过一个圆周定位就会发生重复，而多圈绝对型旋转编码器可以对多个圆周进行定位。

多圈绝对型旋转编码器的工作原理类似机械钟表，当中心码盘旋转时，通过减速齿轮带动另一个圈数码盘，中心码盘每旋转一周，圈数码盘转动一格，如果中心码盘和圈数码盘都是 4 位，那么该编码器可进行 16 周定位，定位编码为 00000000 ~ 11111111，如果圈数码盘是 8 位，编码器可定位 256 周。

多圈绝对型旋转编码器的优点是测量范围大，如果使用定位范围有富裕，在安装时无须找零点，只要将某一位置作为起始点就可以了，这样能大大简化安装调试的难度。

第7章 变 压 器

变压器是一种能提升或降低交流电压、电流的电气设备。 无论是在电力系统中，还是在微电子技术领域，变压器都得到了广泛的应用。

7.1.1 结构与工作原理

变压器主要由绕组和铁心组成，其结构与符号如图 7-1 所示。

图 7-1　变压器的结构与符号

从图 7-1 中可以看出，两组绕组 L_1、L_2 绕在同一铁心上就构成了变压器。一个绕组与交流电源连接，该绕组称为一次绕组（或称原边绕组），匝数（即圈数）为 N_1；另一个绕组与负载 R_L 连接，称为二次绕组（或称副边绕组），匝数为 N_2。当交流电压 U_1 加到一次绕组 L_1 两端时，有交流电流 I_1 流过 L_1，L_1 产生变化的磁场，变化的磁场通过铁心穿过二次绕组 L_2，L_2 两端会产生感应电压 U_2，并输出电流 I_2 流经负载 R_L。

实际的变压器铁心并不是一块厚厚的环形铁，而是由很多薄薄的、涂有绝缘层的硅钢片叠在一起而构成的，常见的硅钢片主要有心式和壳式两种，其形状如图 7-2 所示。由于在闭合的硅钢片上绕制绕组比较困难，因此每片硅钢片都分成两部分，先在其中一部分上绕好绕组，然后再将另一部分与它拼接在一起。

变压器的绕组一般采用表面涂有绝缘漆的铜线绕制而成，对于大容量的变压器则常采用绝缘的扁铜线或铝线绕制而成。**变压器接高压的绕组称为高压绕组，其线径细、匝数多；接低压的绕组称为低压绕组，其线径粗、匝数少。**

a) 心式　　　　　　　　　b) 壳式

图 7-2　硅钢片的形状

变压器是由绕组绕制在铁心上构成的，对于不同形状的铁心，绕组的绕制方法有所不同，图 7-3 所示是几种绕组在铁心上的绕制方式。从图中可以看出，不管是心式铁心，还是壳式铁心，高、低压绕组并不是各绕在铁心的一侧，而是绕在一起，图中线径粗的绕组绕在铁心上构成低压绕组，线径细的绕组则绕在低压绕组上。

由多层硅钢片叠放在一起构成

低压绕组

高压绕组

低压绕组

高压绕组

a)　　　　　　　　　b)

图 7-3　变压器的绕组绕制方式

7.1.2　电压、电流变换功能说明

变压器的基本功能是电压变换和电流变换。

1. 电压变换

变压器既可以升高交流电压，也可以降低交流电压。在忽略变压器对电能损耗的情况下，变压器一次、二次绕组的电压与一次、二次绕组的匝数的关系为

$$\frac{U_1}{U_2}=\frac{N_1}{N_2}=K$$

式中，K 称为匝数比或电压比，由上式可知：

1）当 $N_1<N_2$（即 $K<1$）时，变压器输出电压 U_2 较输入电压 U_1 高，故 $K<1$ 的变压器称为升压变压器；

2）当 $N_1>N_2$（即 $K>1$）时，变压器输出电压 U_2 较输入电压 U_1 低，故 $K>1$ 的变压器称为降压变压器；

3）当 $N_1=N_2$（即 $K=1$）时，变压器输出电压 U_2 和输入电压 U_1 相等，这种变压器不能改变交流电压的大小，但能将一次、二组绕组电路隔开，故 $K=1$ 的变压器常称为隔离变

压器。

2. 电流变换

变压器不但能改变交流电压的大小，还能改变交流电流的大小。在忽略变压器对电能损耗的情况下，变压器的一次绕组的功率 P_1（$P_1 = U_1 \cdot I_1$）与二次绕组的功率 P_2（$P_2 = U_2 \cdot I_2$）是相等的，即

$$U_1 \cdot I_1 = U_2 \cdot I_2 \Rightarrow \frac{U_1}{U_2} = \frac{I_2}{I_1}$$

由上式可知，变压器一次、二次绕组的电压与一次、二次绕组的电流成反比：若提升二次绕组的电压，则会使二次绕组的电流减小；若降低二次绕组的电压，则二次绕组的电流会增大。

综上所述，对于变压器来说，不管是一次或是二次绕组，匝数越多，它两端的电压就越高，流过的电流就越小。例如，某变压器的二次绕组匝数少于一次绕组匝数，其二次绕组两端的电压就低于一次绕组两端的电压，而二次绕组的电流比一次绕组的大。

7.1.3 极性判别

变压器可以改变交流信号的电压或电流大小，但不能改变交流信号的频率，当一次绕组的交流电压极性变化时，二次绕组上的交流电压极性也会变化，它们的极性变化有一定的规律。下面以图7-4来说明这个问题。

图 7-4 变压器的极性说明

1. 同名端

交流电压 U_1 加到变压器的一次绕组 L_1 两端，在二次绕组 L_2 两端会感应出电压 U_2，并送给负载 R_L。假设 U_1 的极性是上正下负，L_1 两端的电压也为①正②负（即上正下负），L_2 两端感应出来的电压有两种可能：一是③正④负，二是③负④正。

如果 L_2 两端的感应电压极性是③正④负，那么 L_2 的③端与 L_1 的①端的极性是相同的，也就说 L_2 的③端与 L_1 的①端是同名端，为了表示两者是同名端，常在该端标注 "·"。当然，因为②端与④端极性也是相同的，故它们也是同名端。

如果 L_2 两端的感应电压极性是③负④正，那么 L_2 的④端与 L_1 的①端的极性是相同的，L_2 的④端与 L_1 的①端就是同名端。

2. 同名端的判别

根据不同情况，可采用下面两种方法来判别变压器的同名端：

1）对于已知绕向的变压器，可分别给两个绕组通电流，然后用右手螺旋定则来判断两个绕组产生磁场的方向，以此来确定同名端。

如果电流流过两个绕组，两个绕组产生的磁场方向一致，则两个绕组的电流输入端为同名端。如图 7-5a 所示，电流 I_1 从①端流入一次绕组 L_1，它产生的磁场方向为顺时针，电流 I_2 从③端流入二次绕组 L_2，L_2 产生的磁场也为顺时针，即两绕组产生的磁场方向一致，两个绕组的电流输入端①、③为同名端。

如果电流流过两个绕组，两个绕组产生的磁场方向相反，则一个绕组的电流输入端与另一个绕组的电流输出端为同名端。如图 7-5b 所示，绕组 L_1 产生的磁场方向为顺时针，L_2 产生的磁场为逆时针，即两绕组产生的磁场方向相反，绕组 L_1 的电流输入端①与 L_2 的电流输

出端④为同名端。

图 7-5 已知绕向的变压器极性判别

2）对于已封装好、无法知道绕向的变压器。在平时接触更多的是已封装好的变压器，对于这种变压器是很难知道其绕组绕向的，用前面的方法无法判别出同名端，此时可使用实验的方法。该方法说明如下：

如图 7-6a 所示，将变压器的一个绕组的一端与另一个绕组的一端连接起来（图中是将②、④端连接起来），再在两个绕组另一端之间连接一个电压表（图中是在①、③端之间连接电压表），然后给一个绕组加一个较低的交流电压（图中是在①、②端加 U_1 电压）。观察电压表 V 测得的电压值 U，如果电压值是两个绕组电压的和，即 $U = U_1 + U_2$，则①、④端为同名端，其等效原理如图 7-6b 所示；如果 $U = U_1 - U_2$，则①、③端为同名端，其等效原理如图 7-6c 所示。

图 7-6 绕向未知的变压器极性判别

7.2 三相变压器

7.2.1 电能的传送

发电部门的发电机将其他形式的能（如水能和化学能）转换成电能，电能再通过导线传送给用户。由于用户与发电部门的距离往往很远，电能传送需要很长的导线，电能在导线传送的过程中有损耗。根据焦耳定律 $Q = I^2Rt$ 可知，损耗的大小主要与流过导线的电流和导线的电阻有关，电流、电阻越大，导线的损耗越大。

为了降低电能在导线上传送产生的损耗，可减小导线电阻和降低流过导线的电流。 具体做法有：通过采用电阻率小的铝或铜材料制作成粗导线来减小导线的电阻；通过提高传送电压来减小电流，这是根据 $P = UI$，在传送功率一定的情况下，导线电压越高，流过导线的电流越小。

电能从发电站传送到用户的过程如图 7-7 所示。发电机输出的电压先送到升压变电站进行升压，升压后得到 110～330kV 的高压，高压经导线进行远距离传送，到达目的地后，再由降压变电站的降压变压器将高压降低到 220V 或 380V 的低压，提供给用户。实际上，在提升电压时，往往不是依靠一个

图 7-7　电能传送示意图

变压器将低压提升到很高的电压，而是经过多个升压变压器逐级进行升压的，在降压时，也需要经多个降压变压器进行逐级降压。

7.2.2　三相变压器

1. 三相交流电的产生

目前电力系统广泛采用三相交流电，三相交流电是由三相交流发电机产生的。三相交流发电机原理示意图如图 7-8 所示。从图中可以看出，三相发电机主要是由 U、V、W 三个绕组和磁铁组成的，当磁铁旋转时，在 U、V、W 绕组中分别产生电动势，各绕组两端的电压分别为 U_U、U_V、U_W，这三个绕组输出的三组交流电压就称为三相交流电压。

2. 利用单相变压器改变三相交流电压

要将三相交流发电机产生的三相电压传送出去，为了降低电路损耗，需对每相电压都进行提升，简单的做法是采用三个单相变压器，如图 7-9 所示。单相变压器是指一次绕组和二次绕组分别只有一组的变压器。

图 7-8　三相交流发电机原理示意图

图 7-9　利用三个单相变压器改变三相交流电压

3. 利用三相变压器改变三相交流电压

将三对绕组绕在同一铁心上可以构成三相变压器。三相交流变压器的结构如图 7-10 所示。利用三相变压器也可以改变三相交流电压，具体接法如图 7-11 所示。

图 7-10 三相交流变压器的结构

图 7-11 利用三相变压器改变三相交流电压

7.2.3 三相变压器的工作接线方法

1. 星形联结

用图 7-11 所示的方法连接三相发电机与三相变压器，缺点是连接所需的导线太多，在进行远距离电能传送时必然会使电路成本上升，而采用星形联结可以减少导线数量，从而降低成本。发电机绕组与变压器绕组的星形联结如图 7-12 所示。

变压器的星形联结如图 7-12a 所示，将发电机的三相绕组的末端连起来构成一个连接点，该连接点称为中性点，将变压器三个低压绕组（匝数少的绕组）的末端连接起来构成中性点，将变压器三个高压绕组的末端连接起来构成中性点，然后将发电机三相绕组的首端分别与变压器三个低压绕组的首端连接起来。

图 7-12 发电机绕组与变压器绕组的星形联结

发电机绕组与变压器绕组的星形联结可以画成图 7-12b 所示的形式，从图中可以看出，发电机绕组和变压器绕组联结成星形，故这种接法称为星形联结，又因为这种接法需用四根导线，故又称为三相四线制星形联结。发电机和变压器之间按星形联结好后，变压器就可以升高发电机送来的三相电压。如发电机的 U 相电压送到变压器的绕组 u_1u_2 两端，在高压绕组 U_1U_2 两端就会输出升高的 U 相电压。

2. 三角形联结

三相变压器与三相发电机之间的连线接法除了星形联结外，还有三角形联结。三相发电机与三相变压器之间的三角形联结如图 7-13 所示。

图 7-13　发电机绕组与变压器绕组的三角形联结

变压器的三角形联结如图 7-13a 所示，将发电机的三相绕组的首尾依次连接起来，再在每相绕组首端连出引线，将变压器的低压绕组的首尾依次连接起来，并在每相绕组首端连出引线，将变压器的高压绕组的首尾依次连接起来，并在每相绕组首端连出引线，然后将发电机的三根引线与变压器低压绕组相对应的三根引线连接起来。

发电机绕组与变压器绕组的三角形联结可以画成图 7-13b 所示的形式，从图中可以看出，发电机绕组和变压器绕组连接成三角形，故这种接法称为三角形联结，又因为这种接法需用三根导线，故又称为三相三线制三角形联结。发电机和变压器之间按三角形联结好后，变压器就可以升高发电机送来的三相电压。如发电机的 W 相电压送到变压器的绕组 w_1w_2 两端，在高压绕组 W_1U_1 两端（也即 W、U 两引线之间）就会输出升高的 W 相电压。

7.3　电力变压器

电力变压器的功能是对传送的电能进行电压或电流的变换。大多数电力变压器属于三相变压器。电力变压器有升压变压器和降压变压器之分：升压变压器用于将发电机输出的低压升高，再通过电网线输送到各地；降压变压器用于将电网高压降低成低压，送给用户使用。平时见到的电力变压器大多数是降压变压器。

7.3.1 外形与结构

电力变压器的实物外形如图 7-14 所示。

图 7-14 电力变压器的实物外形

由于电力变压器所接的电压高，传输的电能大，为了使铁心和绕组的散热和绝缘良好，一般将它们放置在装有变压器油的绝缘油箱内（变压器油具有良好的绝缘性），高、低压绕组引出线均通过绝缘性能好的瓷套管引出，另外，电力变压器还有各种散热保护装置。

电力变压器的结构如图 7-15 所示。

图 7-15 电力变压器的结构

7.3.2 型号说明

电力变压器的型号表示方式说明如图 7-16 所示。

图 7-16 电力变压器的型号表示方式

电力变压器型号中的字母含义见表 7-1。

表 7-1 电力变压器型号中的字母含义

位次	内容	代号	含义	位次	内容	代号	含义
第1位	类型	O	自耦变压器（O 在前为降压，O 在后为升压）	第3位	冷却方式	G	干式
							油浸自冷
			电力变压器			F	油浸风冷
		H	电弧炉变压器			S	水冷
		ZU	电阻炉变压器			FP	强迫油循环风冷
		R	加热炉变压器			SP	强迫油循环水冷
		Z	整流变压器			P	强迫油循环
		K	矿用变压器				
		D	低压大电流用变压器	第4位和第5位	结构特征		双绕组
		J	电机车用变压器（机床、局部照明用）			S	三绕组
		Y	试验用变压器				铜线
		T	调压器			L	铝线
		TN	电压调整器			C	接触调压
		TX	移相器			A	感应调压
		BX	焊接变压器			Y	移圈式调压
		ZH	电解电化学变压器			Z	有载调压
		G	感应电炉变压器				无励磁调压
		BH	封闭式电弧炉变压器			K	带电抗器
第2位	相数	D	单相			T	成套变电站用
		S	三相			Q	加强型

例如：一台电力变压器的型号为 S9-500/10，该型号说明该变压器是一台三相油浸自冷式铜线双绕组电力变压器，其额定容量为 500kV·A，高压侧额定电压为 10kV，设计序号为 9。此型号中的第 1、3、4 位均省略。

7.3.3 连接方式

在使用电力变压器时，其高压侧绕组要与高压电网连接，低压侧绕组则与低压电网连接，这样才能将高压降低成低压供给用户。电力变压器与高、低压电网的连接方式有多种，图 7-17 所示是两种较常见的连接方式。

在图 7-17 中，电力变压器的高压绕组首端和末端分别用 U_1、V_1、W_1 和 U_2、V_2、W_2 表示，低压绕组的首端和末端分别用 u_1、v_1、w_1 和 u_2、v_2、w_2 表示。图 7-17a 中的变压器采用了 Yyno 联结，即高压绕组采用中性点不接地的星形联结（Y），低压绕组采用中性点接地的星形联结（Y0），这种联结又称为 Yyn0 联结。图 7-17b 中的变压器采用了 △/Y0 接法，即高压绕组采用三角形联结，低压绕组采用中性点接地的星形联结，这种联结又称为Dyn11接法。

图 7-17　电力变压器与高、低压电网的两种连接方式

在工作时，电力变压器每个绕组上都有电压，每个绕组上的电压称为相电压，高压绕组中的每个绕组上的相电压都相等，低压绕组中的每个绕组上的相电压也都相等。如果图7-17中的电力变压器低压绕组是接照明用户，低压绕组的相电压通常为220V，由于三个低压绕组的三端连接在一个公共点上并接出导线（称为中性线），因此每根相线（即每个绕组的引出线）与中性线之间的电压（称为相电压）为220V，而两根相线之间有两个绕组，故两根相线之间的电压（称为线电压）应大于相电压，线电压为 $220 \times \sqrt{3} = 380V$。

这里要说明一点，线电压虽然是两个绕组上的相电压叠加得到的，但由于两个绕组上的电压相位不同，故线电压与相电压的关系不是乘以 2，而是乘以 $\sqrt{3}$。

7.4　自耦变压器

普通的变压器有一次绕组和二次绕组，如果将两个绕组融合成一个绕组就能构成一种特殊的变压器—自耦变压器。**自耦变压器是一种只有一个绕组的变压器。**

7.4.1　外形

自耦变压器的种类很多，图7-18所示是一些常见的自耦变压器。

图 7-18　一些常见的自耦变压器

7.4.2　工作原理

自耦变压器的结构和符号如图7-19所示。

图 7-19　自耦变压器的结构和符号

从图中可以看出，自耦变压器只有一个绕组（匝数为 N_1），在绕组的中间部分（图中为 A 点）引出一个接线端，这样就将绕组的一部分当作二次绕组（匝数为 N_2）。自耦变压器的工作原理与普通的变压器相同，也可以改变电压的大小，其规律同样可以用下式表示，即

$$\frac{U_1}{U_2} = \frac{N_1}{N_2} = K$$

从上式可以看出，改变 N_2 就可以调节输出电压 U_2 的大小。为了方便地改变输出电压，自耦变压器将绕组的中心抽头换成一个可滑动的触点，如图 7-19 所示。当旋转触点时，绕组匝数 N_2 就会变化，输出电压也就变化，从而实现手动调节输出电压的目的。这种自耦变压器又称为自耦调压器。

7.5　交流弧焊变压器

交流弧焊变压器又称交流弧焊机，是一种具有陡降外特性的特殊变压器。

7.5.1　外形

交流弧焊变压器的外形如图 7-20 所示。

图 7-20　交流弧焊变压器的外形

7.5.2　结构工作原理

交流弧焊机的基本结构与原理如图 7-21 所示，它是由变压器在二次侧回路串入电抗器

（电感量较大的电感器）构成的，电抗器起限流作用。在空载时，变压器的二次侧开路电压为 60~80V，便于起弧，在焊接时，焊条接触工件的瞬间，二次侧短路，由于电抗器的阻碍，输出电流虽然很大，但还不至于烧坏变压器，电流在流过焊条和工件时，高温熔化焊条和工件金属，对工件实现焊接，在焊接过程中，焊条与工件高温接触，存在一定接触电阻（类似灯泡发光后高温灯丝电阻会增大），此时焊钳与工件间电压为 20~40V，满足维持电弧的需要。要停止焊接，只需把焊条与工件间的距离拉长，电弧随即熄灭。

图 7-21 交流弧焊机的基本结构与原理说明图

有的交流弧焊机只是一个变压器，工作时需要外接电抗器，也有的交流弧焊机将电抗器和变压器绕在同一铁心上，交流弧焊机可以通过切换绕组的不同抽头来改变匝数比，从而改变输出电流来满足不同的焊接要求。

7.5.3 使用注意事项

在使用交流弧焊变压器时，要注意以下事项：

1）对于第一次使用、长期停用后使用或置于潮湿场地的焊机，在使用前应用兆欧表检查绕组对机壳（对地）的绝缘电阻，应不低于 1MΩ。

2）检查配电系统的开关、熔断器是否合格（熔丝应在额定电流的 2 倍之内），导线绝缘层是否完好。

3）在接线时，应严格按使用说明书的要求进行，特别是 380V/220V 两用的焊机，绝不允许接错，以免烧毁绕组。

4）焊机的外壳应可靠接地，接地线的截面积应不小于输入线的截面积。

5）焊机接线板上的螺母、接线柱和导线必须压紧，以免接触不良导致局部过热而烧毁部件。

6）在焊接时，严禁转动调节器档位来改变电流，以防烧坏焊机。

7）尽量不要超负荷使用焊机。如果超负荷使用焊机，要随时注意焊机的温度，温度过高时应马上停机，否则易缩短焊机使用寿命，甚至会烧毁绕组，焊钳与工件的接触时间也不要过长，以免烧坏绕组。

8）焊机使用完毕后，应切断焊机电源，以确保安全。焊机不用时，应放在通风良好、干燥的地方。

第8章 电 动 机

电动机是一种将电能转换成机械能的设备。从家庭的电风扇、洗衣机、电冰箱，到企业生产用到的各种电动加工设备（如机床等），到处可以见到电动机的身影。据统计，一个国家各种电动机消耗的电能占整个国家电能消耗的 60%~70%。随着社会工业化程度的不断提高，电动机的应用也越来越广泛，消耗的电能也会越来越多。

电动机的种类很多，常见的有直流电动机、单相异步电动机、三相异步电动机、同步电动机、永磁电动机、开关磁阻电动机、步进电动机和直线电动机等，不同的电动机适用于不同的设备。

8.1 三相异步电动机

8.1.1 工作原理

1. 磁铁旋转对导体的作用

下面通过一个实验来说明异步电动机的工作原理。实验如图 8-1a 所示，在一个马蹄形的磁铁中间放置一个带转轴的闭合线圈，当摇动手柄来旋转磁铁时发现，线圈会跟随着磁铁一起转动。为什么会出现这种现象呢？

图 8-1 单匝闭合线圈旋转原理

图 8-1b 是与图 8-1a 对应的原理简化图。当磁铁旋转时，闭合线圈的上下两段导线会切割磁铁产生的磁场，两段导线都会产生感应电流。由于磁铁沿逆时针方向旋转，假设磁铁不动，那么线圈就被认为沿顺时针方向运动。

线圈产生的电流方向判断：从图 8-1b 中可以看出，磁场方向由上往下穿过导线，上段导线的运动方向可以看成向右，下段导线则可以看成向左，根据右手定则可以判断出线圈的上段导线的电流方向由外往内，下段导线的电流方向则是由内往外。

线圈运动方向的判断：当磁铁逆时针旋转时，线圈的上、下段导线都会产生感应电流，载流导体在磁场中会受到力，受力方向可根据左手定则来判断，判断结果可知线圈的上段导线受力方向是往左，下段导线受力方向往右，这样线圈就会沿逆时针方向旋转起来。

如果将图8-1中的单匝闭合导体转子换成图8-2a所示的笼型转子，然后旋转磁铁，结果发现笼型转子也会随磁铁一起转动。图中笼型转子的两端是金属环，金属环中间安插多根金属条，每两根相对应的金属条通过两端的金属环构成一组闭合的线圈，所以笼型转子可以看成是多组闭合线圈的组合。当旋转磁铁时，笼型转子上的金属条会切割磁感线而产生感应电流，有电流通过的金属条受磁场的作用力而运动。根据图8-2b的示意图可分析出，各金属条的受力方向都是逆时针方向，所以笼型转子沿逆时针方向旋转起来。

综上所述，当旋转磁铁时，磁铁产生的磁场也随之旋转，处于磁场中的闭合导体会因此切割磁感线而产生感应电流，而有感应电流通过的导体在磁场中又会受到磁场力，在磁场力的作用下导体就旋转起来。

图8-2 笼型转子旋转原理

2. 异步电动机的工作原理

采用旋转磁铁产生旋转磁场让转子运动，并没有实现电能转换成机械能。实践和理论都证明，如果在转子的圆周空间放置互差120°的3组绕组，如图8-3所示，然后将这3组绕组按星形或三角形联结接好（图8-4是按星形联结接好的3组绕组），将3组绕组与三相交流电源相连，有三相交流电流流进3组绕组，这3组绕组会产生类似图8-2所示的磁铁产生的旋转磁场，处于此旋转磁场中的转子上的各闭合导体有感应电流产生，磁场对有电流流过的导体产生作用力，推动各导体按一定的方向运动，转子也就运转起来。

图8-3 三相电动机互差120°的3组绕组

图8-4 3组绕组与三相电源进行星形联结

图 8-3 实际上是三相异步电动机的结构示意图。绕组绕在铁心支架上，由于绕组和铁心都固定不动，因此称为定子，定子中间是笼型的转子。转子的运转可以看成是由绕组产生的旋转磁场推动的，旋转磁场有一定的转速。旋转磁场的转速 n（又称同步转速）、三相交流电的频率 f 和磁极对数 p（1 对磁极有 2 个相异的磁极）有以下关系：

$$n = 60f/p$$

例如，一台三相异步电动机定子绕组通过的交流电流的频率 $f=50\text{Hz}$，定子绕组的磁极对数 $p=3$，那么旋转磁场的转数 $n=60\times50/3=1000$（r/min）。

电动机在运转时，其转子的转向与旋转磁场方向是相同的，转子是由旋转磁场作用而转动的，转子的转速要低于旋转磁场的转速，并且要滞后于旋转磁场的转速，也就是说转子与旋转磁场的转速是不同步的。**这种转子转速与旋转磁场转速不同步的电动机称为异步电动机。**

8.1.2 外形与结构

图 8-5 给出了两种三相异步电动机的实物外形。三相异步电动机的结构如图 8-6 所示，从图中可以看出，它主要由外壳、定子和转子等部分组成。

图 8-5 两种三相异步电动机的实物外形

图 8-6 三相异步电动机的结构

三相异步电动机各部分说明如下：

（1）外壳

三相异步电动机的外壳主要由机座、轴承盖、端盖、接线盒、风扇和风扇罩等组成。

（2）定子

定子由定子铁心和定子绕组组成。

扫一扫看视频

1）定子铁心。定子铁心通常由很多圆环状的硅钢片叠合在一起组成，这些硅钢片内圆开有很多小槽用于嵌入定子绕组（也称定子线圈），硅钢片上涂有绝缘层，使叠片之间绝缘。

2）定子绕组。它通常由涂有绝缘漆的铜线绕制而成，再将绕制好的铜线按一定的规律嵌入定子铁心的小槽内，具体见图8-6放大部分。绕组嵌入小槽后，按一定的方法将槽内的绕组连接起来，使整个铁心内的绕组构成 U、V、W 三相绕组，再将三相绕组的首、末端引出来，接到接线盒的 U_1、U_2、V_1、V_2、W_1、W_2 接线柱上。接线盒如图8-7所示，接线盒各接线柱与电动机内部绕组的连接关系如图8-8所示。

图8-7　电动机的接线盒

图8-8　接线盒各接线柱与电动机内部绕组的连接关系

（3）转子

转子是电动机的运转部分，它由转子铁心、转子绕组和转轴组成。

1）转子铁心。如图8-9所示，转子铁心是由很多外圆开有小槽的硅钢片叠在一起构成的，小槽用来放置转子绕组。

2）转子绕组。转子绕组嵌在转子铁心的小槽中，转子绕组可分为笼型转子绕组和线绕转子绕组。

笼型转子绕组是在转子铁心的小槽中放入金属导条，再在铁心两端用导环将各导条连接起来，这样任意一根导条与它对应的导条通过两端的导环就构成一个闭合的绕组，由于这种绕组形似笼子，因此称为笼型转子绕组。笼型转子绕组有铜条转子绕组和铸铝转子绕组两种，如图8-10所示。铜条转子绕组是在转子铁心的小槽中放入铜导条，然后在两端用金属端环将它们焊接起来；而铸铝转子绕组则是用浇铸的方法在铁心上浇铸出铝导条、端环和风叶。

图8-9　由硅钢片叠成的转子铁心

a）铜条转子绕组　　b）铸铝转子绕组

图8-10　两种笼型转子绕组

线绕转子绕组的结构如图 8-11 所示。它是在转子铁心中按一定的规律嵌入用绝缘导线绕制好的绕组，然后将绕组按三角形或星形联结接好，大多数按星形联结接线（如图 8-12 所示）。绕组接好后引出 3 根相线，通过转轴内孔接到转轴的 3 个铜制集电环（又称滑环）上，集电环随转轴一起运转，集电环与固定不动的电刷摩擦接触，而电刷通过导线与变阻器连接，这样转子绕组产生的电流通过集电环、电刷、变阻器构成回路。调节变阻器可以改变转子绕组回路的电阻，以此来改变绕组的电流，可起到减小起动电流、增大起动转矩的作用，有时也用于调节转子的转速。

图 8-11　线绕转子绕组

图 8-12　按星形联结的线绕转子绕组

3）转轴。转轴嵌套在转子铁心的中心。当定子绕组通三相交流电后会产生旋转磁场，转子绕组受旋转磁场作用而旋转，它通过转子铁心带动转轴转动，将动力从转轴传递出来。

8.1.3　三相绕组的接线方式

三相异步电动机的定子绕组由 U、V、W 三相绕组组成，这三相绕组有 6 个接线端，它们与接线盒的 6 个接线柱连接。接线盒如图 8-7 所示。在接线盒上，可以通过将不同的接线柱短接，来将定子绕组接成星形或三角形。

扫一扫看视频

1. 星形联结

要将定子绕组接成星形，可按图 8-13a 所示的方法接线。接线时，用短路线把接线盒中的 W_2、U_2、V_2 接线柱短接起来，这样就将电动机内部的绕组接成了星形，如图 8-13b 所示。

图 8-13　定子绕组按星形联结接线

2. 三角形联结

要将电动机内部的三相绕组接成三角形，可用短路线将接线盒中的 U_1 和 W_2、V_1 和 U_2、W_1 和 V_2 接线柱按图8-14所示接起来，然后从 U_1、V_1、W_1 接线柱分别引出导线，与三相交流电源的3根相线连接。如果三相交流电源的相线之间的电压是380V，那么对于定子绕组按星形联结的电动机，其每相绕组承受的电压为220V；对于定子绕组按三角形联结的电动机，其每相绕组承受的电压为380V。所以三角形联结的电动机在工作时，其定子绕组将承受更高的电压。

图 8-14　定子绕组按三角形联结接线

8.1.4　铭牌的识别

三相异步电动机一般会在外壳上安装一个铭牌，铭牌就相当于简单的说明书，标注了电动机的型号、主要技术参数等信息。下面以图8-15所示的铭牌为例来说明铭牌上各项内容的含义。

1）型号（Y112M-4）。型号通常由字母和数字组成，其含义说明如下：

图 8-15　三相异步电动机的铭牌

2）额定功率（功率4.0kW）。该功率是在额定状态工作时电动机所输出的机械功率。

3）额定电流（电流8.8A）。该电流是在额定状态工作时流入电动机定子绕组的电流。

4）额定电压（电压380V）。该电压是在额定状态工作时加到定子绕组的线电压。

5）额定转速（转速1440r/min）。该转速是在额定工作状态时电动机转轴的转速。

6）噪声等级（L_W82dB）。噪声等级通常用 L_W 值表示，L_W 值的单位是dB（分贝），L_W 值越小，表示电动机运转时噪声越低。

7）连接方式（△联结）。该连接方式是指在额定电压下定子绕组采用的连接方式，连接方式有三角形（△）联结和星形（Y）联结两种。在电动机工作前，要在接线盒中将定子绕组接成铭牌要求的接法。

如果接法错误，轻则电动机工作效率降低，重则损坏电动机。例如：若将要求按星形联结的绕组接成三角形，那么绕组承受的电压会很高，流过的电流会增大而易使绕组烧坏；若将要求按三角形联结的绕组接成星形，那么绕组上的电压会降低，流过绕组的电流减小而使电动机功率下降。一般功率小于或等于3kW的电动机，其定子绕组应按星形联结；功率为4kW及以上的电动机，定子绕组应采用三角形联结。

8）防护等级（IP44）。表示电动机外壳采用的防护方式。IP11是开启式，IP22、IP33是防护式，而IP44是封闭式。

9）工作频率（50Hz）。表示电动机所接交流电源的频率。

10）工作制（S1）。它是指电动机的运行方式，一般有3种：S1（连续运行）、S2（短时运行）和S3（断续周期运行）。连续运行是指电动机在额定条件下（即铭牌要求的条件下）可长时间连续运行；短时运行是指在额定条件下只能在规定的短时间内运行，运行时间通常有10min、30min、60min和90min 4种；断续周期运行是指在额定条件下运行一段时间再停止一段时间，按一定的周期反复进行，一般1个周期为10min，负载持续率有15%、25%、40%和60% 4种，如对于负载持续率为60%的电动机，要求运行6min、停止4min。

11）绝缘等级（B级）。它是指电动机在正常情况下工作时，绕组绝缘允许的最高温度值，现电机常用的有3个等级，具体见表8-1。

表8-1　电动机绕组绝缘等级与极限工作温度

绝缘等级	（B）130	（F）155	（H）180
极限工作温度/℃	130	155	180

8.1.5　判别三相绕组的首尾端

电动机在使用过程中，可能会出现出线端标志脱落和接线盒的接线板损坏，从而导致无法区分6个接线端子与内部绕组的连接关系，采用一些方法可以解决这个问题。

1. 判别各相绕组的两个端子

电动机内部有三相绕组，每相绕组有两个接线端子，判别各相绕组的接线端子可使用万用表欧姆档。将万用表置于$R \times 10\Omega$档，测量电动机接线盒中的任意两个端子的电阻，如果阻值很小，如图8-16所示，表明当前所测的两个端子为某相绕组的端子，再用同样的方法找出其他两相绕组的端子，由于各相绕组结构相同，故可将其中某一组端子标记为U相，其他两组端子则分别标记为V、W相。

图8-16　判别各相绕组的两个端子

2. 判别各相绕组的首尾端

电动机可不用区分U、V、W相，但各相绕组的首尾端必须区分出来。判别绕组首尾端常用方法有直流法和交流法。

（1）直流法

在使用直流法区分各相绕组首尾端时，必须已判明各相绕组的两个端子。

直流法判别绕组首尾端如图 8-17 所示，将万用表置于最小的直流电流档（图示为 0.05mA 档），红、黑表笔分别接一相绕组的两个端子，然后给其他一相绕组的两个端子接电池和开关，合上开关，在开关闭合的瞬间，如果指针往右方摆动，表明电池正极所接端子与红表笔所接端子为同名端（电池负极所接端子与黑表笔所接端子也为同名端），如果指针往左方摆动，表明电池负极所接端子与红表笔所接端子为同名端，图中指针往右摆动，表明 W_a 端与 U_a 端为同名端，再断开关，将两表笔接剩下的一相绕组的两个端子，用同样的方法判别该相绕组端子。找出各相绕组的同名端后，将性质相同的 3 个同名端作为各相绕组的首端，余下的 3 个端子则为各相绕组的尾端。由于电动机绕组的阻值较小，开关闭合时间不要过长，以免电池很快耗尽或烧坏。

直流法判断同名端的原理是：当闭合开关的瞬间，W 相绕组因突然有电流通过而产生电动势，电动势极性为 W_a 正、W_b 负，由于其他两相绕组与 W 相绕组相距很近，W 相绕组上的电动势会感应到这两相绕组上，如果 U_a 端与 W_a 端为同名端，则 U_a 端的极性也为正，U 相绕组与万用表接成回路，U 相绕组的感应电动势产生的电流从红表笔流入万用表，指针会往右摆动，开关闭合一段时间后，流入 W 相绕组的电流基本稳定，W 相绕组无电动势产生，其他两相绕组也无感应电动势，万用表指针会停在 0 刻度处不动。

图 8-17 直流法判别绕组首尾端

（2）交流法

在使用交流法区分各相绕组首尾端时，也要求已判明各相绕组的两个端子。

交流法判别绕组首尾端如图 8-18 所示，先将两相绕组的两个端子连接起来，万用表置于交流电压档（图示为交流 50V 档），红、黑表笔分别接此两相绕组的另两个端子，然后给余下的一相绕组接灯泡和 220V 交流电源，如果指针有电压指示，表明红、黑表笔接的两个端子为异名端（两个连接起来的端子也为异名端），如果指针提示的电压值为 0，表明红、黑表笔接的两个端子为同名端（两个连接起来的端子也为同名端），再更换绕组做上述测试，如图 8-18b 所示，图中万用表指示电压值为 0，表明 U_b、W_a 为同名端（U_a、W_b 为同名端）。找出各相绕组的同名端后，将性质相同的 3 个同名端作为各相绕组的首端，余下的 3 个端子则为各相绕组的尾端。

交流法判断同名端的原理是：当 220V 交流电压经灯泡降压加到一相绕组时，另外两相绕组会感应出电压，如果这两相绕组是异名端连接起来，则两相绕组上的电压叠加而增大 1 倍，万用表会有电压指示，如果这两相绕组是同名端连接，两相绕组上的电压叠加会相互抵消，万用表测得的电压为 0。

图 8-18　交流法判别绕组首尾端

8.1.6　判断电动机的磁极对数和转速

对于三相异步电动机，其转速 n、磁极对数 p 和电源频率 f 之间的关系近似为 $n = 60f/p$（也可用 $p = 60f/n$ 或 $f = pn/60$ 表示）。有些电动机铭牌不标注磁极对数 p，但会标注转速 n 和电源频率 f，根据 $p = 60f/n$ 可求出磁极对数，例如电动机的转速为 1440r/min，电源频率为 50Hz，那么该电动机的磁极对数 $p = 60f/n = 60 \times 50/1440 \approx 2$。

如果电动机的铭牌脱落或磨损，无法了解电动机的转速，也可使用万用表来判断。在判断时，万用表选择直流 50mA 以下的档位，红、黑表笔接一个绕组的两个接线端，如图 8-19 所示，然后匀速旋转电动机转轴 1 周，同时观察指针摆动的次数，指针摆动 1 次表示电动机有 1 对磁极，即指针摆动的次数与磁极对数是相同的，再根据 $n = 60f/p$ 即可求出电动机的同步转速。

图 8-19　判断电动机的磁极对数

8.1.7 测量绕组的绝缘电阻

对于新安装或停用 3 个月以上的三相异步电动机，使用前都要用兆欧表测量绕组的绝缘电阻，具体包括测量绕组对地的绝缘电阻和绕组间的绝缘电阻。

1. 测量绕组对地的绝缘电阻

测量电动机绕组对地的绝缘电阻使用兆欧表（500V），测量如图 8-20 所示。在测量时，先拆掉接线端子的电源线，端子间的连接片保持连接，将兆欧表的 L 测量线接任一接线端子，E 测量线接电动机的机壳，然后摇动兆欧表的手柄进行测量，对于新电动机，绝缘电阻大于 5MΩ（旧标准为 1MΩ）为合格，对于运行过的电动机，绝缘电阻大于 0.5MΩ 为合格。若绕组对地绝缘电阻不合格，应烘干后重新测量，达到合格才能使用。

图 8-20　测量电动机绕组对地的绝缘电阻

2. 测量绕组间的绝缘电阻

测量电动机绕组间的绝缘电阻使用兆欧表（500V），测量如图 8-21 所示。在测量时，拆掉接线端子的电源线和端子间的连接片，将兆欧表的 L 测量线接某相绕组的一个接线端子，E 测量线接另一相绕组的一个接线端子，然后摇动兆欧表的手柄进行测量，绕组间的绝缘电阻大于 5MΩ 为合格，最低限度不能低于 0.5MΩ。再用同样的方法测量其他相之间的绝缘电阻，若绕组对地绝缘电阻不合格，应烘干后重新测量，达到合格才能使用。

图 8-21　测量电动机绕组间的绝缘电阻

8.1.8 常见故障及处理

三相异步电动机的常见故障及处理方法见表 8-2。

表 8-2　三相异步电动机的常见故障及处理方法

故障现象	故障原因	处理方法
不能起动	(1)电源未接通 (2)被带动的机械(负载)卡住 (3)定子绕组断路 (4)轴承损坏,被卡 (5)控制设备接线错误	(1)检查断线点或接头松动点,重新安装 (2)检查机器,排除障碍物 (3)用万用表检查断路点,修复后再使用 (4)检查轴承,更换新件 (5)详细核对控制设备接线图,加以纠正
运转声音不正常	(1)电动机断相运行 (2)电动机地脚螺钉松动 (3)电动机转子、定子摩擦,气隙不均匀 (4)风扇、风罩或端盖间有杂物 (5)电动机上部分紧固件松脱 (6)传动带松弛或损坏	(1)检查断线处或接头松脱点,重新安装 (2)检查电动机地脚螺钉,重新调整、填平后再拧紧螺钉 (3)更换新轴承或校正转子与定子间的中心线 (4)拆开电动机,清除杂物 (5)检查紧固件,拧紧松动的紧固件(螺钉、螺栓) (6)调节传动带松弛度,更换损坏的传动带
温升超过允许值	(1)过载 (2)被带动的机械(负载)卡住或传动带太紧 (3)定子绕组短路	(1)减轻负载 (2)停电检查,排除障碍物,调整传动带松紧度 (3)检修定子绕组或更换新电动机
运行中轴承发烫	(1)传动带太紧 (2)轴承腔内缺润滑脂 (3)轴承中有杂物 (4)轴承装配过紧(轴承室内径小,转轴轴承档粗)	(1)调整传动带松紧度 (2)拆下轴承盖,加润滑脂至2/3轴承腔 (3)清洗轴承,更换新润滑脂 (4)更换新件或重新加工轴承室
运行中有噪声	(1)熔丝一相熔断 (2)转子与定子摩擦 (3)定子绕组短路、断线	(1)找出熔丝熔断的原因,换上新的同等容量的熔丝 (2)矫正转子中心,必要时调整轴承 (3)检修绕组
运行中振动过大	(1)基础不牢,地脚螺钉松动 (2)所带的机具中心不一致 (3)电动机的绕组短路或转子断条	(1)重新加固基础,拧紧松动的地脚螺钉 (2)重新调整电动机的位置 (3)拆下电动机,进行修理
在运行中冒烟	(1)定子绕组短路 (2)传动带太紧	(1)检修定子绕组 (2)减轻传动带的过度张力

8.2　单相异步电动机

单相异步电动机是一种采用单相交流电源供电的小容量电动机。它具有供电方便、成本低廉、运行可靠、结构简单等优点,广泛应用在家用电器、工业和农业等领域的中小功率设备中。单相异步电动机可分为分相式单相异步电动机和罩极式单相异步电动机,另外还有串励式单相异步电动机。

8.2.1　分相式单相异步电动机的基本结构与原理

分相式单相异步电动机是指将单相交流电转变为两相交流电来起动运行的单相异步电动机。

1. 结构

分相式单相异步电动机种类很多,但结构基本相同,分相式单相异步电动机的典型结构如图 8-22 所示。从图中可以看出，其结构与三相异步电动机基本相同，都是由机座、定子绕组、转子、轴承、端盖和接线等组成。定子绕组与转子实物外形如图 8-23 所示。

图 8-22 分相式单相异步电动机典型结构

图 8-23 定子绕组与转子实物外形

2. 工作原理

三相异步电动机的定子绕组有 U、V、W 三相，当三相绕组接三相交流电时会产生旋转磁场推动转子旋转。单相异步电动机在工作时接单相交流电源，所以定子应只有一相绕组，如图 8-24a 所示，而单相绕组产生的磁场不会旋转，因此转子不会产生转动。

a) 示意图一　　　　　b) 示意图二

图 8-24 单相异步电动机工作原理

为了解决这个问题，**分相式单相异步电动机定子绕组通常采用两相绕组，一相绕组称为工作绕组（或主绕组），另一相称为起动绕组（或副绕组）**，如图 8-24b 所示。两相绕组在定子铁心上的位置相差 90°，并且给起动绕组串接电容，将交流电源相位改变 90°（超前移相 90°）。当单相交流电源加到定子绕组时，有 i_1 电流直接流入主绕组，i_2 电流经电容超前移相 90°后流入起动绕组，两个相位不同的电流分别流入空间位置相差 90°的两个绕组，两个绕组就会产生旋转磁场，处于旋转磁场内的转子就会随之旋转起来。转子运转后，如果断开起动开关切断起动绕组，转子仍会继续运转，这是因为单个主绕组产生的磁场不会旋转，但由于转子已转动起来，若将已转动的转子看成不动，那么主绕组的磁场就相当于发生了旋转，因此转子会继续运转。

由此可见，**起动绕组的作用就是起动转子旋转，转子继续旋转依靠主绕组就可单独实现，所以有些分相式单相异步电动机在起动后就将起动绕组断开，只让主绕组工作。** 对于主绕组正常、起动绕组损坏的单相异步电动机，通电后不会运转，但若用人工的方法使转子运转，电动机可仅在主绕组的作用下一直运转下去。

3. 起动元器件

分相式单相异步电动机起动后是通过起动元器件来断开起动绕组的。分相式单相异步电动机常用的起动元器件主要有离心开关、起动继电器和 PTC 等。

（1）离心开关

离心开关是一种利用物体运动时产生的离心力来控制触点通断的开关。 图 8-25 所示为一种离心开关结构图，它分为静止部分和旋转部分。静止部分一般与电动机端盖安装在一起，它主要由两个相互绝缘的半圆铜环组成，这两个铜环就相当于开关的两个触片，它们通过引线与起动绕组连接；旋转部分与电动机转子安装在

图 8-25　一种离心开关的结构

一起，它主要由弹簧和 3 个铜触片组成，这 3 个铜触片通过导体连接在一起。

电动机转子未旋转时，依靠弹簧的拉力，旋转部分的 3 个铜触片与静止部分的两个半圆形铜环接触，两个半圆形铜环通过铜触片短接，相当于开关闭合；当电动机转子运转后，离心开关的旋转部分也随之旋转，当转速达到一定值时，离心力使 3 个铜触片与铜环脱离，两个半圆铜环之间又相互绝缘，相当于开关断开。

（2）起动继电器

起动继电器种类较多，其中电流起动继电器最为常见。图 8-26 是采用了电流起动继电器的单相异步电动机接线图，继电器的线圈与主绕组串接在一起，常开触点与起动绕组串接。在起动时，流过主绕组和继电器线圈的电流很大，继电器常开触点闭合，有电流流过起动绕组，电动机被起动运转。随着电动机转速的提高，流过主绕组的电流减小，当减小到某一值时，继电器线圈电流不足以吸合常开触点，触点断开切断起动绕组。

（3）PTC 元件

PTC 元件是指具有正温度系数的热敏元件， 最为常见的 PTC 元件为正温度系数热敏电阻器。PTC 元件的特点是在低温时阻值很小，当温度升高到一定值时阻值急剧增大。PTC 元件的这种特点与开关相似，其阻值小时相当于开关闭合，阻值很大时相当于开关断开。

图 8-27 是采用 PTC 热敏电阻器作为起动开关的单相异步电动机接线图。

图 8-26　采用电流起动继电器的
单相异步电动机接线图

图 8-27　采用 PTC 热敏电阻器作为起动
开关的单相异步电动机接线图

8.2.2　四种类型的分相式单相异步电动机的接线与特点

分相式单相异步电动机通常可分为电阻分相单相异步电动机、电容分相起动单相异步电动机、电容分相运行单相异步电动机和电容分相起动运行单相异步电动机。

1. 电阻分相单相异步电动机

电阻分相单相异步电动机是指在起动绕组回路串接起动开关，并且转子运转后断开起动绕组的单相异步电动机。电阻分相单相异步电动机的外形与接线图如图 8-28 所示。

a) 外形 　　　　　　　　　　　　　　　b) 接线图

图 8-28　电阻分相单相异步电动机外形与接线图

从图 8-28b 可以看出，电阻分相单相异步电动机的起动绕组与一个起动开关串接在一起，在刚通电时起动开关闭合，有电流通过起动绕组，当转子起动转速达到额定转速的 75%～80% 时，起动开关断开，转子在主绕组的磁场作用下继续运转。为了让起动绕组和主绕组流过的电流相位不同（只有两绕组电流相位不同，才能产生旋转磁场），在设计时让起动绕组的感抗（电抗）较主绕组的小，直流电阻较主绕组的大，如让起动绕组采用线径细的线圈绕制，这样在通相同的交流电时，起动绕组的电流较主绕组的电流超前，两绕组旋转产生的磁场驱动转子运转。

电阻分相单相异步电动机的起动转矩较小，一般为额定转矩的 1.2～2 倍，但起动电流较大，电冰箱的压缩机常采用这种类型的电动机。

2. 电容分相起动单相异步电动机

电容分相起动单相异步电动机是指在起动绕组回路串接电容器和起动开关，并且转子运

转后断开起动绕组的单相异步电动机。电容分相起动单相异步电动机的外形与接线图如图 8-29 所示。

a) 外形　　　　　　　b) 接线图

图 8-29　电容分相起动单相异步电动机外形与接线图

从图 8-29b 可以看出，电容分相起动单相异步电动机的起动绕组串接有电容器和起动开关。在起动时起动开关闭合，起动绕组有电流通过，因为电容对电流具有超前移相作用，起动绕组的电流相位超前主绕组电流的相位，不同相位的电流通过空间位置相差 90° 的两绕组，两绕组产生的旋转磁场驱动转子运转。电动机运转后，起动开关自动断开，断开起动绕组与电源的连接，转子由主绕组单独驱动运转。

电容分相起动单相异步电动机的起动转矩大、起动电流小，适用于各种满载起动的机械设备，如木工机械和空气压缩机等。

3. 电容分相运行单相异步电动机

电容分相运行单相异步电动机是指在起动绕组回路串接电容器，转子运转后起动绕组仍参与运行驱动的单相异步电动机。电容分相运行单相异步电动机的外形与接线图如图 8-30 所示。

从接线图可以看出，电容分相运行单相异步电动机的起动绕组串接有电容器。在起动

a) 外形　　　　　　b) 接线图

图 8-30　电容分相运行单相异步电动机外形与接线图

时起动绕组有电流通过，电动机运转后，起动绕组仍与电源连接，转子由主绕组和起动绕组共同驱动运转。由于电动机运行时起动绕组始终工作，因此起动绕组需要与主绕组一样采用较粗的导线绕制。

电容分相运行单相异步电动机具有结构简单、工作可靠、价格低、运行性能好等优点，但其起动性能较差，广泛用在洗衣机、电风扇等设备中。

4. 电容分相起动运行单相异步电动机

电容分相起动运行单相异步电动机是指起动绕组回路串接电容器，转子运转后起动绕组仍参与运行驱动的单相异步电动机。电容分相起动运行单相异步电动机的外形与接线图如图 8-31 所示。

a) 外形   b) 接线图

图 8-31　电容分相起动运行单相异步电动机外形与接线图

从接线图可以看出，电容分相起动运行单相异步电动机的起动绕组接有两个电容器，在起动时起动开关闭合，C_1、C_2 均接入电路，当电动机转速达到一定值时，起动开关断开，容量大的 C_2 被切断，容量小的 C_1 仍与起动绕组连接，保证电动机有良好的运行性能。

电容分相起动运行单相异步电动机结构较复杂，但其起动、运行性能都比较好，主要用在起动转矩大的设备中，如水泵、空调器、电冰箱和小型机床中。

8.2.3　判别分相式单相异步电动机的起动绕组与主绕组

分相式单相异步电动机的内部有起动绕组和主绕组（运行绕组），两个绕组在内部将一端接在一起引出一个端子，即分相式单相异步电动机对外接线有公共端、主绕组端和起动绕组端共 3 个接线端子，如图 8-32 所示。在使用时，主绕组端要直接接电源，而起动绕组端要串接开关或电容后再接电源。由于起动绕组的匝数多、线径小，其阻值较主绕组更大一些，因此可使用万用表欧姆档来判别两个绕组。

起动绕组和主绕组的判别如图 8-33 所示。2、3 之间的为主绕组，其阻值最小，1、3 之间为起动绕组，其阻值稍大一些，而 2、3 之间为主绕组和起动绕组的串联，其阻值最大。在测量时，万用表拨至 $R×1\Omega$ 档，测量某两个接线端子之间的电阻，然后保持一根表笔不动，另一根表笔转接第 3 个接线端子，如果两次测得的阻值接近，以阻值稍大的一次测量为准，不动的表笔所接为公共端子，另一根表笔接的为起动绕组端子，剩下的则为主绕组端子。

图 8-32　分相式单相异步电动机的 3 个接线端子

图 8-33　分相式单相异步电动机的 3 个接线端子的判别

8.2.4　罩极式单相异步电动机的结构与原理

罩极式单相异步电动机是一种结构简单、无起动绕组的电动机，它分为隐极式和凸极式两种，两者的工作原理基本相同，罩极式单相异步电动机的外形如图 8-34 所示。

图 8-34　罩极式单相异步电动机外形

罩极式单相异步电动机以凸极式最为常用，凸极式又可分为单独励磁式和集中励磁式两种，其结构如图 8-35 所示。

a) 单独励磁式　　　　　　　　　　　　b) 集中励磁式

图 8-35　凸极式罩极单相异步电动机结构

图 8-35a 为单独励磁式罩极单相异步电动机。该形式电动机的定子绕组绕在凸极式定子铁心上，在定子铁心每个磁极的 1/4~1/3 处开有小槽，将每个磁极分成两部分，并在较小部分套有铜制的短路环（又称为罩极）。当定子绕组通电时，绕组产生的磁场经铁心磁极分成两部分，由于短路环的作用，套有短路环铁心通过的磁场与无短路环的铁心通过的磁场不同，两磁场类似于分相式异步电动机主绕组和起动绕组产生的磁场，两磁场形成旋转磁场并作用于转子，转子就运转起来。

图 8-35b 为集中励磁式罩极单相异步电动机。该形式电动机的定子绕组集中绕在一起，定子铁心分成两大部分，在每大部分又成一大一小两部分，在小部分铁心上套有短路环（罩极）。当定子绕组得电时，绕组产生的磁场通过铁心，由于短路环的作用，套有短路环铁心通过的磁场与无短路环的铁心通过的磁场不同，这种磁场形成旋转磁场会驱动转子运转。

罩极式单相异步电动机结构简单、成本低廉、运行噪声小，但起动和运行性能差，主要用在小功率空载或轻载起动的设备中，如小型风扇。

8.2.5 转向控制电路

单相异步电动机是在旋转磁场的作用下运转的，其运行方向与旋转磁场方向相同，所以只要改变旋转磁场的方向就可以改变电动机的转向。**对于分相式单相异步电动机，只要将主绕组或起动绕组的接线反接就可以改变转向，注意不能将主绕组和起动绕组同时反接**。图8-36是正转接线方式和两种反转接线方式电路。

图 8-36 单相异步电动机的正转接线方式和两种反转接线方式

图8-36a为正转接线方式；图8-36b为反转接线方式一，该方式是将主绕组与电源的接线对调，起动绕组与电源的接线不变；图8-36c为反转接线方式二，该方式主绕组与电源的接线不变，起动绕组与电源的接线对调。

对于罩极式单相异步电动机，其转向只能是由未罩部分往被罩部分旋转，无法通过改变绕组与电源的接线来改变转向。

8.2.6 调速控制电路

单相异步电动机调速主要有变极调速和变压调速两类方法。**变极调速是指通过改变电动机定子绕组的极对数来调节转速，变压调速是指改变定子绕组的两端电压来调节转速**。在这两类方法中，变压调速最为常见，其具体可分为串联电抗器调速、串联电容器调速、自耦变压器调速、抽头调速和晶闸管调速。

1. 串联电抗器调速电路

电抗器又称电感器，它对交流电有一定的阻碍。电抗器对交流电的阻碍称为电抗（也称为感抗），电抗器电感量越大，电抗越大，对交流阻碍越大，交流电通过时在电抗器上产生的压降就越大。

图8-37是两种较常见的串联电抗器调速电路，图中的 L 为电抗器，它有"高""中""低"3个接线端，A为起动绕组，M为主绕组，C 为电容器。

图8-37a为一种形式的串联电抗器调速电路。当档位开关置于"高"时，交流电压全部加到电动机定子绕组上，定子绕组两端电压最高，产生的磁场很强，电动机转速最快；当档位开关置于"中"时，交流电压需经过电抗器部分线圈再送给电动机定子绕组，电抗器线圈会产生压降，使送到定子绕组两端的电压降低，产生的磁场变弱，电动机转速变慢。

图8-37b为另一种形式的串联电抗器调速电路。当档位开关置于"高"时，交流电压全部加到电动机主绕组上，电动机转速最快；当档位开关置于"低"时，交流电压需经过整

个电抗器再送给电动机主绕组，主绕组两端电压很低，电动机转速很低。

a)电路一　　　　　　　　　　b)电路二

图 8-37　两种较常见的串联电抗器调速电路

上面两种串联电抗器调速电路除了可以调节单相异步电动机转速外，还可以调节起动转矩大小。图 8-37a 所示调速电路在低档时，提供给主绕组和起动绕组的电压都会降低，因此转速就变慢，起动转矩也会减小；而图 8-37b 所示调速电路在低档时，主绕组两端电压较低，而起动绕组两端电压很高，因此转速低，起动转矩却很大。

2. 串联电容器调速电路

电容器与电阻器一样，对交流电有一定的阻碍。电容器对交流电的阻碍称为容抗，电容器容量越小，容抗越大，对交流阻碍越大，交流电通过时在电容器上产生的电压降就越大。串联电容器调速电路如图 8-38 所示。

在图 8-38 电路中，当开关置于"低"时，由于 C_1 容量很小，它对交流电源容抗

图 8-38　串联电容器调速电路

大，交流电源在 C_1 上会产生较大的电压降，加到电动机定子绕组两端的电压就会很低，电动机转速很慢。当开关置于"中"时，由于电容器 C_2 的容量大于 C_1 的容量，C_2 对交流电源容抗较 C_1 小，加到电动机定子绕组两端的电压较低档时高，电动机转速变快。

3. 自耦变压器调速电路

自耦变压器可以通过调节来改变电压的大小。图 8-39 为 3 种常见的自耦变压器调速电路。

a)电路一　　　　　b)电路二　　　　　c)电路三

图 8-39　3 种常见的自耦变压器调速电路

图 8-39a 所示自耦变压器调速电路在调节电动机转速的同时，会改变起动转矩。如自耦变压器档位置于"低"时，主绕组和起动绕组两端的电压都很低，转速和起动转矩都会减小。

图 8-39b 所示自耦变压器调速电路只能改变电动机的转速，不会改变起动转矩，因为调节档位时只能改变主绕组两端的电压。

图 8-39c 所示自耦变压器调速电路在调节电动机转速的同时，也会改变起动转矩。当自耦变压器档位置于"低"时，主绕组两端电压降低，而起动绕组两端的电压升高，因此转速变慢，起动转矩增大。

4. 抽头调速电路

采用抽头调速的单相异步电动机与普通电动机不同，它的定子绕组除了有主绕组和起动绕组外，还增加了一个调速绕组。根据调速绕组与主绕组和起动绕组连接方式不同，抽头调速有 L1 型联结、L2 型联结和 T 型联结 3 种形式，这 3 种形式的抽头调速电路如图 8-40所示。

a) L1型联结   b) L2型联结   c) T型联结

图 8-40　3 种形式的抽头调速电路

图 8-40a 所示为 L1 型联结抽头调速电路。这种接法是将调速绕组与主绕组串联，并嵌在定子铁心同一槽内，与起动绕组有 90°相位差。调速绕组的线径较主绕组细，匝数可与主绕组匝数相等或是主绕组的 1 倍，调速绕组可根据调速档位数从中间引出多个抽头。当档位开关置于"低"时，全部调速绕组与主绕组串联，主绕组两端电压减小，另外调速绕组产生的磁场还会削弱主绕组磁场，电动机转速变慢。

图 8-40b 所示为 L2 型联结抽头调速电路。这种接法是将调速绕组与起动绕组串联，并嵌在同一槽内，与主绕组有 90°相位差。调速绕组的线径和匝数与 L1 型联结相同。

图 8-40c 所示为 T 型联结抽头调速电路。这种接法在电动机高速运转时，调速绕组不工作，而在低速工作时，主绕组和起动绕组的电流都会流过调速绕组，电动机有发热现象发生。

8.2.7　常见故障及处理方法

单相异步电动机的常见故障及处理方法见表 8-3。

表 8-3　单相异步电动机的常见故障及处理方法

故障现象	故障原因	处理方法
电源正常,电动机不能起动	(1)引线或绕组断路 (2)起动开关触点接触不良 (3)电容器击穿 (4)轴承卡住——轴承质量不好,润滑脂干固,轴承中有杂物,轴承装配不良 (5)定、转子铁心相擦 (6)过载	(1)用万用表找到断路处,并修理好。修理处应抹上绝缘漆并衬垫绝缘物,或者改换绕组 (2)修整起动开关 (3)更换新的电容器 (4)更换轴承,或将轴承卸下,用汽油洗净,抹上新的润滑脂,再装配好 (5)取出转子,校正转轴,或锉去定、转子铁心上的凸出部分 (6)减载或选择功率较大的电动机
空载或在外力帮助下能起动,但起动迟缓且转向不定	(1)起动绕组断路 (2)起动开关触点合不上 (3)电容器击穿	(1)找到断路处,并修理好 (2)修理或更换起动开关 (3)更换电容器
转速低于额定值	(1)电源电压过低 (2)轴承损坏 (3)运行绕组接线错误 (4)过载 (5)运行绕组接地或短路 (6)转子断条 (7)起动后起动开关触点断不开,起动绕组未脱离电源	(1)调整电源电压至额定值 (2)更换轴承 (3)改正绕组端部连接 (4)选功率大的电动机 (5)拆开电动机,观察是否有烧焦绝缘的地方或嗅到气味。若局部短路应用绝缘物隔开,若短路多处应换绕组 (6)查出断处,接通断条,或更换新转子 (7)修理或更换起动开关
起动后电动机很快发热,甚至烧毁绕组	(1)运行绕组接地或短路 (2)运行、起动绕组短路 (3)起动后起动开关触点断不开,使起动绕组长期运行而发热,甚至烧毁 (4)运行、起动绕组相互接错	(1)拆开电机检查 (2)找到故障处用绝缘物隔开 (3)修理或更换起动开关 (4)测量其电阻或复查接头符号,改正运行、起动绕组接线

8.3　直流电动机

直流电动机是一种采用直流电源供电的电动机。直流电动机具有起动转矩大、调速性能好和磁干扰少等优点,它不但可用在小功率设备中,还可用在大功率设备中,如大型可逆轧钢机、卷扬机、电力机车、电车等设备常用直流电动机作为动力源。

8.3.1　工作原理

直流电动机是根据通电导体在磁场中受力旋转来工作的。直流电动机的结构与工作原理如图 8-41 所示。从图中可看出,直流电动机主要由磁铁、转子绕组（又称电枢绕组）、电刷和换向器组成。电动机的换向器与转子绕组连接,换向器再与电刷接触,电动机在工作时,换向器与转子绕组同步旋转,而电刷静止不动。当直流电源通过导线、电刷、换向器为转子绕组供电时,通电的转子绕组在磁铁产生的磁场作用下会旋转起来。

图 8-41 直流电动机结构与工作原理

直流电动机工作过程分析如下：

1）当转子绕组处于图 8-41a 所示的位置时，流过转子绕组的电流方向是电源正极→电刷 A→换向器 C→转子绕组→换向器 D→电刷 B→电源负极，根据左手定则可知，转子绕组上导线受到的作用力方向为左，下导线受力方向为右，于是转子绕组按逆时针方向旋转；

2）当转子绕组转至图 8-41b 所示的位置时，电刷 A 与换向器 C 脱离断开，电刷 B 与换向器 D 也脱离断开，转子绕组无电流通过，不受磁场作用力，但由于惯性作用，转子绕组会继续逆时针旋转；

3）在转子绕组由图 8-41b 位置旋转到图 8-41c 位置期间，电刷 A 与换向器 D 接触，电刷 B 与换向器 C 接触，流过转子绕组的电流方向是电源正极→电刷 A→换向器 D→转子绕组→换向器 C→电刷 B→电源负极，转子绕组上导线（即原下导线）受到的作用力方向为左，下导线（即原上导线）受力方向为右，转子绕组按逆时针方向继续旋转；

4）当转子绕组转至图 8-41d 所示的位置时，电刷 A 与换向器 D 脱离断开，电刷 B 与换向器 C 也脱离断开，转子绕组无电流通过，不受磁场作用力，由于惯性作用，转子绕组会继续逆时针旋转。

以后会不断重复上述过程，转子绕组也连续地不断旋转。**直流电动机中的换向器和电刷的作用是当转子绕组转到一定位置时能及时改变转子绕组中电流的方向，这样才能让转子绕组连续不断地运转。**

8.3.2　外形与结构

1. 外形

图 8-42 所示为常见直流电动机的实物外形。

图 8-42　常见直流电动机的实物外形

2. 结构

直流电动机的典型结构如图 8-43 所示。从图中可以看出，直流电动机主要由前端盖、风扇、机座（含磁铁或励磁绕组等）、转子（含换向器）、电刷装置和后端盖组成。在机座中，有的电动机安装有磁铁，如永磁直流电动机；有的电动机则安装有励磁绕组（用来产生磁场的绕组），如并励直流电动机、串励直流电动机等。直流电动机的转子铁心中嵌有转子绕组，转子绕组通过换向器与电刷接触，直流电源通过电刷、换向器为转子绕组供电。

图 8-43　直流电动机的典型结构

8.3.3　五种类型直流电动机的接线及特点

直流电动机种类很多，根据励磁方式不同，可分为永磁直流电动机、他励直流电动机、并励直流电动机、串励直流电动机和复励直流电动机。在这些类型的直流电动机中，除了永磁直流电动机的励磁磁场由永久磁铁产生外，其他几种励磁磁场都由励磁绕组来产生，这些励磁磁场由励磁绕组产生的直流电动机又称电磁直流电动机。

1. 永磁直流电动机

永磁直流电动机是指采用永久磁铁作为定子来产生励磁磁场的电动机。 永磁直流电动机的结构如图 8-44 所示。图 8-44 中可以看出，这种直流电动机定子为永久磁铁，当给转子绕组通直流电时，在磁铁产生的磁场作用下，转子会运转起来。

永磁直流电动机具有结构简单、体积小、效率高和使用寿命长等优点，永磁直流电动机开始主要用在一些小功率设备中，如电动玩具、小电器和家用音像设备等。近年来由于强磁性的钕铁硼永磁材料的应用,一些大功率的永磁直流电动机开始出现,使永磁直流电动机的应用更为广泛。

2. 他励直流电动机

他励直流电动机是指励磁绕组和转子绕组分别由不同直流电源供电的直流电动机。他励直流电动机的结构与接线图如图 8-45 所示。

图 8-44 永磁直流电动机的结构

图 8-45 他励直流电动机的结构与接线图

他励直流电动机的励磁绕组由独立的励磁电源供电,因此其励磁电流不受转子绕组电流影响,在励磁电流不变的情况下,电动机的起动转矩与转子电流成正比。他励直流电动机可以通过改变励磁绕组或转子绕组的电流大小来提高或降低电动机的转速。

3. 并励直流电动机

并励直流电动机是指励磁绕组和转子绕组并联,并且由同一直流电源供电的直流电动机。并励直流电动机的结构与接线图如图 8-46 所示。

图 8-46 并励直流电动机的结构与接线图

并励直流电动机的励磁绕组采用较细的导线绕制而成,其匝数多、电阻大且励磁电流较恒定。电动机起动转矩与转子绕组电流成正比,起动电流约为额定电流的 2.5 倍,转速随电流及转矩的增大而略有下降,短时间过载转矩约为额定转矩的 1.5 倍。

4. 串励直流电动机

串励直流电动机是指励磁绕组和转子绕组串联,再接同一直流电源的直流电动机。串励直流电动机的结构与接线图如图 8-47 所示。

a) 结构示意图　　　　　b) 接线图

图 8-47　串励直流电动机的结构与接线图

　　因串励直流电动机的励磁绕组和转子绕组串联，所以励磁磁场随着转子电流的改变而变化。为了减小励磁绕组的损耗和电压降，要求励磁绕组的电阻应尽量小，所以励磁绕组通常用较粗的导线绕制而成，并且匝数较少。串励直流电动机的转矩近似与转子电流的二次方成正比，转速随转矩或电流的增加而迅速下降，其起动转矩可达额定转矩的 5 倍以上，短时间过载转矩可达额定转矩的 4 倍以上。串励直流电动机轻载或空载时转速很高，为了安全起见，一般不允许空载起动，不允许用传送带或链条传动。

　　串励直流电动机还是一种交直流两用电动机，既可用直流供电，也可用单相交流供电，因为交流供电更为方便，所以串励直流电动机又称为单相串励电动机。此类电动机在手持电动工具和一些家用电器中应用较广泛，如电钻、电吹风机、电动缝纫机和吸尘器中常采用串励直流电动机作为动力源。

5. 复励直流电动机

　　复励直流电动机有两套励磁绕组，一套与转子绕组串联，另一套与转子绕组并联。复励直流电动机的结构与接线图如图 8-48 所示。从图中可以看出，复励直流电动机的一套励磁绕组 L_1 和转子绕组串接在一起，称为串励绕组，另一套励磁绕组 L_2 与转子绕组为并联关系，称为并励绕组。

　　复励直流电动机的串励绕组匝数少，并励绕组匝数多。两

a) 结构示意图　　　b) 接线图

图 8-48　复励直流电动机的结构与接线图

套励磁绕组产生的磁场方向相同的电动机称为积复励电动机，反之称为差复励电动机。由于积复励电动机工作稳定，所以更为常用。

8.4　同步电动机

同步电动机是一种转子转速与定子旋转磁场的转速相同的交流电动机。对于一台同步电动机，在电源频率不变的情况下，其转速始终保持恒定，不会随电源电压和负载变化而变化。

8.4.1　外形

图 8-49 所示为一些常见的同步电动机实物外形。

8.4.2　结构与工作原理

同步电动机主要由定子和转子构成，其定子结构与一般的异步电动机相同，并且嵌有定子绕组。同步电动机的转子与异步电动机的不同。异步电动机的转

图 8-49　一些常见的同步电动机实物外形

子一般为笼型，转子本身不带磁性。而同步电动机的转子主要有两种形式：一种是直流励磁转子，这种转子上嵌有转子绕组，工作时需要用直流电源为它提供励磁电流；另一种是永久磁铁励磁转子，转子上安装有永久磁铁。同步电动机的结构与工作原理图如图 8-50 所示。

图 8-50a 为两极同步电动机结构示意图。同步电动机的定子铁心上嵌有定子绕组，转子上安装一个两极磁铁（在转子嵌入绕组并通直流电后，也可以获得同样的磁极）。当定子绕组通三相交流电时，定子绕组会产生旋转磁场，此时的定子就像是旋转的磁铁，如图 8-50b 所示。根据异性磁极相吸引可知，装有磁铁的转子会随着旋转磁场方向转动，并且转速与磁场的旋转速度相同。

图 8-50　同步电动机的结构与工作原理图

在电源频率不变的情况下，同步电动机在运行时转速是恒定的，其转速 n 与电动机的磁极对数 p、交流电源的频率 f 有关。同步电动机的转速可用下面的公式计算：

$$n = 60f/p$$

我国电力系统交流电的频率为 50Hz，电动机的极对数又是整数，若采用电网交流电作为电源，同步电动机的转速与磁极对数有严格的对应关系，具体见表 8-4。

表 8-4　同步电动机的转速与磁极对数的关系

p	1	2	3	4
$n(\text{r/min})$	3000	1500	1000	750

8.4.3　同步电动机的起动

1. 同步电动机无法起动的原因

异步电动机接通三相交流电后会马上运转起来，而同步电动机接通电源后一般无法运转，下面通过图 8-51 来分析原因。

图 8-51　同步电动机无法起动分析图

当同步电动机定子绕组通入三相交流电后，产生逆时针方向的旋转磁场，如图 8-51a 所示，转子受到逆时针方向的磁场力，由于转子具有惯性，不可能立即以同步转速旋转。当转子刚开始转动时，由于旋转磁场转速很快，此刻已旋转到图 8-51b 所示的位置，这时转子受到顺时针方向的磁场力，与先前受力方向相反，刚要运转的转子又受到相反的作用力而无法旋转。也就是说，旋转磁场旋转时，转子受到的平均转矩为 0，无法运转。

2. 同步电动机起动解决方法

同步电动机通电后无法自动起动的主要原因有：转子存在着惯性，定、转子磁场转速相差过大。因此为了让同步电动机自行起动，一方面可以减小转子的惯性（如转子可做成长而细的形状），另一方面可以给同步电动机增设起动装置。

给同步电动机增设起动装置的方法一般是在转子上附加和异步电动机一样的笼型绕组，如图 8-52 所示，这样，同步电动机的转子上同时具有磁铁和笼型起动绕组。在起动时，同

图 8-52　几种同步电动机转子结构

步电动机定子绕组通电产生旋转磁场，该磁场对起动绕组产生作用力，使转子旋转起来，可见起动时的同步电动机就相当于一台异步电动机。当转子转速接近定子绕组的旋转磁场转速时，旋转磁场就与转子上的磁铁相互吸引而将转子引入同步，同步后的旋转磁场就像手一样，紧紧拉住相异的转子磁极不放，转子就在旋转磁场的拉力下，始终保持与旋转磁场一样的转速。

8.5 步进电动机

步进电动机是一种用电脉冲控制运转的电动机，每输入 1 个电脉冲，电动机就会旋转一定的角度。因此步进电动机又称为脉冲电动机。它的转速与脉冲的频率成正比，脉冲频率越高，单位时间内输入电动机的脉冲个数越多，旋转角度越大，即转速越快。

8.5.1 外形

步进电动机的外形如图 8-53 所示。

图 8-53 步进电动机的外形

8.5.2 结构与工作原理

1. 与步进电动机有关的实验

在说明步进电动机工作原理前，先来分析图 8-54 所示的实验现象。

图 8-54 与步进电动机有关的实验现象

在图 8-54 所示实验中，一根铁棒斜放在支架上，若将一对磁铁靠近铁棒，N 极磁铁产生的磁力线会通过气隙、铁棒和气隙到达 S 极磁铁，如图 8-54b 所示。由于磁力线总是力图通过磁阻最小的途径，它对铁棒产生作用力，使铁棒旋转到水平位置，如图 8-54c 所示，此时磁力线所经磁路的磁阻最小（磁阻主要由 N 极与铁棒的气隙和 S 极与铁棒间的气隙大小决定，气隙越大，磁阻越大，铁棒处于图示位置时的气隙最小，因此磁阻也最小）。这时若顺时针旋转磁场，为了保持磁路的磁阻最小，磁力线对铁棒产生作用力使之也顺时针旋转，如图 8-54d 所示。

2. 工作原理

步进电动机种类很多，根据运转方式可分为旋转式、直线式和平面式，其中旋转式应用最为广泛。旋转式步进电动机又分为永磁式和反应式，永磁式步进电动机的转子采用永久磁铁制成，反应式步进电动机的转子采用软磁性材料制成。由于反应式步进电动机具有反应快、惯性小和速度高等优点，因此应用很广泛。

（1）反应式步进电动机

图 8-55 是一个三相六极反应式步进电动机，它主要由凸极式定子、定子绕组和带有 4 个齿的转子组成。

图 8-55 三相六极反应式步进电动机结构示意图

反应式步进电动机工作原理分析如下：

1）当 A 相定子绕组通电时，如图 8-55a 所示，绕组产生磁场，由于磁场磁力线力图通过磁阻最小的路径，在磁场的作用下，转子旋转使齿 1、3 分别正对 A、A′极；

2）当 B 相定子绕组通电时，如图 8-55b 所示，绕组产生磁场，在绕组磁场的作用下，转子旋转使齿 2、4 分别正对 B、B′极；

3）当 C 相定子绕组通电时，如图 8-55c 所示，绕组产生磁场，在绕组磁场的作用下，转子旋转使 3、1 齿分别正对 C、C′极。

从图中可以看出，当 A、B、C 相按 A→B→C 顺序依次通电时，转子逆时针旋转，并且转子齿 1 由正对 A 极运动到正对 C′；若按 A→C→B 顺序通电，转子则会顺时针旋转。给 A、B、C 相绕组依次通电时，步进电动机会旋转一个步距角；若按 A→C→B→A→B→C→… 顺序依次不断给定子绕组通电，转子就会连续不断地运转。图 8-55 中的步进电动机为三相单三拍反应式步进电动机，其中"三相"是指定子绕组为三相，"单"是指每次只有一相绕组通电，"三拍"是指在一个通电循环周期内绕组有 3 次供电切换。

步进电动机的定子绕组每切换一相电源，转子就会旋转一定的角度，该角度称为步距角。在图 8-55 中，步进电动机定子圆周上平均分布着 6 个凸极，任意两个凸极之间的角度为 60°，转子每个齿由一个凸极移到相邻的凸极需要前进两步，因此该转子的步距角为 30°。步进电动机的步距角可用下面的公式计算：

$$\theta = 360°/ZN$$

式中，Z 为转子的齿数；N 为 1 个通电循环周期的拍数。

图 8-55 中的步进电动机的转子齿数 $Z=4$，1 个通电循环周期的拍数 $N=3$，则步距角 $\theta=30°$。

（2）三相单双六拍反应式步进电动机

三相单三拍反应式步进电动机的步距角较大，稳定性较差；而三相单双六拍反应式步进电动机的步距角较小，稳定性较好。三相单双六拍反应式步进电动机结构示意如图 8-56 所示。

a) 示意图一　　b) 示意图二　　c) 示意图三

d) 示意图四　　e) 示意图五

图 8-56　三相单双六拍反应式步进电动机结构示意图

三相单双六拍反应式步进电动机工作原理分析如下：

1）当 A 相定子绕组通电时，如图 8-56a 所示，绕组产生磁场，由于磁场磁力线力图通过磁阻最小的路径，在磁场的作用下，转子旋转使齿 1、3 分别正对 A、A′极；

2）当 A、B 相定子绕组同时通电时，绕组产生图 8-56b 所示的磁场，在绕组磁场的作用下，转子旋转使齿 2、4 分别向 B、B′极靠近；

3）当 B 相定子绕组通电时，如图 8-56c 所示，绕组产生磁场，在绕组磁场的作用下，转子旋转使 2、4 齿分别正对 B、B′极；

4）当 B、C 相定子绕组同时通电时，如图 8-56d 所示，绕组产生磁场，在绕组磁场的作用下，转子旋转使齿 3、1 分别向 C、C′极靠近；

5）当 C 相定子绕组通电时，如图 8-56e 所示，绕组产生磁场，在绕组磁场的作用下，转子旋转使 3、1 齿分别正对 C、C′极。

从图中可以看出，当 A、B、C 相按 A→AB→B→BC→C→CA→A→…顺序依次通电时，转子逆时针旋转，每一个通电循环分 6 拍，其中 3 个单拍通电，3 个双拍通电，因此这种反应式步进电动机称为三相单双六拍反应式步进电动机。三相单双六拍反应式步进电动机的步距角为 15°。

（3）结构

不管是三相单三拍步进电动机还是三相单双六拍步进电动机，它们的步距角都比较大，若用它们作为传动设备动力源时往往不能满足准确度要求。为了减小步距角，实际的步进电动机通常在定子凸极和转子上开很多小齿，这样可以大大减小步距角。三相步进电动机的实际结构如图 8-57 所示。

图 8-57 三相步进电动机的实际结构

8.5.3 驱动电路

步进电动机是一种用电脉冲控制运转的电动机，在工作时需要有相应的驱动电路为它提供驱动脉冲。图 8-58 所示是典型三相步进电动机驱动电路框图。脉冲发生器产生几赫兹至几十千赫兹的脉冲信号，经脉冲分配器后输出符合一定逻辑关系的多组脉冲信号，这些脉冲信号进行功率放大后输入步进电动机，驱动电动机运转。

图 8-58 典型三相步进电动机驱动电路框图

随着单片机的广泛应用，很多步进电动机采用单片机电路进行控制驱动。图 8-59 是一种五相步进电动机的单片机驱动电路框图。在工作时，从单片机的 P1.0 ~ P1.4 引脚输出 5 组脉冲信号，经五相功率驱动电路放大后送入步进电动机，驱动步进电动机运转。

图 8-59 五相步进电动机的单片机驱动电路框图

8.6 无刷直流电动机

直流电动机具有运行效率高和调速性能好的优点，但普通的直流电动机工作时需要用换向器和电刷来切换电压极性，在切换过程中容易出现电火花和接触不良，会形成干扰并导致直流电动机的寿命缩短。无刷直流电动机的出现有效地解决了电火花和接触不良问题。

8.6.1　外形

图 8-60 所示为一些常见的无刷直流电动机的实物外形。

图 8-60　常见无刷直流电动机的实物外形

8.6.2　结构与工作原理

普通永磁直流电动机是以永久磁铁作定子，以转子绕组作转子，在工作时除了要为旋转的转子绕组供电，还要及时改变电压极性，这些需用到电刷和换向器。电刷和换向器长期摩擦，很容易出现接触不良、电火花和电磁干扰等问题。为了解决这些问题，无刷直流电动机采用永久磁铁作为转子，通电绕组作为定子，这样就不需要电刷和换向器，不过无刷直流电动机工作时需要配套的驱动电路。

1. 工作原理

图 8-61 所示为一种无刷直流电动机的结构和驱动电路简图。无刷直流电动机的定子绕组固定不动，而磁环转子运转。

无刷直流电动机工作原理说明如下：

无刷直流电动机位置检测器距离磁环转子很近，磁环转子的不同磁极靠近检测器时，检测器输出不同的位置信号（电信号）。这里假设 S 极接近位置检测器时，检测器输出高电平信号，N 极接近检测器时输出低电平信号。在起动电动机时，若磁环转子的 S 极恰好接近位置检测器，检测器输出高电平信

图 8-61　一种无刷直流电动机结构和驱动电路简图

号，该信号送到晶体管 VT_1、VT_2 的基极，VT_1 导通，VT_2 截止，定子绕组 L_1、$L_{1'}$ 有电流流过，电流途径是：电源 $V_{CC} \rightarrow L_1 \rightarrow L_{1'} \rightarrow VT_1 \rightarrow$ 地。L_1、$L_{1'}$ 绕组有电流通过产生磁场，该磁场与磁环转子磁场产生排斥和吸引，它们的相互作用如图 8-62a 所示。

在图 8-62a 中，电流流过 L_1、$L_{1'}$ 时，L_1 产生左 N 右 S 的磁场，$L_{1'}$ 产生左 S 右 N 的磁场，这样就会出现 L_1 的左 N 与磁环转子的左 S 吸引（同时 L_1 的左 N 会与磁环转子的下 N 排斥），L_1 的右 S 与磁环转子的下 N 吸引，$L_{1'}$ 的右 N 与磁环转子的右 S 吸引，$L_{1'}$ 的左 S 与磁环转子的上 N 吸引，由于绕组 L_1、$L_{1'}$ 固定在定子铁心上不能运转，而磁环转子受磁场作用就逆时针转起来。

　　电动机运转后时，磁环转子的 N 极马上接近位置检测器，检测器输出低电平信号，该信号送到晶体管 VT_1、VT_2 的基极，VT_1 截止，VT_2 导通，有电流流过 L_2、$L_{2'}$，电流途径是：电源 V_{CC} → $L_{2'}$ → $L_{2'}$ → VT_2 → 地。L_2、$L_{2'}$ 绕组有电流通过产生磁场，该磁场与磁环转子磁场产生排斥和吸引，它们的相互作用如图 8-62b 所示，两磁场的相互作用力推动磁环转子继续旋转。

2. 结构

　　无刷直流电动机的结构如图 8-63 所示。

图 8-62　无刷电动机定子绕组与磁环转子受力分析

图 8-63　无刷直流电动机的结构

　　从图 8-63 中可看出，无刷直流电动机主要由定子铁心、定子绕组、位置检测器、磁铁转子和驱动电路等组成。

　　位置检测器包括固定和运动两部分，运动部分安装在转子轴上，与转子联动，它可以反映转子的磁极位置，固定部分通过它就可以检测出转子的位置信息。有些无刷直流电动机位置检测器无运转部分，它直接检测转子位置信息。驱动电路的功能是根据位置检测器送来的位置信号，用电子开关（如晶体管）来切换定子绕组的电源。无刷直流电动机的转子结构分为表面式磁极、嵌入式磁极和环形磁极 3 种，如图 8-64 所示。表面式磁极转子是将磁铁粘贴在转子铁心表面，嵌入式磁极转子是将磁铁嵌入铁心中，环形磁极转子是在转子铁心上套一个环形磁铁。

　　无刷直流电动机一般采用内转子结构，即转子处在定子的内侧。有些无刷直流电动机采用外转子形式，如电动车、摄录像机的无刷直流电动机常采用外转子结构，如图 8-65 所示。

a) 表面式磁极转子　　b) 嵌入式磁极转子　　c) 环形磁极转子

图 8-64　无刷直流电动机常见转子的结构

图 8-65　外转子无刷直流
电动机的结构

8.6.3　驱动电路

无刷直流电动机需要有相应的驱动电路才能工作。下面介绍几种常见的三相无刷直流电动机驱动电路。

1. 星形联结三相半桥驱动电路

星形联结三相半桥驱动电路如图 8-66a 所示。A、B、C 三相定子绕组有一端共同连接，构成星形联结方式。

图 8-66　星形联结三相半桥驱动电路

电路工作过程说明如下：

位置检测器靠近磁环转子产生位置信号，经位置信号处理电路处理后输出图 8-66b 所示 H_1、H_2、H_3 3 个控制信号。

在 t_1 期间，H_1 信号为高电平，H_2、H_3 信号为低电平，晶体管 VT_1 导通，有电流流过 A 相绕组，绕组产生磁场推动转子运转。

在 t_2 期间，H_2 信号为高电平，H_1、H_3 信号为低电平，晶体管 VT_2 导通，有电流流过 B 相绕组，绕组产生磁场推动转子运转。

在 t_3 期间，H_3 信号为高电平，H_1、H_2 信号为低电平，晶体管 VT_3 导通，有电流流过 C 相绕组，绕组产生磁场推动转子运转。

t_4 期间以后，电路重复上述过程，电动机连续运转起来。三相半桥驱动电路结构简单，但由于同一时刻只有一相绕组工作，电动机的效率较低，并且转子运转脉动比较大，即运转时容易时快时慢。

2. 星形联结三相桥式驱动电路

星形联结三相桥式驱动电路如图 8-67 所示。

星形联结三相桥式驱动电路可以工作在两种方式：二二导通方式和三三导通方式。工作在何种方式由位置信号处

图 8-67　星形联结三相桥式驱动电路

理电路输出的控制信号决定。

（1）二二导通方式

二二导通方式是指在某一时刻有两个晶体管同时导通。电路中 6 个晶体管的导通顺序是：VT_1、$VT_2 \rightarrow VT_2$、$VT_3 \rightarrow VT_3$、$VT_4 \rightarrow VT_4$、$VT_5 \rightarrow VT_5$、$VT_6 \rightarrow VT_6$、VT_1。这 6 个晶体管的导通受位置信号处理电路送来的脉冲控制。下面以 VT_1、VT_2 导通为例来说明电路工作过程。

位置检测器送来的位置信号经处理电路后形成控制脉冲输出，其中高电平信号送到 VT_1 的基极，低电平信号送到 VT_2 基极，其他晶体管基极无信号，VT_1、VT_2 导通，有电流流过 A、C 相绕组，电流途径为：$U_{S+} \rightarrow VT_1 \rightarrow$ A 相绕组 $\rightarrow$ C 相绕组 $\rightarrow VT_2 \rightarrow U_{S-}$，两绕组产生磁场推动转子旋转 60°。

（2）三三导通方式

三三导通方式是指在某一时刻有 3 个晶体管同时导通。电路中 6 个晶体管的导通顺序是：VT_1、VT_2、$VT_3 \rightarrow VT_2$、VT_3、$VT_4 \rightarrow VT_3$、VT_4、$VT_5 \rightarrow VT_4$、VT_5、$VT_6 \rightarrow VT_5$、VT_6、$VT_1 \rightarrow VT_6$、VT_1、VT_2。这 6 个晶体管的导通受位置信号处理电路送来的脉冲控制。下面以 VT_1、VT_2、VT_3 导通为例来说明电路工作过程。

位置检测器送来的位置信号经处理电路后形成控制脉冲输出，其中高电平信号送到 VT_1、VT_3 的基极，低电平送到 VT_2 基极，其他晶体管基极无信号，VT_1、VT_3、VT_2 导通，有电流流过 A、B、C 相绕组，其中 VT_1 导通流过的电流通过 A 相绕组，VT_3 导通流过的电流通过 B 相绕组，两电流汇合后流过 C 相绕组，再通过 VT_2 流到电源的负极，在任意时刻三相绕组都有电流流过，其中一相绕组电流很大（是其他绕组电流的两倍），三相绕组产生的磁场推动转子旋转 60°。

三三导通方式的转矩较二二导通方式的要小，另外，如果晶体管切换时发生延迟，就可能出现直通短路，如 VT_4 开始导通时 VT_1 还未完全截止，电源通过 VT_1、VT_4 直接短路，因此星形联结三相桥式驱动电路更多采用二二导通方式。

三相无刷直流电动机除了可采用星形联结驱动电路外，还可采用图 8-68 所示的三角形联结三相桥式驱动电路。该电路与星形联结三相桥式驱动电路一样，也有二二导通方式和三三导通方式，其工作原理与星形联结三相桥式驱动电路工作原理基本相同，这里不再叙述。

图 8-68　三角形联结三相桥式驱动电路

8.7 开关磁阻电动机

开关磁阻电动机是一种定子有绕组、转子无绕组，且定、转子均采用凸极结构的电动机。由于这种电动机在工作时需要用开关不断切换绕组供电，并且是利用磁阻最小原理工作，所以称之为开关磁阻电动机。

8.7.1 外形

图 8-69 所示为一些常见的开关磁阻电动机的实物外形。

图 8-69　一些常见的开关磁阻电动机的实物外形

8.7.2 结构与工作原理

开关磁阻电动机的结构和工作原理与步进电动机的相似，都是遵循"磁阻最小原理"——磁感线总是力图通过磁阻最小的路径。开关磁阻电动机的典型结构如图 8-70 所示，它是一个三相 6/4 型开关磁阻电动机，即定子有三相绕组和 6 个凸极，转子有 4 个凸极。

开关磁阻电动机工作原理说明如下：

当定子绕组 11′得电时，凸极 1 产生的磁场为 N，凸极 1′产生的磁场为 S，如图 8-70a 所示。根据磁阻最小原理可知，转子凸极 AC 受到逆时针方向的磁转矩作用力，于是转子开始转动，当转到图 8-70b 所示位置时，定子凸极 11′与转子凸极 AC 对齐，此时磁阻最小，磁转矩为 0，转子不再转动。这时若切断 11′绕组供电，而接通 22′绕组供电，定子凸极 2 产生的磁场为 N，凸极 2′产生的磁场为 S，如图 8-70c 所示，转子凸极 BD 受到逆时针方向的磁转矩作用力，于是转子继续转动。

如果按 11′→22′→33′的顺序切换定子绕组电源，转子将逆时针方向旋转。如果按 11′→33′→22′的顺序切换定子绕组电源，转子将顺时针方向旋转。

开关磁阻电动机主要有以下的特点：

1）效率高，节能效果好。

2）起动转矩大。

3）调速范围广。

4）可频繁正、反转，频繁起动、停止，因此非常适合于龙门刨床、可逆轧机、油田抽油机等应用场合。

a) 定子绕组11′得电时，转子凸极AC受力情况

b) 定子绕组11′得电时，转子凸极AC转到稳定位置

c) 定子绕组22′得电时，转子凸极BD受力情况

图 8-70　开关磁阻电动机的典型结构与工作原理

5）起动电流小，避免了对电网的冲击。

6）功率因数高，不需要加装无功补偿装置。普通交流电动机空载时的功率因数为 0.2~0.4，满载时为 0.8~0.9；而开关磁阻电动机调速系统在空载和满载下的功率因数均大于 0.98。

7）电动机结构简单、坚固、制造工艺简单，成本低且工作可靠，能适用于各种恶劣、高温甚至强振动环境。

8）断相与过载时仍可工作。

9）由于控制器中功率变换器与电动机绕组串联，不会出现变频调速系统功率变换器可能出现的直通故障，因此可靠性大为提高。

8.7.3　开关磁阻电动机与步进电动机的区别

开关磁阻电动机与步进电动机的工作原理基本相同，都是依靠脉冲信号切换绕组的电源来驱动转子运转。

两者的区别在于：步进电动机主要是将脉冲信号转换成旋转角度，带动相应机构移动一定的位移，在转子运转时无须转速平稳，即使时停时转也无关紧要，只要输入脉冲个数与移动位移的对应关系准确；而开关磁阻电动机与大多数电动机一样，要求工作在连续运行状态，在运行过程中需要转速平稳连续，不允许时转时停情况的出现。

如果开关磁阻电动机在工作过程中，定子绕组电源切换不及时，就会出现转子时停时转或转速时快时慢的情况。如在图8-70b中，若转子凸极AC已运动到对齐位置，如果11′绕组未及时切断电源，这时即使22′绕组得电，也无法使转子继续运转，从而导致转子停顿。这种情况对要求连续运行且转速平稳的开关磁阻电动机是不允许的。为了解决这个问题，需要给电动机转子增设位置检测器，检测转子凸极位置情况，然后及时切换相应绕组的电源，让转子能连续平稳运行。

8.7.4 驱动电路

为了让开关磁阻电动机能正常工作，需要为它配备相应的驱动电路。开关磁阻电动机的驱动电路结构如图8-71所示。

开关磁阻电动机内部的位置检测器送位置信号给控制电路，让控制电路产生符合要求的控制脉冲信号，控制脉冲加到功率变换器，控制变换器中相应的电子开关（一般为半导体管）导通和截止，接通和切断电动机相应定子绕组的电源，在定子绕组磁场作用下，电动机连续运转起来。

很多开关磁阻电动机的驱动电路已被制作成工业成品，可直接与开关磁阻电动机配套使用，图8-72列出了两种开关磁阻电动机的控制器（驱动电路）。有些控制器内部采用一些先进的保护检测电路并可直接在面板设定电动机的控制参数。

图8-71 开关磁阻电动机的驱动电路结构

图8-72 两种开关磁阻电动机的控制器

8.8 直线电动机

直线电动机是一种将电能转换成直线运动的电动机。直线电动机是将旋转电动机的结构进行变化制成的。直线电动机种类很多，从理论上讲，每种旋转电动机都有与之对应的直线电动机，实际常用的直线电动机主要有直线异步电动机、直线同步电动机、直线直流电动机和其他直线电动机（如直线无刷电动机、直线步进电动机等），在这些直线电动机中，直线异步电动机应用最为广泛。

8.8.1 外形

图 8-73 所示为一些常见的直线电动机的实物外形。

图 8-73　一些常见的直线电动机的实物外形

8.8.2 结构与工作原理

直线电动机可以看成是将旋转电动机径向剖开并拉直而得到的，如图 8-74 所示。其中由定子转变而来的部分称为一次侧（初级），转子转变而来的部分称为二次侧（次级）。

图 8-74　直线电动机的结构

当给直线电动机初级绕组供电时，绕组产生磁场使一、二次侧产生相对径向运动，若将一次侧固定，则二次侧会直线运动，这种电动机称为动二次直线电动机，反之为动一次直线电动机。改变初级绕组的电源相序可以转换电动机的运行方向，改变电源的频率可以改变电动机的运行速度。另外，为了保证在运动过程中直线电动机的一、二次侧能始终耦合，一次或二次必须有一个要做得比另一个更长。

直线电动机一、二次结构形式主要有单边型、双边型和圆筒型等几种。

1. 单边型

单边型直线电动机的结构如图 8-75 所示，它又可以分为短一次侧和短二次侧两种形式。由于短一次侧的制造运行成本较短二次侧的低很多，所以一般情况下直线电动机均采用短一

图 8-75　单边型直线电动机的结构

次侧形式。单边型直线电动机的优点是结构简单，但一、二次侧之间存在着很大吸引力，这对一、二次侧相对运动是不利的。

2. 双边型

双边型直线电动机的结构如图 8-76 所示。这种直线电动机在二次侧的两边都安装了一次绕组，两个一次绕组对二次侧的吸引力相互抵消，有效克服了单边型电动机的单边吸引力。

图 8-76　双边型直线电动机的结构

3. 圆筒型

圆筒型（或称管型）直线电动机的结构如图 8-77 所示。这种直线电动机可以看成是平板式直线电动机的一、二次侧卷起来构成的，当一次绕组得电时，圆形、二次绕组就会径向运动。

图 8-77　圆筒型直线电动机的结构

直线电动机主要应用在要求直线运动的机电设备中，由于牵引力或推动力可直接产生，不需要中间联动部分，没有摩擦、噪声、转子发热、离心力影响等问题，因此应用将越来越广泛。其中直线异步电动机主要用在较大功率的直线运动机构，如自动门开闭装置，起吊、传递和升降的机械设备。直线同步电动机的应用场合与直线异步电动机的应用场合基本相同，由于其性能优越，因此有取代直线异步电动机的趋势。直线步进电动机主要用于数控制图机、数控绘图仪、磁盘存储器、记录仪、数控裁剪机和精密定位机构等设备中。

第9章 三相异步电动机常用控制电路识图与安装

9.1 常用控制电路识图

9.1.1 简单的正转控制电路

正转控制电路是电动机最基本的控制电路,控制电路除了要为电动机提供电源外,还要对电动机进行起动/停止控制,另外在电动机过载时还能进行保护。对于一些要求不高的小容量电动机,可采用图9-1所示的简单的电动机正转控制电路,其中图9-1a为电路图,图9-1b为实物连接图。

a) 电路图   b) 实物连接图

图9-1 简单正转控制电路

电动机的3根相线通过刀开关内部的熔断器 FU 和触点连接到三相交流电。当合上刀开关 QS 时,三相交流电通过触点、熔断器送给三相电动机,电动机运转;当断开 QS 时,切断电动机供电,电动机停转。如果流过电动机的电流过大,熔断器 FU 会因大电流流过而熔断,切断电动机供电,电动机得到了保护。为了安全起见,图中的刀开关可安装在配电箱内或绝缘板上。

这种控制电路简单、元器件少,适合作容量小且起动不频繁的电动机正转控制电路,图中的刀开关还可以用铁壳开关(封闭式负荷开关)、组合开关或低压断路器来代替。

9.1.2 自锁正转控制电路

点动正转控制电路适用于电动机短时间运行控制,如果用作长时间运行控制则极为不便

（需一直按住按钮不放）。电动机长时间连续运行常采用图9-2所示的自锁正转控制电路。从图中可以看出，该电路是在点动正转控制电路的控制电路中多串接一个停止按钮 SB_2，并在起动按钮 SB_1 两端并联一个接触器 KM 的常开辅助触点（又称自锁触点）而成的。

自锁正转控制电路除了有长时间运行锁定功能外，还能实现欠电压和失电压保护功能。

图9-2　自锁正转控制电路

1. 工作原理

电路工作原理如下：

1）合上电源开关 QS。

2）**起动过程**。按下起动按钮 SB_1→L_1、L_2 两相电压通过 QS、FU_2、SB_2、SB_1 加到接触器 KM 线圈两端→KM 线圈得电吸合，KM 主触点和常开辅助触点闭合→L_1、L_2、L_3 三相电压通过 QS、FU_1 和闭合的 KM 主触点提供给电动机→电动机 M 通电运转。

3）**运行自锁过程**。松开起动按钮 SB_1→KM 线圈依靠起动时已闭合的 KM 常开辅助触点供电→KM 主触点仍保持闭合→电动机继续运转。

4）**停转控制**。按下停止按钮 SB_2→KM 线圈失电→KM 主触点和常开辅助触点均断开→电动机 M 断电停转。

5）断开电源开关 QS。

2. 欠电压保护

欠电压保护是指当电源电压偏低（一般低于额定电压的 85%）时切断电动机的供电，让电动机停止运转。欠电压保护过程分析如下：

电源电压偏低→L_1、L_2 两相间的电压偏低→接触器 KM 线圈两端电压偏低，产生的吸合力小，不足以继续吸合 KM 主触点和常开辅助触点→主、辅触点断开→电动机供电被切断而停转。

3. 失电压保护

失电压保护是指当电源电压消失时切断电动机的供电途径，并保证在重新供电时无法自行起动。失电压保护过程分析如下：

电源电压消失→L_1、L_2 两相间的电压消失→KM 线圈失电→KM 主、辅触点断开→电动机供电被切断。在重新供电后，由于主、辅触点已断开，并且起动按钮 SB_1 也处于断开状态，因此电路不会自动为电动机供电。

4. 过载保护

在电路中有一个热继电器 FR，其发热元件串接在主电路中，常闭触点串接在控制电路中。当电动机过载运行时，流过热继电器发热元件的电流偏大，发热元件（通常为双金属片）因发热而弯曲，通过传动机构将常闭触点断开，控制电路被切断，接触器 KM 线圈失电，主电路中的接触器 KM 主触点断开，电动机供电被切断而停转。

热继电器只能执行过载保护，不能执行短路保护，这是因为短路时电流虽然很大，但是热继电器双金属片弯曲需要一定的时间，等到它动作时电动机和供电电路可能已被过大的短路电流烧坏。另外，当电路过载保护后，如果排除了过载因素，需要等待一定的时间让双金属片冷却复位之后，再重新起动电动机。

9.1.3 接触器联锁正、反转控制电路

接触器联锁正、反转控制电路的主电路中连接了两个接触器，正、反转操作元器件放置在控制电路中，因此工作安全可靠。接触器联锁正、反转控制电路如图 9-3 所示。

图 9-3 接触器联锁正、反转控制电路

在图 9-3 中，主电路中连接了接触器 KM_1 和接触器 KM_2 的主触点，两个接触器主触点连接方式不同，KM_1 按 L_1-U、L_2-V、L_3-W 方式连接，KM_2 按 L_1-W、L_2-V、L_3-U 方式连接。

在工作时，接触器 KM_1、KM_2 的主触点严禁同时闭合，否则会造成 L_1、L_3 两相电源直接短路。为了避免 KM_1、KM_2 主触点同时得电闭合，分别给其各自的线圈串接了对方的常闭辅助触点，如给 KM_1 线圈串接了 KM_2 常闭辅助触点，给 KM_2 线圈串接了 KM_1 常闭辅助触点，当一个接触器的线圈得电时会使自己的主触点闭合，还会使自己的常闭触点断开，这样另一个接触器线圈就无法得电。接触器的这种相互制约关系称为接触器的联锁（也称互锁），实现联锁的常闭辅助触点称为联锁触点。

电路工作原理分析如下：

1）闭合电源开关 QS。

2）正转过程。

① **正转联锁控制**。按下正转按钮 SB_1→KM_1 线圈得电→KM_1 主触点闭合、KM_1 常开辅助触点闭合、KM_1 常闭辅助触点断开→KM_1 主触点闭合将 L_1、L_2、L_3 三相电源分别供给电动机 U、V、W 端，电动机正转；KM_1 常开辅助触点闭合使得 SB_1 松开后 KM_1 线圈继续得电（接触器自锁）；KM_1 常闭辅助触点断开切断 KM_2 线圈的供电，使 KM_2 主触点无法闭合，实现 KM_1、KM_2 之间的联锁。

② **停止控制**。按下停转按钮 SB3→KM_1 线圈失电→KM_1 主触点断开、KM_1 常开辅助触点断开、KM_1 常闭辅助触点闭合→KM_1 主触点断开使电动机断电而停转。

3）**反转过程**。

① **反转联锁控制**。按下反转按钮 SB_2→KM_2 线圈得电→KM_2 主触点闭合、KM_2 常开辅助触点闭合、KM_2 常闭辅助触点断开→KM_2 主触点闭合将 L_1、L_2、L_3 三相电源分别供给电动机 W、V、U 端，电动机反转；KM_2 常开辅助触点闭合使得 SB_2 松开后 KM_2 线圈继续得电；KM_2 常闭辅助触点断开切断 KM_1 线圈的供电，使 KM_1 主触点无法闭合，实现 KM_1、KM_2 之间的联锁。

② **停止控制**。按下停转按钮 SB_3→KM_2 线圈失电→KM_2 主触点断开、KM_2 常开辅助触点断开、KM_2 常闭辅助触点闭合→KM_2 主触点断开使电动机断电而停转。

4）**断开电源开关 QS**。

对于接触器联锁正、反转控制电路，若将电动机由正转变为反转，需要先按下停止按钮让电动机停转，使接触器各触点复位，再按反转按钮让电动机反转。如果在正转时不按停止按钮，而直接按反转按钮，由于联锁的原因，反转接触器线圈无法得电而使控制无效。

9.1.4　限位控制电路

一些机械设备（如车床）的运动部件是由电动机来驱动的，它们在工作时并不都是一直往前运动，而是运动到一定的位置自动停止，然后再由操作人员操作按钮使之返回。为了实现这种控制效果，需要给电动机安装限位控制电路。

限位控制电路又称位置控制电路或行程控制电路，它是利用位置开关来检测运动部件的位置，当运动部件运动到指定位置时，位置开关给控制电路发出指令，让电动机停转或反转。常见的位置开关有行程开关和接近开关，其中行程开关使用更为广泛。

1. 行程开关

行程开关如图 9-4a 所示，它可分为按钮式、单轮旋转式和双轮旋转式等，行程开关内部一般有一个常闭触点和一个常开触点，行程开关的符号如图 9-4b 所示。

在使用时，行程开关通常安装在运动部件需停止或改变方向的位置，如图 9-5 所示。当运动部件行进到行程开关处时，挡铁会碰压行程开关，行程开关内的常闭触点断开、常开触点闭合，由于行程开关的两个触点接在控制电路，它控制电动机停转，从而使运动部件也停止。如果需要运动部件反向运动，可操作控制电路中的反转按钮，当运动部件反向运动到另一个行程开关处时，会碰压该处的行程开关，行程开关通过控制电路让电动机停转，运动部件也就停止。

按钮式　　单轮旋转式　　双轮旋转式

a) 外形　　　　　　b) 符号

图 9-4　行程开关的外形与符号

正向　　　　　反向

运动部件　　挡铁

行程开关　　　　　　　　行程开关

图 9-5　行程开关安装位置示意图

行程开关可分为自动复位和非自动复位两种。按钮式和单轮旋转式行程开关可以自动复位，当挡铁移开时，依靠内部的弹簧使触点自动复位；双轮旋转式行程开关不能自动复位，当挡铁从一个方向碰压其中一个滚轮时，内部触点动作，挡铁移开后内部触点不能复位，当挡铁反向运动（返回）时碰压另一个滚轮，触点才能复位。

2. 限位控制电路

限位控制电路如图 9-6 所示。从图 9-6 可以看出，限位控制电路是在接触器联锁正、反转控制电路的控制电路中串接两个行程开关 SQ_1、SQ_2 构成的。

图 9-6 限位控制电路

电路工作原理分析如下：

1）闭合电源开关 QS。

2）正转控制过程。

① **正转控制。** 按下正转按钮 $SB_1 \rightarrow KM_1$ 线圈得电 $\rightarrow KM_1$ 主触点闭合、KM_1 常开辅助触点闭合、KM_1 常闭辅助触点断开 $\rightarrow KM_1$ 主触点闭合，电动机通电正转，驱动运动部件正向运动；KM_1 常开辅助触点闭合，让 KM_1 线圈在 SB_1 断开时能继续得电（自锁）；KM_1 常闭辅助触点断开，使 KM_2 线圈无法得电，实现 KM_1、KM_2 之间的联锁。

② **正向限位控制。** 当电动机正转驱动运动部件运动到行程开关 SQ_1 处 $\rightarrow SQ_1$ 常闭触点断开（常开触点未用）$\rightarrow KM_1$ 线圈失电 $\rightarrow KM_1$ 主触点断开、KM_1 常开辅助触点断开、KM_1 常闭辅助触点闭合 $\rightarrow KM_1$ 主触点断开使电动机断电而停转 $\rightarrow$ 运动部件停止正向运动。

3）反转控制过程。

① **反转控制。** 按下反转按钮 $SB_2 \rightarrow KM_2$ 线圈得电 $\rightarrow KM_2$ 主触点闭合、KM_2 常开辅助触点闭合、KM_2 常闭辅助触点断开 $\rightarrow KM_2$ 主触点闭合，电动机通电反转，驱动运动部件反向运动；KM_2 常开辅助触点闭合，锁定 KM_2 线圈得电；KM_2 常闭辅助触点断开，使 KM_1 线圈无法得电，实现 KM_1、KM_2 之间的联锁。

② **反向限位控制。** 当电动机反转驱动运动部件运动到行程开关 SQ_2 处 $\rightarrow SQ_2$ 常闭触点断开 $\rightarrow KM_2$ 线圈失电 $\rightarrow KM_2$ 主触点断开、KM_2 常开辅助触点断开、KM_2 常闭辅助触点闭合 $\rightarrow KM_2$ 主触点断开使电动机断电而停转 $\rightarrow$ 运动部件停止反向运动。

4）断开电源开关 QS。

9.1.5 自动往返控制电路

有些生产机械设备在加工零件时，要求在一定的范围内能自动往返运动，即当运动部件运行到一定位置时不用人工操作按钮就能自动返回，如果采用限位控制电路来控制会很麻烦，对于这种情况，可给电动机安装自动往返控制电路。

自动往返控制电路如图 9-7 所示。该电路采用了 $SQ_1 \sim SQ_4$ 四个行程开关，四个行程开关的安装位置如图 9-8 所示。SQ_2、SQ_1 分别用来控制电动机正、反转，当运动部件运行到

SQ$_2$ 处时电动机由反转转为正转，运行到 SQ$_1$ 处时则由正转转为反转；SQ$_3$、SQ$_4$ 用作终端保护，它们只用到了常闭触点，当 SQ$_1$、SQ$_2$ 失效时它们可以让电动机停转进行保护，防止运动部件行程超出范围而发生安全事故。

图 9-7 自动往返控制电路

图 9-8 自动往返控制电路四个行程开关的安装位置

电路工作原理分析如下：

1）闭合电源开关 QS。

2）往返运行控制。

① **运转控制。** 若起动时运动部件处于反向位置，按下正转按钮 SB$_1$→KM$_1$ 线圈得电→KM$_1$ 主触点闭合、KM$_1$ 常开辅助触点闭合、KM$_1$ 常闭辅助触点断开→KM$_1$ 主触点闭合，电动机通电正转，驱动运动部件正向运动；KM$_1$ 常开辅助触点闭合，让 KM$_1$ 线圈在 SB$_1$ 断开时继续得电（自锁）；KM$_1$ 常闭辅助触点断开，使 KM$_2$ 线圈无法得电，实现 KM$_1$、KM$_2$ 之间的联锁。

② **方向转换控制。** 电动机正转带动运动部件运动并碰触行程开关 SQ$_1$→SQ$_1$ 常闭触点 SQ$_{1-1}$ 断开、常开触点 SQ$_{1-2}$ 闭合→KM$_1$ 线圈失电→KM$_1$ 主触点断开、KM$_1$ 常开辅助触点断开、KM$_1$ 常闭辅助触点闭合→KM$_1$ 主触点断开使电动机断电，KM$_1$ 常开辅助触点断开撤销自锁，闭合的 KM$_1$ 常闭辅助触点与闭合的 SQ$_{1-2}$ 为 KM$_2$ 线圈供电→KM$_2$ 主触点闭合，电动机通电反转，驱动运动部件反向运动；KM$_2$ 常开辅助触点闭合，让 KM$_2$ 线圈在 SB$_2$ 断开时继续得电（自锁）；KM$_2$ 常闭辅助触点断开，使 KM$_1$ 线圈无法得电，实现 KM$_2$、KM$_1$ 之间

的联锁。

③ **终端保护控制**。若行程开关 SQ_1 失效→运动部件碰触 SQ_1 时，常闭触点 SQ_{1-1} 仍闭合、常开触点 SQ_{1-2} 仍断开→电动机继续正转，带动运动部件碰触行程开关 SQ_3→SQ_3 常闭触点断开→KM_1 线圈供电切断→KM_1 主触点断开→电动机停转→运动部件停止运动。

若起动时运动部件处于正向位置，应按下反转按钮 SB_2，其工作原理与运动部件处于反向位置时按下正转按钮 SB_1 相同，这里不再叙述。

3）**停止控制**。若需要停止运动部件的往返运行，可按下停止按钮 SB_3→KM_1、KM_2 线圈供电均被切断→KM_1、KM_2 主触点均断开→电动机断电停转→运动部件停止运行。

4）**断开电源开关 QS**。

9.1.6 顺序控制电路

有一些机械设备安装有两个或两个以上的电动机，为了保证设备的正常工作，常常要求这些电动机按顺序进行起动，如只有在电动机 A 起动后，电动机 B 才能起动，否则机械设备工作容易出现问题。**顺序控制电路就是让多台电动机能按先后顺序工作的控制电路。**

实现顺序控制的电路很多，图 9-9 所示为一种典型的顺序控制电路。

图 9-9　一种典型的顺序控制电路

从图 9-9 可以看出，该电路采用了 KM_1、KM_2 两个接触器，KM_1、KM_2 的主触点属于并接关系，为了让电动机 M_1、M_2 能按先后顺序起动，要求 KM_2 主触点只能在 KM_1 主触点闭合后才能闭合。

电路工作原理分析如下：

1）**闭合电源开关 QS**。

2）**电动机 M_1 的起动控制**。按下电动机 M_1 起动按钮 SB_1→KM_1 线圈得电→KM_1 主触点闭合、KM_1 常开辅助触点闭合→KM_1 主触点闭合，电动机 M_1 通电运转；KM_1 常开辅助触点闭合，让 KM_1 线圈在 SB_1 断开时继续得电（自锁）。

3) **电动机 M$_2$ 的起动控制**。按下电动机 M$_2$ 起动按钮 SB$_2$→KM$_2$ 线圈得电→KM$_2$ 主触点闭合、KM$_2$ 常开辅助触点闭合→KM$_2$ 主触点闭合,电动机 M$_2$ 通电运转;KM$_2$ 常开辅助触点闭合,让 KM$_2$ 线圈在 SB$_2$ 断开时继续得电。

4) **停转控制**。按下停转按钮 SB$_3$→KM$_1$、KM$_2$ 线圈均失电→KM$_1$、KM$_2$ 主触点均断开→电动机 M$_1$、M$_2$ 均断电停转。

5) **断开电源开关 QS**。

在图 9-9 所示电路中,若先按下电动机 M$_2$ 起动按钮,由于 SB$_1$ 和 KM$_1$ 常开辅助触点都是断开的,KM$_2$ 线圈无法得电,KM$_2$ 主触点无法闭合,因此电动机 M$_2$ 无法在电动机 M$_1$ 前起动。

9.1.7 多地控制电路

利用多地控制电路可以在多个地点控制同一台电动机的起动与停止。多地控制电路如图 9-10 所示。

图 9-10 多地控制电路

在图 9-10 中,SB$_{11}$、SB$_{12}$ 分别为 A 地起动和停止按钮,安装在 A 地;SB$_{21}$、SB$_{22}$ 分别为 B 地起动和停止按钮,安装在 B 地。

电路工作原理分析如下:

1) **闭合电源开关 QS**。

2) **A 地起动控制**。按下 A 地起动按钮 SB$_{11}$→KM 线圈得电→KM 主触点闭合、KM 常开辅助触点闭合→KM 主触点闭合,电动机通电运转;KM 常开辅助触点闭合,让 KM 线圈在 SB$_{11}$ 断开时继续得电(自锁)。

3) **A 地停止控制**。按下 A 地停止按钮 SB$_{12}$→KM 线圈失电→KM 主触点断开、KM 常开辅助触点断开→KM 主触点断开,电动机断电停转;KM 常开辅助触点断开,让 KM 线圈在 SB$_{12}$ 复位闭合时无法得电。

4) **B 地控制**。B 地与 A 地的起动与停止控制原理相同。

5）断开电源开关 QS。

图 9-10 实际上是一个两地控制电路，如果要实现 3 个或 3 个以上地点的控制，只要将各地的起动按钮并接，将停止按钮串接即可。

9.1.8 星形-三角形减压起动电路

电动机在刚起动时，流过定子绕组的电流很大，为额定电流的 4~7 倍。对于容量大的电动机，若采用普通的全压起动方式，会出现起动时电流过大而使供电电源电压下降很多的现象，这样可能会影响采用同一供电电源的其他设备的正常工作。

解决上述问题的方法就是对电动机进行减压起动，待电动机运转以后再提供全压。一般规定，供电电源容量在 180kV·A 以上，电动机容量在 7kW 以下的三相异步电动机可采用直接全压起动，超出这个范围需采用减压起动方式。另外，由于减压起动时流入电动机的电流较小，电动机产生的转矩小，因此减压起动需要在轻载或空载时进行。

减压起动控制电路种类很多，下面仅介绍较常见的星形-三角形（丫-△）减压起动控制电路。

1. 星形-三角形减压起动的接线方式

三相异步电动机接线盒有 U_1、U_2、V_1、V_2、W_1、W_2 共 6 个接线端，如图 9-11 所示。当 U_2、V_2、W_2 三端连接在一起时，内部绕组就构成了星形联结；当 U_1 和 W_2、U_2 和 V_1、V_2 和 W_1 两两连接在一起时，内部绕组就构成了三角形联结。若三相电源任意两相之间的电压是 380V，当电动机绕组接成星形时，每个绕组上的实际电压值为 $380V/\sqrt{3} = 220V$；当电动机绕组接成三角形时，每个绕组上的电压值为 380V。由于绕组接成星形时电压降低，相应流过绕组的电流也减小（约为三角形联结的 1/3）。

图 9-11　三相异步电动机接线盒与两种接线方式

星形-三角形减压起动控制电路就是在起动时将电动机的绕组接成星形，起动后再将绕组接成三角形，让电动机全压运行。当电动机绕组接成星形时，绕组上的电压低、流过的电流小，因而产生的转矩也小，所以星形-三角形减压起动只适用于轻载或空载起动。

2. 星形-三角形减压起动电路

星形-三角形减压起动电路如图 9-12 所示，该电路采用时间继电器来自动控制切换。

电路工作原理分析如下：

1）闭合电源开关 QS。

2）**星形减压起动控制。** 按下起动按钮 SB_1→接触器 KM_3 线圈和时间继电器 KT 线圈均得电→KM₃ 主触点闭合、KM₃ 常开辅助触点闭合、KM₃ 常闭辅助触点断开→KM₃ 主触点闭合，将电动机绕组接成星形；KM₃ 常闭辅助触点断开使 KM₂ 线圈的供电切断；KM₃ 常开辅助触点闭合使 KM₁ 线圈得电→KM₁ 线圈得电使 KM₁ 常开辅助触点和主触点均闭合→KM₁ 常开辅助触点闭合使 KM₁ 线圈在 SB₁ 断开后继续得电；KM₁ 主触点闭合使电动机 U₁、V₁、W₁ 端得电，电动机星形起动。

图 9-12 星形-三角形减压起动电路

3) **三角形正常运行控制**。时间继电器 KT 线圈得电一段时间后，其延时常闭触点断开→KM₃ 线圈失电→KM₃ 主触点断开、KM₃ 常开辅助触点断开、KM₃ 常闭辅助触点闭合→KM₃ 主触点断开，取消电动机绕组的星形联结；KM₃ 常闭辅助触点闭合，使 KM₂ 线圈得电→KM₂ 线圈得电使 KM₂ 常闭辅助触点断开、KM₂ 主触点均闭合→KM₂ 常闭辅助触点断开，使 KT 线圈失电；KM₂ 主触点闭合，将电动机绕组接成三角形联结，电动机以三角形联结正常运行。

4) **停止控制**。按下停止按钮 SB₂→KM₁、KM₂、KM₃ 线圈均失电→KM₁、KM₂、KM₃ 主触点均断开→电动机因供电被切断而停转。

5) **断开电源开关 QS**。

9.2 控制电路的安装

三相异步电动机的控制电路很多，只要学会一种控制电路的安装过程和方法，安装其他的控制电路就很容易，下面以点动控制电路的安装为例进行说明。

9.2.1 画出待安装电路的电路原理图

在安装控制电路前，应画出控制电路的 电路原理图，并了解其工作原理。

点动控制电路如图 9-13 所示。该电路由主电路和控制电路两部分构成，其中主电路由电源开关 QS、熔断器 FU$_1$ 和交流接触器 KM 的 3 个主触点和电动机组成，控制电路由熔断器 FU$_2$、按钮开关 SB 和接触器 KM 线圈组成。

图 9-13 点动控制电路原理图

当合上电源开关 QS 时，由于接触器 KM 的 3 个主触点处于断开状态，电源无法给电动机供电，电动机不工作。若按下按钮开关 SB，L$_1$、L$_2$ 两相电压加到接触器 KM 线圈两端，有电流流过 KM 线圈，线圈产生磁场吸合接触器 KM 的 3 个主触点，使 3 个主触点闭合，三相交流电源 L$_1$、L$_2$、L$_3$ 通过 QS、FU$_1$ 和接触器 KM 的 3 个主触点给电动机供电，电动机运转。此时，若松开按钮开关 SB，无电流通过接触器线圈，线圈无法吸合主触点，3 个主触点断开，电动机停止运转。

电路的工作过程也可用下面的流程来表示：

1）合上电源开关 QS。

2）起动过程。按下按钮 SB→接触器 KM 线圈得电→KM 主触点闭合→电动机通电运转。

3）停止过程。松开按钮 SB→接触器 KM 线圈失电→KM 主触点断开→电动机断电停转。

4）停止使用时，应断开电源开关 QS。

在该电路中，按下按钮开关时，电动机运转；松开按钮时，电动机停止运转。所以称这种电路为点动式控制电路。

9.2.2 列出器材清单并选配器材

根据控制电路和电动机的规格列出器材清单，器材清单见表 9-1，并根据清单选配好这些器材。

表 9-1 点动控制电路的安装器材清单

符号	名称	型号	规格	数量
M	三相笼型异步电动机	Y112M—4	4kW、380V、△联结、8.8A、1440r/min	1
QF	断路器	DZ5—20/330	三极复式脱扣器、380V、20A	1
FU$_1$	螺旋式熔断器	RL1—60/25	500V、60A、配熔体额定电流 25A	3
FU$_2$	螺旋式熔断器	RL1—15/2	500V、15A、配熔体额定电流 2A	2
KM	交流接触器	CJT1—20	20A、线圈电压 380V	1
SB	按钮	LA4—3H	保护式、按钮数 3（代用）	1
XT	端子板	TD—1515	15A、15 节、660V	1

（续）

符号	名称	型号	规格	数量
	配电板		500mm×400mm×20mm	1
	主电路导线		BV1.5mm² 和 BVR1.5mm²（黑色）	若干
	控制电路导线		BV1mm²（红色）	若干
	按钮导线		BVR0.75mm²（红色）	若干
	接地导线		BVR1.5mm²（黄绿双色）	若干
	紧固体和编码套管			若干

9.2.3 在配电板上安装元件和导线

在配电板上先安装元件，然后按原理图所示的元件连接关系用导线将这些元件连接起来。

1. 安装元件

在安装元件前，先要在配电板（或配电箱）上规划好各元件的安装位置，再安装元件。元件在配电板上的安装位置如图 9-14 所示。

安装元件的工艺要求如下：

1）断路器、熔断器的入电端子应安装在控制板的外侧；

2）元件的安装位置应整齐，间距合理，这样有利于元件的更换；

3）在紧固元件时，用力要均匀，紧固程度适当。在紧固熔断器、接触器等易碎裂元件时，应用手按住元件一边轻轻摇动，一边用螺钉旋具轮换旋紧对角线上的螺钉，直到手摇不动后再适当旋紧些即可。

图 9-14 元器件在配电板上的安装位置图

2. 布线

在配电板上安装好各元件后，再根据原理图所示的各元件连接关系用导线将这些元件连接起来。配电板上各元件的接线如图 9-15 所示。

安装导线的工艺要求如下：

1）布线通道应尽可能少，同路并行导线按主电路、控制电路分类集中，单层密排，紧贴安装面布线；

2）同一平面的导线应高低一致或前后一致，不要交叉，一定要交叉时，交叉导线应在接线端子引出时就水平架空跨越，且必须走线合理；

3）在布线时，导线应横平竖直，分布均匀，变换走向时应尽量垂直转向；

4）在布线时，严禁损伤线芯和导线绝缘层；

5）布线一般以接触器为中心，由里向外，由低至高，先控制电路，后主电路的顺序进行，以不妨碍后续布线为原则；

图 9-15　元器件在配电板上的接线图

6）为了区分导线的功能，可在每根剥去绝缘层的导线两端套上编码套管，两个接线端子之间的导线必须连续，中间无接头；

7）导线与接线端子连接时，不得压绝缘层、不露铜过长；

8）同一元件、同一回路的不同接点的导线间距离应保持一致；

9）一个元件的接线端子上的连接导线尽量不要多于两根。

9.2.4　检查电路

为了避免接线错误造成不必要的损失，在通电试车前需要对安装的控制电路进行检查。

1．直观检查

对照电路原理图，从电源端开始逐段检查接线及接线端子处连接是否正确，有无漏接、错接，检查导线接点是否符合要求，压接是否牢固，以免接负载运行时因接触不良而产生电弧。

2．用万用表检查

（1）主电路的检查

在检查主电路时，应断开断路器 QS，并断开（取下）控制电路的熔断器 FU_2，然后万用表拨至 $R \times 10\Omega$ 档，测量熔断器上端子 U_{11}—V_{11} 之间的电阻，正常阻值应为无穷大，如图 9-16 所示，再用同样的方法测量端子 U_{11}—W_{11}、V_{11}—W_{11} 的电阻，正常阻值也应为无穷大，如果某两相之间的阻值很小或为 0，说明该两相之间的接线有短路点，应认真检查找出短路点。

按压接触器 KM 的联动架，人为让内部触点动作（主触点会闭合），用万用表测量熔断器上端子 U_{11}—V_{11} 之间的电阻，正常应有一定的阻值，该阻值为电动机 U、V 相绕组的串联值，如果阻值无穷大，应检查两相之间的各段接线，具体检查时万用表一根表笔接端子 U_{11}，另一根表笔依次接熔断器的下端子 U_{12}、接触器 KM 的上端子 U_{12}、下端子 U、端子板的端子 U，正常测得阻值都应为 0，若阻值为无穷大，则上方的元件或导线开路，再将表笔接端子板的端子 V，正常应用一定的阻值（U、V 绕组的串联值），若阻值无穷大，可能是电动机接线盒错误或 U、V 相绕组开路，如果测到端子板的端子 V 时均正常，继续将表笔依次接接触器 KM 的下端子 V、上端子 V_{12}、熔断器 FU_1 的下端子 V_{12}、上端子 V_{11}，找出开路的元件或导线。再用同样的方法测量熔断器上端子 U_{11}—W_{11}、V_{11}—W_{11} 的电阻，若阻值不正常，用前述方法检查两相之间的元件和导线。

图 9-16　检查主电路

（2）控制电路（辅助电路）的检查

在取下熔断器 FU_2 的情况下，用万用表测量 FU_2 下端子 0~1 之间的电阻，正常阻值应为无穷大，按下按钮 SB 后测得的阻值应变小，此时的阻值为接触器 KM 线圈的直流电阻，如果测得的阻值始终都是无穷大，可将一根表笔接熔断器 FU_2 的下端子 0，另一根表笔依次接 KM 线圈上端子 0、下端子 2→端子板的端子 2→按钮 SB（保持按下）的端子 2、端子 1→端子板的端子 1→熔断器 FU_2 的下端子 1，找出开路的元件或导线。

9.2.5　通电试车

如果直观检查和万用表检查均正常，可以进行通电试车。通电试车分为空载试车和带载试车。

（1）空载试车

空载试车是指不带电动机来测试控制电路。将端子板上的三根连接电动机的导线拆下，然后合上断路器 QS，为主电路、控制电路接通电源，按下按钮 SB，接触器应发出触点吸合的声音，松开 SB，触点应释放，重复操作多次以确定电路的可靠性。

（2）带载试车

带载试车是指带电动机来测试控制电路。将电动机的三根连接导线接到端子板的端子 U、V、W 上，然后合上断路器 QS，为主电路、控制电路接通电源，按下按钮 SB，电动机应通电运行，松开 SB，电动机断电停止运行。

9.2.6 注意事项

在安装电动机控制电路时，应注意以下事项：

1）不要触摸带电部件，正确的操作程序是：先接线后通电；先接电路部分后接电源部分；先接主电路，后接控制电路，再接其他电路；先断电源后拆线；

2）在接线时，必须先接负载端，后接电源端；先接接地端，后接三相电源相线；

3）如果发现异常现象（如异响、发热、焦臭），应立即切断电源，保持现场，以便确定故障；

4）电动机必须安放平稳，电动机金属外壳必须可靠接地，连接电动机的导线必须穿在导线管道内加以保护，或采取坚韧的四芯橡皮护套线进行临时通电校验；

5）电源进线应接在螺旋式熔断器底座中心端上，出线应接在螺纹外壳上。

第10章　电液装置和液压气动系统

10.1　电磁和电动装置

10.1.1　电磁铁

1. 基本结构与原理

电磁铁是利用线圈通电产生磁场吸引铁质物体来工作的。电磁铁的基本结构与工作原理如图 10-1 所示，给铁钉绕上线圈就构成了简单的电磁铁，线圈通过电流时会产生磁场，铁钉（铁心）用于聚集线圈产生的磁场而具有磁吸力，在电流相同时，线圈匝数越多，产生的磁场越强，铁钉可以吸住更重的铁质物体，如图 10-1a 所示，在线圈匝数不变时，流过线圈的电流越大，线圈产生的磁场也就增大，如图 10-1b 所示。

a) 电位器滑动端处于中间　　　　b) 电位器滑动端左移(电阻变小、电流增大)

图 10-1　电磁铁的基本结构与工作原理

2. 种类

电磁铁的种类很多，常见的类型有推拉电磁铁、旋转电磁铁、牵引电磁铁和吸盘电磁铁。

（1）推拉电磁铁

推拉电磁铁如图 10-2 所示，当推拉电磁铁线圈通电时，拉杆产生直线动作，线圈断电时，复位弹簧使拉杆反向动作，根据复位弹簧不同，推拉电磁铁有通电推出和通电拉回之分。

在选择推拉电磁铁时，主要考虑电磁铁的线圈电压、拉杆的行程（推拉长度）和推拉力矩（吸力），这些参数一般会在电磁铁上标明。图 10-2 中的电磁铁的线圈电压为直流 12V、拉杆的行程为 10mm、吸力为 42N。

图 10-2　推拉电磁铁

（2）旋转电磁铁

旋转电磁铁如图 10-3 所示，当旋转电磁铁线圈通电时，其转轴会在一定角度范围内进行往返转动。在选用旋转电磁铁时，主要考虑电磁铁的线圈电压、旋转角度和旋转力矩。

1. 双向旋转，断电自保持：内置高性能永磁铁，能正反双向 30°～100° 的往复高速旋转，在断电后并能实现自保持。
2. 高速响应速度：高达 10～30ms 的响应速度，实现机构高速旋转或定位。
3. 旋转角度可设定在 30°～100° 范围内。
4. 无轴向位移，低噪声。外置挡板可防振减噪。
5. 长寿命：选用优质轴承，寿命大于 1000 万次，确保长时间在大负荷工作条件下可靠工作。

图 10-3　旋转电磁铁及特点

（3）牵引电磁铁

牵引电磁铁是一种大力矩的推拉电磁铁，如图 10-4 所示。牵引电磁铁分为拉式和推拉式，其工作方式如图 10-5 所示。在选用牵引电磁铁时，主要考虑电磁铁的线圈电压、推拉行程和推拉力矩。

（4）吸盘电磁铁

吸盘电磁铁又称电磁吸盘，通电时会产生很强的磁吸力，常用于抓取铁质物体，其外形如图 10-6 所示。由于要产生很强的磁吸力，故吸盘电磁铁线圈的

图 10-4　牵引电磁铁

通电后柱状铁心可以起到吸拉的作用，称为拉式。　　通电后三角头做拉力的作用，限位橡胶做推的作用。
　　　　　　　　　　　　　　　　　　　　　　　　由于同时具有拉力，推力的效果，称为两用型。

图 10-5　拉式和推拉式牵引电磁铁的工作方式

匝数很多，线圈一般接直流电压。在选用吸盘电磁铁时，主要考虑电磁铁的线圈电压和吸引力矩，图 10-6 中的吸盘电磁铁的线圈电压为直流 24V。

图 10-6　吸盘电磁铁（电磁吸盘）

10.1.2　电磁阀

1. 基本结构与原理

电磁阀是利用线圈通电产生磁吸力控制阀门通断的装置，主要用在流体（气体或液体）管路中。电磁阀的基本结构与原理如图 10-7 所示，当电磁阀线圈未通电时，如图 10-7a 所示，弹簧顶压阀心，使之堵住阀口，阀门关闭，当电磁阀线圈通电时，如图 10-7b 所示，线圈产生的磁场克服弹簧的弹力，使阀心上移，阀门打开，由入口进来的流体通过阀门，再从出口流出。

a) 未通电时阀门关闭　　　　　　　　　　　b) 通电时阀门打开

图 10-7　电磁阀的基本结构与原理

2. 外形与选用参数

图 10-8 所示为一种常用的电磁阀外形及组成部件。在选用电磁阀时，主要考虑接口孔径规格、线圈电压和压力范围，图 10-8 中的电磁阀的线圈电压为交流 220V，可用在压力范围为 0~1.0MPa（大气压力约为 0.1MPa）的液体或气体管路中，接口螺纹孔径规格为 G1/2。

在使用时，电磁阀的螺纹接口规格要与连接的管材或管件相一致，两者才能可靠连接。常见的螺纹接口接.3mpz 规格及不同单位的对应关系见表 10-1。家用水龙头的接口一般为 4 分外螺纹（也称 G1/2 外螺纹，或称 DN15 外螺纹），与其连接的电磁阀接口应为 4 分内螺纹。

图 10-8　一种常用的电磁阀外形、组成部件及参数

表 10-1　常见的螺纹接口规格及不同单位的对应关系

英制	俗称	公称	外螺纹:外直径/mm	内螺纹:内直径/mm
G1/8	1 分	DN6	9.5±0.2	8.8±0.2
G1/4	2 分	DN8	12.5±0.3	11.5±0.3
G3/8	3 分	DN10	16.2±0.3	15.3±0.3
G1/2	4 分	DN15	20.3±0.3	19.5±0.3
G3/4	6 分	DN20	25.7±0.5	24±0.5
G1	1 寸	DN25	32.5±0.5	30.5±0.5
G1-1/4	1.2 寸	DN32	41.3±0.5	39.5±0.5
G1-1/2	1.5 寸	DN40	47.8±0.5	46.6±0.5
G2	2 寸	DN50	59.6±0.5	56.6±0.5

10.1.3　电动调节阀

电动调节阀简称电动阀，是一种采用电动执行器来控制阀门的开与关，并可调节阀口开启程度的装置。电磁阀采用电磁线圈控制阀门，只能控制阀门的开和关，无法调节阀门的开启程度，电动调节阀一般采用电动机配合传动机构来控制阀门，不但可以控制阀门的开和关，还能调节阀门的开启度。电动调节阀如图 10-9 所示。

电动调节阀分为电动执行器和阀门两部分。电动执行器的行程主要有90°角行程和直行程两种，特殊的可实现180°、270°、360°全行程。角行程的电动执行器配合角行程阀，可使阀门在90°范围内旋转，控制管道流体的通断和调节流量大小；直行程的电动执行器配合直行程阀，可使阀板直线动作，控制管道流体的通断和调节流量大小。

名称：电动对夹蝶阀	密封材料：三元乙丙胶/EPDM
型号：D971X-16	泄漏量：0
公称通径：DN40-DN300	阀体材质：球磨
动作范围：(0~90°)±5°	公称压力：PN1.6/1.6MPa
环境温度：-10~80℃	适用介质：水、天然气等
电源：AC110V/AC220V和380V/DC24V	

图 10-9　电动调节阀

10.1.4　电动推杆

1. 外形与结构

电动推杆是一种将电动机的旋转运动转变为推杆的直线往复运动的电力驱动装置。电动推杆外形与结构如图10-10所示。在工作时，电动机通过减速齿轮和小丝杆驱动推杆做直线运动，当运动到顶部时碰压上限位开关，切断电源，电动机停转，当运动到底部时碰压下限位开关，切断电源，推杆停止下移。电动推杆可以自动往返运动，也可以在行程范围内的任意位置停止。

图 10-10　电动推杆外形与结构

2. 接线

电动推杆一般使用直流电动机驱动，故采用直流电源，为了控制电动机的运行，在电源与电动推杆之间还要连接控制器。电动推杆的接线如图 10-11 所示，控制器有手动和遥控之分，图中为遥控型控制器，操作遥控器上的 A、B 按键可以使控制器为电动机提供正向或反向电源，电动机正转或反转，推杆则会推出或收回。

图 10-11　电动推杆的接线

3. 选用

在选择电动推杆时，主要考虑电源电压、推杆行程、推力和速度以及推杆顶部和底部的安装方式。电动推杆的选择如图 10-12 所示。电动推杆应用非常广泛，如电动沙发、电动展台升降杆、工业电动升降系统、相机架、投影机、婚庆系统、电动翻身床、电动护理床、吸油烟机和烤箱等。

图 10-12　电动推杆的选择

10.1.5　电磁制动器

电磁制动器主要有电磁抱闸制动器和电磁离合制动器。

1. 电磁抱闸制动器

电磁抱闸制动器由制动电磁铁和闸瓦制动器两部分组成。 图 10-13a 为制动电磁铁，图

10-13b 为由制动电磁铁和闸瓦制动器组成的电磁抱闸制动器。

a) 制动电磁铁　　　　　　b) 由制动电磁铁和闸瓦制动器组成的电磁抱闸制动器

图 10-13　电磁抱闸制动器

制动电磁铁由铁心、衔铁和线圈三部分组成，当给线圈通电时，线圈产生磁场通过铁心吸引衔铁，使衔铁产生动作，如果衔铁与有关设备连接，就可以使该设备也产生动作。闸瓦制动器由闸轮、闸瓦、杠杆和弹簧等组成，闸轮的轴与电动机转轴联动。电磁抱闸制动器分为断电制动型和通电制动器。断电制动型的特点是当线圈得电时，闸瓦与闸轮分开，无制动作用；当线圈失电后，闸瓦紧紧抱住闸轮制动。通电制动型的特点是当线圈得电时，闸瓦紧紧抱住闸轮制动；当线圈失电时，闸瓦与闸轮分开，无制动作用。

电磁抱闸制动器的制动力强，安全可靠，不会因突然断电而发生事故，但其体积较大，制动器磨损严重，快速制动时会产生振动。

2. 电磁离合制动器

电磁离合制动器的外形及基本结构如图 10-14 所示。在电动机正常工作时，电磁离合制动器线圈通电产生磁场，静铁心吸引动铁心，动铁心克服制动弹簧的弹力并带动静摩擦片往静铁心靠近，动摩擦片与静摩擦片脱离，动摩擦片通过固定键和电动机的转轴一起运转。当

a) 外形　　　　　　b) 基本结构

图 10-14　电磁离合制动器的外形及基本结构

电动机切断电源时，电磁离合制动器线圈同时失电，在制动弹簧的弹力作用下，动铁心带动静摩擦片往动摩擦片靠近，静摩擦片与动摩擦片接触后，两摩擦片之间产生摩擦，动摩擦片因此转速变慢，与动摩擦片联动的电动机转轴转速也变慢，实现对电动机的制动。

10.1.6　磁粉离合器与磁粉制动器

磁粉离合器与磁粉制动器是利用电磁效应下的磁粉来传递转矩的，具有激磁电流与传递转矩呈线性关系、响应速度快、结构简单的特点，是一种多用途、性能优越的自动控制元件。

1. 结构与工作原理

磁粉离合器的基本结构示意图如图 10-15 所示。磁粉离合器的输入轴（又称主动轴）与输出轴（又称被动轴）没有直接接触，两者之间有很多可以导磁的磁粉（钢粉），在线圈没有通电时，磁粉无磁性，输入轴旋转时，因离心力作用，磁粉紧贴输入轴内壁，不与输出轴接触，输入轴和输出轴之间无法进行动力传递，即输入轴旋转，输出轴不转。当线圈通电时会产生磁场，输入轴和输出轴之间的磁粉被吸引且带上磁性，此时的磁粉就像是磁铁，将输入轴和输出轴"粘"在一起，输入轴转动，输出轴也随之转动，从而实现了动力的传递。线圈电流越大，磁粉磁性越强，输入轴和输出轴"粘"得越紧，两者不容易打滑，传递的转矩（转动的力）越大。

图 10-15　磁粉离合器的基本结构示意图

磁粉制动器的结构与磁粉离合器基本相同，但磁粉制动器的输出轴是固定不转的，在制动时，线圈通电使磁粉带上磁性，将转动的输入轴与固定不转的输出轴"粘"在一起，输入轴被制动而停下来。

2. 外形

磁粉离合器与磁粉制动器外形如图 10-16 所示，磁粉离合器有输入轴和输出轴，磁粉制动器通常只有一个输入轴。

图 10-16 磁粉离合器和磁粉制动器外形

10.2 电液装置

10.2.1 液压传动的基本原理

1. 液体静压力传递原理

在液体处于静止状态时，其单位面积上承受的力称为**液体静压力**，也称为压强 P。液体静压力是由液体的自重和液体表面受到外力作用而产生的。**液体静压力传递原理也称为帕斯卡定理，其内容是：在密闭容器中，由外力作用而产生的压力可通过液体等值地传递到液体内部所有的点。**

液体静压力传递原理说明如图 10-17 所示，液压缸有两个活塞，活塞 1 的截面积为 A_1，活塞 2 的截面积为 A_2，在活塞 2 上放置重物，重物对活塞 2 的作用力为 F_2，现对活塞 1 往下施加作用力 F_1，当两活塞处于静止状态时，满足以下关系

$$P_1 = P_2$$
$$F_1/A_1 = F_2/A_2$$

如果活塞 1 的截面积 A_1 是活塞 2 截面积 A_2 的 $1/8$，那么只要活塞 1 施加的作用

图 10-17 液体静压力传递原理说明

力 $F_1 = 1/8F_2$，就可以使两端维持静止平衡，如果 $F_1 > 1/8F_2$，活塞 2 和重物就会上移。由于液体不能被压缩，如果活塞 1 下移高度为 H，那么活塞 2 上移高度则为 $1/8H$。

2. 液体流动连续性原理

液体可认为是不可压缩的流体。由于液体在管道内不能增减，也不可压缩，所以在单位时间内流过管道每一截面的液体质量（流量）是相等的，这就是液体流动连续性原理。

液体流动连续性原理说明如图 10-18 所示，图中是一个有两个管口的管道，管口 1 截面积为 A_1，管口 2 截面积为 A_2，管口 1 液体的流速为 V_1，流量为 Q_1，管口 2 液体的流速为

V_2，流量为 Q_2，它们满足以下关系

$$Q_1 = Q_2$$
$$V_1 A_1 = V_2 A_2$$

如果管口 1 的截面积 A_1 是管口 2 截面积 A_2 的 1/4（即 $A_1 = 1/4A_2$），那么管口 1 液体流速 V_1 是管口 2 液体流速 V_2 的 4 倍（即 $V_1 = 4V_2$），也就是说管口越小，液体的流速越快。在连续不断的河流中，狭窄的地方水流快，宽阔的地方水流缓慢，就是这个道理。

图 10-18　液体流动连续性原理说明

10.2.2　液压千斤顶

1. 外形

液压千斤顶是利用液体传递压力实现重物顶举的装置。液压千斤顶外形如图 10-19 所示。

图 10-19　液压千斤顶外形

2. 基本结构与工作原理

液压千斤顶的基本结构与工作原理如图 10-20 所示。在工作时，先将杠杆往上提，通过连杆带动活塞 1 上移，油缸 1 的空间增大，单向阀 1 开启，油箱中的液压油被吸入油缸 1，然后将杠杆往下压，通过连杆带动活塞 1 下移，油缸 1 的液压油压力增大，单向阀 1 关闭，单向阀 2 被冲开，液压油被压入油缸 2，油缸 2 中液压油增多，推动活塞 2 上移，通过顶杆将重物往上顶举一定的高度。当再次将杠杆往上提时，活塞 1 上移，油缸

图 10-20　液压千斤顶的基本结构与工作原理

1的空间增大,单向阀2关闭,油缸2的液压油无法进入油缸1,而单向阀1会开启,油箱中的液压油被吸入油缸1,接着将杠杆往下压,活塞1下移,单向阀1关闭,单向阀2开启,液压油被压入油缸2,推动活塞2上移,通过顶杆将重物再次往上顶举一定的高度。打开放油阀,油缸中的液压油会通过放油阀流回油箱,活塞1和活塞2都会下移回位。

如果活塞1的截面积是活塞2的1/10,若要活塞2上移10cm,则须让活塞1往下移动100cm(多次下移距离累加),另外,只要作用在活塞1上的力略大于活塞2上重物的$\frac{1}{10}$重力(下压力),重物就能被顶起,由于在活塞1上使用了杠杆,在杠杆上可使用远小于重物$\frac{1}{10}$重力的作用力,就能将重物顶起。

10.2.3 电液推杆

1. 外形

电液推杆是采用电动机带动油泵并配合阀门控制液压油在液压缸的流动和流向,从而达到驱动推杆的伸出和缩回。电液推杆可分为一体式和分体式,如图10-21所示。

由于电液推杆采用液体传递压力,其推杆的力量较电动推杆更大。电液推杆与液压千斤顶工作原理基本相同,两者区别主要在于:电液推杆采用电动机带动油泵正反转来控制液体的流动和

图 10-21 一体式和分体式电液推杆

流向,而液压千斤顶是通过杠杆的上提和下压来控制液体的流动和流向。

2. 选用

在选择电液推杆时,主要考虑样式、推力、推杆行程和推速等参数,这些参数可从电液推杆的型号中获得。电液推杆的型号含义如图10-22所示。

图 10-22 电液推杆的型号含义

电液推杆选用举例：现需要一台整体直式的电液推杆，要求电机防爆，最大推力 10kN，行程 500mm，最大推度 110mm/s，使用角度为向下推，那么可选用型号为 DYTZB1000-500/110-X 的电液推杆。

10.2.4 电液换向阀

1. 外形

电液换向阀是利用电磁线圈控制阀心动作来改变液体流向的装置。电液换向阀多用在液压控制系统中，故也称作液压电磁换向阀。电液换向阀外形及内部阀心如图 10-23 所示，在底部有多个液体进出口，在工作时线圈通电产生磁场控制阀心在内部滑动，来切换接通不同的液体进出口。

图 10-23 电液换向阀外形及内部阀心

2. 结构与工作原理

电液换向阀的结构与工作原理如图 10-24 所示。当线圈 1、线圈 2 均不通电时，阀心处

a) 线圈1和线圈2都不通电

b) 线圈1通电

c) 线圈2通电

图 10-24 电液换向阀的结构与工作原理

于图 10-24a 位置，A、B、C、D 口内部都互不相通；当线圈 1 通电时，阀心处于图 10-24b 位置，A、B 口内部连通，C、D 口内部也连通；当线圈 2 通电时，阀心处于图 10-24c 位置，A、D 口内部连通，B、C 口内部连通。

3. 换向电磁阀的符号识读

在液压或气动控制系统中，为了简化绘图，常用符号表示各种装置。图 10-25 是两种常见的换向电磁阀的符号。

图 10-25a 为 2 位 3 通换向电磁阀。该电磁阀有一组线圈（符号左侧有线圈标志）和一个复位弹簧（符号右侧有弹簧标志），还有 3 个出入口，分别是一个输入口（用 P 表示，多个用 P_1、P_2…表示），一个输出口（用 A 表示，多个则用 A、B 等表示），一个排放口（用 O 表示，多个用 O_1、O_2…表示，也可用 R、S、T 表示）。在线圈未通电时，出入口之间的关系由标注字母的所在位来指明，即 P 口不通，A 口与 O 口连通，线圈通电后，电磁阀阀心动作，P 口与 A 口连通，O 口不通。

图 10-25b 为 3 位 4 通换向电磁阀。该电磁阀有两个线圈（符号左右均有线圈标志）和两个复位弹簧（符号左右均有弹簧标志），还有 4 个出入口，分别是一个输入口（用 P 表示），两个输出口（用 A、B 表示），一个排放口（用 O 表示）。在两线圈均未通电时，出入口之间的关系由标注字母的所在位来指明，即 P、A、B、O 口之间均不通，在左线圈通电时，电磁阀阀心往一侧运动，P 口与 A 口连通，B 口与 O 口连通，在右线圈通电时，电磁阀阀心往相反方向运动，P 口与 B 口连通，A 口与 O 口连通。

a) 2位3通换向电磁阀　　　　b) 3位4通换向电磁阀

图 10-25　换向电磁阀的符号

10.2.5　电液比例阀

1. 结构与工作原理

电液比例阀简称比例阀，是一种用电信号按比例控制阀门开启程度的装置。 普通电磁阀只有开和关两种状态，而电液比例阀的阀门开启程度与输入电信号成比例关系，如输入电信号越大，阀门开启程度越大。

电液比例阀的结构与工作原理如图 10-26 所示，其阀门一般采用锥阀，电控部分采用比例电磁铁，在未通电时，锥阀完全堵住阀口，阀门关闭，当比例电磁铁线圈通电时，阀杆往左移动，锥阀也左移，阀门打开，线圈电压越高，阀杆带动锥阀左移越多，阀门开启程度越大。

2. 外形

电液比例阀可通过改变电信号大小按比例控制阀门的开启程度，有的电液比例电磁阀还具有换向功能。电液比例阀外形如图 10-27 所示，图右边的电液比例阀具有比例阀和换向阀两种功能。

a) 未通电时   b) 通电时

图 10-26　电液比例阀的结构与工作原理

图 10-27　电液比例阀外形

10.2.6　电液伺服阀和电液数字阀

1. 电液伺服阀

电液伺服阀又称伺服阀，是一种用电信号控制阀门进而控制液压系统的流量和压力的装置。电液伺服阀外形如图 10-28 所示。

电液伺服阀控制准确度较电液比例阀更高，结构原理也更复杂，具有灵敏度高，快速性好，能将很小的电信号（比如 10mA）转换成很大的液压功率（如数十千瓦），可以驱动多种类型的负载的特点，广泛应用于航空、航天、舰船、冶金、化工等领域的电液伺服控制系统中。

图 10-28　电液伺服阀外形

2. 电液数字阀

电液比例阀和电液伺服阀都是采用模拟信号（连续变化的电压或电流）来控制阀门。

电液数字阀是一种用数字脉冲信号来控制阀门的装置，它通过数字脉冲信号来控制步进电机转动，而步进电机通过丝杠（带螺纹丝的螺杆）带动阀门前进和后退，输入脉冲越多，步进电机旋转角度越大，丝杠旋转带动阀门前进或后退距离越长，阀门开启程度越大或越小。

10.3　液压和气动系统的组成及说明

10.3.1　液压系统的组成及说明

液压系统是以电动机为动力驱动液压泵抽吸液压油，再通过各种阀门改变液压油的流向、流量和压力等，进入液压缸推动有关部件动作。液压系统利用液体传递压力，可以输出强大的作用力。

一个完整的液压系统由动力元件（液压泵）、执行元件（液压缸）、控制元件（各种液压阀）、辅助元件（油箱、管道、滤油器和压力表等）和液压油五部分组成。下面以图10-29 所示的磨床工作台液压系统为例来说明液压系统的组成及工作原理，图 10-29a 为系统结构图，图 10-29b 为系统符号图。

图 10-29　磨床工作台液压系统图

在工作时，液压泵从油箱中抽吸液压油进入管道 1，如果液压油过多则溢流阀自动打开，将一部分液压油经管道 6 泄放回油箱，管道 1 的液压油经节流阀调节流量后进入管道 2，然后再流入换向阀的 P 口，手动或通电控制换向阀，使 P 口与 A 口内部连通（B 口与 O 口内部同时连通），液压油从 A 口流出进入管道 3，而后流入液压缸的左侧空间。由于换向阀的 B 口与 O 口连通，故液压缸的右侧空间的液压油经换向阀（B 口→O 口）和管道 5 流到油箱。液压缸左侧液体压力大于右侧液体压力，活塞往右运动，与活塞联动的推杆也往右运动，推杆带动磨床的工作台往右运动。

　　如果需要工作台往左移动，可操作换向阀，使 P 口与 B 口内部连通（A 口与 O 口内部同时连通），管道 2 中的液压油从换向阀 P 口流入，再从 B 口流出进入管道 4，接着流入液压缸的右侧空间。由于换向阀的 A 口与 O 口已连通，液压缸的左侧空间的液压油经换向阀（A 口→O 口）和管道 5 流到油箱。液压缸右侧液体压力大于左侧液体压力，活塞与联动的推杆往左运动，推杆带动磨床的工作台也往左运动。

10.3.2　气动系统的组成及说明

　　气动系统是以压缩机为动力源，将气体压缩后通过不同功能的回路（基本回路或多个基本回路组成的复合回路），进行动力或信号的传递与控制。下面以图 10-30 所示的剪切机气动系统为例来说明气动系统的组成及工作原理，图 10-30a 为系统结构图，图 10-30b 为系统符号图。

图 10-30　剪切机气动系统图

　　在工作时，空气压缩机将吸入的空气压缩成高温高压的气体，该气体进入冷却器冷却，冷却时产生的冷凝水在分水排水器中排放掉，然后压缩空气进入储气罐储存，一部分气体经空气过滤器滤掉杂质，再通过减压阀调节气体流量，而后进入油雾器，往气体中喷入适量油雾，让气体具有一定润滑作用，压缩空气接着进入换向阀和行程阀。

　　在没有放入工件时，如图 10-31a 所示，行程阀中的弹簧使内部阀心左移，阀门关闭，这时从油雾器过来的压缩气体经 a 管道进入换向阀的下腔，推动阀心上移，换向阀弹簧压缩，上腔的气体经 o_2 口排入大气，换向阀阀心上移到图示位置时，压缩气体马上分作一路经换向阀和 b 管道进入气缸活塞的上部空间，气缸活塞受压下移，活塞下部空间的气体经 c 管道和换向阀从 o_1 口排入大气。

　　当在剪切机中放入工件时，如图 10-31b 所示，工件挤压行程阀的推杆而使内部阀心右移，阀门打开，d 管道与 o_3 口连通，换向阀的下腔与大气连通，下腔气体压力减小，在弹簧作用下，换向阀阀心下移至图示位置，这时压缩气体马上经换向阀和 c 管道进入气缸活塞下部空间，气缸活塞上部空间的气体通过 b 管道和换向阀的上腔从 o_2 口排入大气，气缸活塞下部空间气体压力大于上部空间的压力，活塞上移，带动剪切机上移，将工件剪断。

　　工件剪断后，会掉落或移开，行程阀中的弹簧使内部阀心左移，阀门关闭，d 管道与大气断开。以上剪切机的工作是自动完成的，由工件顶压行程阀触发剪切机切换气动剪切和收回动作。

图 10-31　剪切机气动控制原理说明图

10.3.3　气压传动、液压传动、电力拖动及机械传动的比较

1. 气压传动与液压传动的比较

气压传动与液压传动相比，主要有如下优点：

1）气压传动采用空气无成本费用，处理方便，不会污染环境；

2）空气的黏性小，在管路传输时的阻力远小于液压传动系统，远程传输时能量损失少；

3）系统工作压力低，气动元件制造准确度要求不高；

4）气动系统使用安全、维护简单，无油的气动控制系统特别适合用在电子设备、食品及医药的生产线；

5）气动元件制造材料可根据需要灵活选择，故能够在强腐蚀、强振动、强冲击和强辐射等恶劣的环境下正常工作。

气压传动与电力拖动、液压传动相比，有以下缺点：

1）气压传动装置的信号传递速度较慢，故工作频率和响应速度远不及电气电路，并且信号容易产生较大的失真和延滞，也不便于构成较复杂的回路；

2）气压传动系统的使用压力低（一般在 0.2~1.0MPa），不能用作功率大的动力系统；

3）空气的压缩性远大于液压油的压缩性，因此在动作的响应能力、工作速度的平稳性方面不如液压传动；

4）气压传动系统出力较小，且传动效率低。

2. 液压传动与电力拖动系统、机械系统比较

液压传动的优点是力量大、重量轻、惯性小以及输出刚度大。液压传动与电力拖动系统、机械系统比较，主要有以下优点：

1）液压传动的功率/质量比大。同样功率的系统，液压系统体积小、重量轻，液压系统通过提高系统的压力来提高输出功率，这时仅受到机械强度和密封技术的限制。在系统质量相同的情况下，液压系统的输出功率可达电力拖动或机械系统的 10 倍以上。

2）液压传动的输出力量大且响应速度快。

3）液压系统与机械系统相比，具有操作方便、省力、系统结构空间的自由度大和易于

实现自动化的优点，其传动比可达100∶1～2000∶1。液压系统若与电气控制配合，易实现复杂的动作和远程控制。

液压传动系统的缺点主要有：

1）由于液体传递过程中的压力损失和泄漏，会使传动效率低；

2）液压传动装置不能在高温下工作；

3）液压控制元件制造准确度要求高，当系统发生故障时不易诊断。

第11章 室内配电与照明插座电路的安装

室内配电电路的安装主要包括照明光源的安装、导线的选择与安装、插座与开关的安装及配电箱的安装等。室内配电电路安装好后，在室内可以获得照明，可以通过插座为各种家用电器供电，在电器出现过载和人体触电时能实现自动保护，另外还能对室内的用电量进行记录等。

11.1 照 明 光 源

在室内安装照明光源是配电电路安装最基本的操作。照明光源的种类很多，常见的有白炽灯、荧光灯、卤钨灯、高压汞灯和高压钠灯等。

图 11-1 白炽灯

11.1.1 白炽灯

1. 结构与原理

白炽灯是一种最常用的照明光源，它有卡口式和螺口式两种，如图 11-1 所示。

白炽灯内的灯丝为钨丝，当通电后钨丝温度升高到 2200~3300℃ 而发出强光，当灯丝温度太高时，会使钨丝蒸发过快而降低寿命，且蒸发后的钨沉积在玻璃壳内壁上，使壳内壁发黑而影响亮度，为此通常在 60W 以上的白炽灯玻璃壳内充有适量的惰性气体（氪、氩、氮等），这样可以减少钨丝的蒸发。

在选用白炽灯时，要注意其额定电压要与所接电源电压一致。若电源电压偏高，如电压偏高 10%，其发光效率会提高 17%，但寿命会缩短到原来的 28%；若电源电压偏低，其发光效率会降低，但寿命会延长。

2. 安装注意事项

在安装白炽灯时，要注意以下事项：

1）白炽灯座安装高度通常应在 2m 以上，环境差的场所应达 2.5m 以上；

2）照明开关的安装高度不应低于 1.3m；

3）对于螺口灯座，应将灯座的螺旋铜圈极与市电的零线（或称中性线）相连，相线（火线）与灯座中心铜极连接。

3. 开关控制电路

白炽灯的常用开关控制电路如图 11-2 所示，在实际接线时，导线的接头尽量安排在灯座和开关内部的接线端子上，这样做不但可减少电路连接的接头数，在电路出现故障时查找故障点比较容易。

a) 一只开关控制一盏灯   b) 两只开关控制两盏灯

c) 一只开关控制两盏灯   d) 两只双联开关控制一盏灯

图 11-2 白炽灯的常用开关控制电路

11.1.2 荧光灯

荧光灯又称日光灯，它是一种利用气体放电而发光的光源。 荧光灯具有光线柔和、发光效率高和寿命长等特点。

1. 工作原理

荧光灯主要由荧光灯管、辉光启动器（启辉器）和镇流器组成。 荧光灯的结构及电路连接如图 11-3 所示。

图 11-3 荧光灯的结构及电路连接

荧光灯工作原理说明如下：

当闭合开关 S 时，220V 电压通过熔断器、开关 S、镇流器和灯管的灯丝加到辉光启动器两端。由于辉光启动器内部的动、静触片距离很近，两触片间的电压使中间的气体电离发出辉光，辉光的热量使动触片弯曲与静触片接通，于是电路中有电流通过，其途径是：相线→熔断器→开关→镇流器→右灯丝→辉光启动器→左灯丝→零线，该电流流过灯管两端灯丝，灯丝温度升高。当灯丝温度升高到 850～900℃ 时，荧光管内的汞蒸发就变成气体。与此同时，由于辉光启动器动、静触片的接触而使辉光消失，动触片无辉光加热又恢复原样，从而使得动、静触片又断开，电路被突然切断，流过镇流器（实际是一个电感）的电流突然减小，镇流器两端马上产生很高的反峰电压，该电压与 220V 电压叠加送到灯管的两灯丝之间（即两灯丝间的电压为 220V 加上镇流器上的高压），使灯管两灯丝间的汞蒸气电离，同时发出紫外线，紫外线激发灯管壁上的荧光粉发光。

灯管内的汞蒸气电离后，汞蒸气变成导电的气体，它一方面发出紫外线激发荧光粉发光，另一方面将两灯丝电气连通。两灯丝通过电离的汞蒸气接通后，它们之间的电压下降（100V以下），辉光启动器两端的电压也下降，无法产生辉光，内部动、静触片处于断开状态，这时取下辉光启动器，灯管照样发光。

2. 荧光灯各部分说明

（1）荧光灯管

荧光灯管的结构如图11-4所示。

荧光灯管的功率与灯管长度、管径大小有一定的关系，一般来说灯管越长，管径越粗，其功率越大。表11-1列出了一些荧光灯管的管径尺寸与对应的功率。

图11-4 荧光灯管的结构

表11-1 荧光灯管的管径尺寸与对应的功率

管径代号	T5	T8	T10	T12
管径尺寸/mm	15	25	32	38
灯管功率/W	4、6、8、12、13	10、15、18、30、36	15、20、30、40	15、20、30、40、65、80、85、125

（2）辉光启动器

辉光启动器是由一只辉光放电管与一只小电容器并联而成的。辉光启动器的外形和结构如图11-5所示。辉光放电管的外形与内部结构如图11-6所示。

a) 外形   b) 结构

图11-5 辉光启动器的外形和结构

从图11-6可以看出，辉光放电管内部有一个动触片（U形双金属片）和一个静触片，在玻璃管内充有氖气或氩气，或氖氩混合惰性气体。当动、静触片之间加有一定的电压时，中间的惰性气体被击穿导电而出现辉光放电，动触片被辉光加热而弯曲与静触片接通。动、静触片接通后不再发生辉光放电，动触片开始冷却，经过1~8s的时间，动触片收缩回原来状态，动、静触片又断开。此时因灯管导通，辉光放电管动、静触片两端的电压很低，无法再击穿惰性气体产生辉光。另外，在辉光放电管两端一般会并联一个电容，用来消除动、静触片通断时产生的干扰信号，防止干扰无线电接收设备（如电视机和收音机）。

（3）镇流器

镇流器实际上是一个电感量较大的电感器，它是由线圈绕制在铁心上构成的。镇流器的外形及结构如图11-7所示。

a) 外形　　　　　　　　　　　　　b) 结构

图 11-6　辉光放电管的外形与内部结构

a) 外形　　　　　　　　　　　　　　　　　b) 结构

图 11-7　镇流器的外形与结构

　　电感式镇流器体积大、笨重，并且成本高，故现在很多荧光灯采用电子式镇流器。电子式镇流器采用电子电路来对荧光灯进行启动，同时还可以省去辉光启动器。

3. 荧光灯的安装

　　荧光灯的安装形式主要有吸顶式、钢管式和链吊式三种，其中链吊式不但可以避免振动，还有利于镇流器散热，故应用最为广泛。荧光灯的链吊式安装如图 11-8 所示，安装时先将灯座、辉光启动器和镇流器按图示方法安装在木架上，然后按前述的荧光灯接线原理图将各部件连接起来，最后由吊链进行整体吊装。

图 11-8　荧光灯的链吊式安装图

11.1.3　卤钨灯

卤钨灯是在白炽灯的基础上改进而来的，在充有惰性气体的白炽灯内再加入卤族元素（如氟、碘、溴等）就制成了卤钨灯。第一支实用的卤钨灯是 1959 年由美国通用电气公司研制成功的管型碘钨灯。由于卤钨灯具有体积小、发光效率高、色温稳定、几乎无光衰、寿命长等优点，问世后发展十分迅速，有逐渐取代白炽灯的趋势。

1. 结构与原理

根据充入卤族元素的不同，卤钨灯可分为碘钨灯、溴钨灯等，这里以碘钨灯为例来介绍卤钨灯。常见的碘钨灯外形与结构如图 11-9 所示。

a) 外形

b) 结构

图 11-9　碘钨灯的外形与结构

卤钨灯的石英灯管两端为电极，电极之间连接着钨丝，石英灯管内部充有惰性气体和碘。当给卤钨灯两个电极接上电源时，有电流流过钨丝，钨丝发热，钨丝因高温使部分钨蒸发而成为钨蒸气，它与灯管壁附近的碘发生化学反应而生成气态的碘化钨，通过对流和扩散碘化钨又返回到灯丝的高温区，高温将碘化钨分解成钨和卤素，钨沉积在灯丝表面，而碘则扩散到温度较低的灯管内壁附近，再继续与蒸发的钨化合。这个过程会不断循环，从而使钨灯丝不会因蒸发而变细，灯管壁上也不会有钨沉积，灯管始终保持透亮。

2. 使用注意事项

在使用和安装卤钨灯时，要注意以下事项：

1）卤钨灯对电源电压稳定性要求较高，当电压超过灯额定电压的 5% 时，灯的寿命会缩短 50%，因此要求电源电压变化在 2.5% 范围内；

2）卤钨灯要求水平安装，若倾斜超过 ±4°，则会严重影响使用寿命；

3）卤钨灯工作时，管壁温度很高（近 600℃），所以安装位置应远离易燃物，并且要加灯罩，接线最好采用耐高温导线。

11.1.4　高压汞灯

高压汞灯又称为高压水银灯，它是一种利用气体放电而发光的灯。

1. 结构与原理

高压汞灯的实物外形和结构如图 11-10 所示。

从图中可以看出，高压汞灯由两个玻璃管组成，外玻璃管内部装着一个小玻璃管，外玻璃管内壁涂有荧光粉，内玻璃管又称为放电管，它接有两个主电极和一个辅助电极，辅助电极上串有一个电阻，在放电管内部充有汞和氩气。

图 11-10   高压汞灯的实物外形与结构

在通电时，电压通过灯头加到主电极 1 和主电极 2，送给主电极 1 的电压另经过一个电阻加到辅助电极上。由于辅助电极与主电极 2 距离近，它们之间首先放电产生辉光，放电管内的气体电离。由于气体的电离，主电极 1 和主电极 2 之间也产生放电而发出白光，两主电极导通使它们之间的电压降低，因电阻的降压，主电极 2 与辅助电极之间的电压更低，它们之间放电停止。随着两主电极间的放电，放电管内温度升高，汞蒸气气压增大，放电管发出更明亮的可见蓝绿色光和不可见的紫外线，紫外线照射外玻璃管内壁上的荧光粉，荧光粉也发出光线。由此可见，高压汞灯通电后，并不是马上就会发出强光，而是光线慢慢变亮，这个过程称为高压汞灯的启动过程，耗时 4~8min。

2. 电路连接

高压汞灯具有负阻特性，即两主电极之间的电阻随着温度升高而变小，这是因为温度高，汞蒸气放电更彻底，通过的电流更大。这样就会出现温度升高→电阻更小→电流更大→温度更高的情况。随着温度不断升高，放电管内的气压不断增大，高压汞灯很容易损坏，所以需要给高压汞灯串接一个镇流器，对汞灯的电流进行限制，防止电流过大。高压汞灯与镇流器的连接如图 11-11 所示。

目前，市面上已有一种不用镇流器的高压汞灯，它是在高压汞灯内部的一个主电极上串接一根钨丝作为灯丝，如图 11-12 所示。高压汞灯在工作时，有电流流过灯丝，灯丝发光，另外灯丝因发热而阻值变大，并且温度越高阻值越大，这正好与放电管温度越高阻值越小相反，从而防止流过放电管的电流过大。这种高压汞灯具有光色种类多、启动快和使用方便等优点。

3. 使用注意事项

在安装和使用高压汞灯时，要注意以下事项：

1）高压汞灯要求电源电压稳定，当电压降低 5% 时，所需的启动时间长，并且容易自灭；

2）高压汞灯要垂直安装，若水平安装，亮度会降低，并且容易自灭；

3）如果选用普通的高压汞灯，需要串接镇流器，并且镇流器功率要与高压汞灯一致；

图 11-11　高压汞灯与镇流器的连接

图 11-12　不用镇流器的高压汞灯

4）高压汞灯外玻璃管破裂后仍可以发光，但会发出大量的紫外线，对人体有危害，应更换处理；

5）若在使用高压汞灯时突然关断电源，再通电点燃时，应间隔 10~15min。

11.2　室内配电布线

在室内配电布线的一般过程是：先根据室内情况和用户需要设计出配电方案，然后在室内进行布线（即安装导线），再安装开关和插座，最后安装配电箱。

11.2.1　了解整幢楼房的配电系统结构

在设计用户室内配电方案前，有必要先了解一下用户所在楼房的整体配电结构，图 11-13 所示为一幢 8 层共 16 个用户的配电系统图。楼电能表用于计量整幢楼的用电量，断路器用于接通或切断整幢楼的用电，整幢楼的每户都安装有电能表，用于计量每户的用电量，为了便于管理，这些电能表一般集中安装在一起管理（如安装在楼梯间或地下车库），用户可到电能表集中区查看电量。电能表的输出端接至室内配电箱，用户可根据需要，在室内配电箱安装多个断路器、漏电保护器等配电电器。

11.2.2　室内配电方式与配电原则

1. 配电方式

室内配电是指根据一定的方式将入户电源分配成多条电源支路，以提供给室内各处的插座和照明灯具。下面介绍三种住宅常用的配电方式。

（1）按家用电器的类型分配电源支路

在采用该配电方式时，可根据家用电器类型，从室内配电箱分出照明、电热、厨房电器、空调器等若干支路（或称回路）。由于该方式将不同类型的用电器分配在不同支路内，当某类型用电器发生故障需停电检修时，不会影响其他电器的正常供电。这种配电方式敷设线路长，施工工作量较大，造价相对较高。

图 11-14 所示为采用了按家用电器的类型来分配电源支路。三根入户线中的 L、N 线进入配电箱后先接用户总开关，厨房的用电器较多且环境潮湿，故用漏电保护器单独分出一条支路；一般住宅都有多台空调器，由于空调器功率较大，可分为两条支路（如一条接到客

厅大功率柜式空调器插座，另一条接到几个房间的小功率壁挂式空调器）；浴室的浴霸功率较大，也单独引出一条支路；卫生间比较潮湿，用漏电保护器单独分出一条支路；室内其他各处的插座分出两路来接，如一条支路接餐厅、客厅和过道的插座，另一条支路接三房的插座；照明灯具功率较小，故只分出一条支路接到室内各处的照明灯具。

图 11-13　一幢 8 层 16 用户的配电系统图

图 11-14　按家用电器的类型分配电源支路

（2）按区域分配电源支路

在采用该配电方式时，可从室内配电箱分出客餐厅、主卧室、客书房、厨房和卫生间等若干支路。该配电方式使各室供电相对独立，减少相互之间的干扰，一旦发生电气故障时仅影响一两处。这种配电方式敷设线路较短。图 11-15 所示为采用了按区域分配的电源支路。

（3）混合型分配电源支路

在采用该配电方式时，除了大功率的用电器（如空调器、电热水器、电取暖器等）单独设置电路回路以外，其他各电路回路并不一定分割得十分明确，而是根据实际房型和导线走向等因素来决定各用电器所属的电路回路。这样配电对维修和处理故障有一定不便，但由于配电灵活，可有效地减少导线敷设长度，节省投资，方便施工，所以这种配电方式使用较广泛。

图 11-15 按区域分配的电源支路

2. 配电原则

现在的住宅用电器越来越多，为了避免某一电器出现问题影响其他或整个电器的工作，需要在配电箱中将入户电源进行分配，以提供给不同的电器使用。不管采用哪种配电方式，在配电时应尽量遵循基本原则。

住宅配电的基本原则如下：

① **一个电路支路的容量应尽量在 1.5kW 以下，如果单个用电器的功率在 1kW 以上，建议单独设为一个支路。**

② **照明、插座尽量分成不同的电路支路。** 当插座电路连接的电气设备出现故障时，只会使该支路的电源中断，不会影响照明电路的工作，因此可以在有照明的情况下对插座电路进行检修，如果照明电路出现故障，可在插座电路接上临时照明灯具，对插座电路进行检查。

③ **照明可分成几个电路支路。** 当一个照明电路出现故障时，不会影响其他的照明电路工作，在配电时，可按不同的房间搭配分成两、三个照明电路。

④ **对于大功率用电器（如空调器、电热水器、电磁灶等），尽量一个电器分配一个电路支路，并且电路应选用截面积大的导线。** 如果多台大功率电器合用一个电路，当它们同时使用时，导线会因流过的电流很大而易发热，即使导线不会马上烧坏，长期使用也会降低导线的绝缘性能。与截面积小的导线相比，截面积大的导线的电阻更小，截面积大的导线对电能损耗更小，不易发热，使用寿命更长。

⑤ **潮湿环境（如浴室）的插座和照明灯具的电路支路必须采取接地保护措施。** 一般的插座可采用两极、三极普通插座，而潮湿环境需要用防溅三极插座，其使用的灯具如有金属外壳，则要求外壳必须接地（与 PE 线连接）。

11.2.3 配电布线

配电布线是指将导线从配电箱引到室内各个用电处（主要是灯具或插座）。布线分为明装布线和暗装布线，这里以常用的线槽式明装布线为例进行说明。

线槽布线是一种较常用的住宅配电布线方式，它是将绝缘导线放在绝缘槽板（塑料或木质）内进行布线，由于导线有槽板的保护，因此绝缘性能和安全性较好。塑料槽板布线用于干燥场合做永久性明线敷设，或用于简易建筑或永久性建筑的附加电路。

布线使用的线槽类型很多，其中使用最广泛的为 PVC 电线槽布线，其外形如图 11-16 所示，方形电线槽截面积较大，可以容纳更多导线，半圆形电线槽虽然截面积要小一些，因其外形特点，用于地面布线时不易绊断。

图 11-16　PVC 电线槽外形

1. 布线定位

在线槽布线定位时，要注意以下几点：

1）先确定各处的开关、插座和灯具的位置，再确定线槽的走向。插座采用明装时距离地面一般为 1.3~1.8m，采用暗装时距离地面一般为 0.3~0.5m，普通开关安装高度一般为 1.3~1.5m，开关距离门框约 20cm，拉线开关安装高度为 2~3m。

2）线槽一般沿建筑物墙、柱、顶的边角处布置，要横平竖直，尽量避开不易打孔的混凝土梁、柱。

3）线槽一般不要紧靠墙角，应隔一定的距离，紧靠墙角不易施工。

4）在弹（画）线定位时，如图 11-17 所示，横线弹在槽上沿，纵线弹在槽中央位置，这样安装好线槽后就可将定位线遮拦住，使墙面干净整洁。

图 11-17　在墙壁上画线定位

2. 线槽的安装

线槽外形与安装如图 11-18 所示，先用钉子将电线槽的槽板固定在墙壁上，再在槽板内铺入导线，然后给槽板压上盖板即可。

在安装线槽时，应注意以下几个要点：

1）在安装线槽时，内部钉子之间相隔距离不要大于 50cm，如图 11-19a 所示；

2）在线槽连接安装时，线槽之间可以直角拼接安装，也可切割成 45°拼接安装，钉子与拼接中心点距离不大于 5cm，如图 11-19b 所示；

3）线槽在拐角处采用45°拼接，钉子与拼接中心点距离不大于5cm，如图11-19c所示；

4）线槽在T字形拼接时，可在主干线槽旁边切出一个凹三角形口，分支线槽切成凸三角形，再将分支线槽的三角形凸头插入主干线槽的凹三角形口，如图11-19d所示；

5）线槽在十字形拼接时，可将四个线槽头部端切成凸三角形，再拼接在一起，如图11-19e所示；

6）线槽在与接线盒（如插座、开关底盒）连接时，应将两者紧密无缝隙地连接在一起，如图11-19f所示。

图11-18 线槽外形与安装

3. 用配件安装线槽

为了让线槽布线更为美观和方便，可采用配件来连接线槽。PVC电线槽常用的配件如图11-20所示，这些配件在线槽布线的安装位置如图11-21所示，要注意的是，该图仅用来说明各配件在线槽布线时的安装位置，并不代表实际的布线。

4. 线槽布线的配电方式

在线管暗装布线时，由于线管被隐藏起来，故将配电分成多个支路并不影响室内整洁美观，而采用线槽明装布线时，如果也将配电也分成多个支路，在墙壁上明装敷设大量的线槽，不但不美观，而且比较碍事。**为适合明装布线的特点，线槽布线常采用区域配电方式。配电电路的连接方式主要有：①单主干接多分支方式；②双主干接多分支方式；③多分支方式。**

图11-19 线槽安装要点

图 11-20　PVC 电线槽常用的配件

图 11-21　线槽配件在线槽布线时的安装位置

（1）单主干接多分支配电方式

单主干接多分支方式是一种低成本的配电方式，它是从配电箱引出一路主干线，该主干线依次走线到各厅室，每个厅室都用接线盒从主干线处接出一路分支线，由分支电路为本厅室配电。

　　单主干接多分支的配电方式如图 11-22 所示，从配电箱引出一路主干线（采用与入户线相同截面积的导线），根据住宅的结构，并按走线最短原则，主干线从配电箱出来后，先后依次经过餐厅、厨房、过道、卫生间、主卧室、客房、书房、客厅和阳台，在餐厅、厨房等合适的主干线经过的位置安装接线盒，从接线盒中接出分支电路，在分支电路上安装插座、开关和灯具。主干线在接线盒穿盒而过，接线时不要截断主干线，只要剥掉主干线部分绝缘层，分支线与主干线采用 T 形接线。在给带门的房室内引入分支电路时，可在墙壁上钻孔，然后给导线加保护管进行穿墙。

图 11-22　单主干接多分支的配电方式

　　单主干接多分支方式的某房间走线与接线如图 11-23 所示。该房间的插座线和照明线通过穿墙孔接外部接线盒中的主干线，在房间内，照明电路的零线直接去照明灯具，相线先进入开关，经开关后去照明灯具，插座线先到一个插座，在该插座的底盒中，将电路分作两个

图 11-23　某房间的走线与接线

分支，分别去接另两个插座，导线接头是电路容易出现问题的地方，不要放在线槽中。

（2）双主干接多分支方式

双主干接多分支方式是从配电箱引出照明和插座两路主干线，这两路主干线依次走线到各厅室，每个厅室都用接线盒从两路主干线分别接出照明和插座支路线，为本厅室照明和插座配电。由于双主干接多分支配电方式要从配电箱引出两路主干线，同时配电箱内需要两个控制开关，故较单主干接多分支方式的成本要高，但由于照明和插座分别供电，当一路出现故障时可暂时使用另一路供电。

双主干接多分支的配电方式如图 11-24 所示，该方式的某房间走线和接线与图 11-23 是一样的。

（3）多分支配电方式

多分支配电方式是根据各厅室的位置和用电功率，划分为多个区域，从配电箱引出多路分支电路，分别供给不同区域。为了不影响房间美观，线槽明线布线通常使用单路线槽，而单路线槽不能容纳很多导线（在线槽明装布线时，导线总截面积不能超过线槽截面积的60%），故在确定分支电路的个数时，应考虑线槽与导线的截面积。

多分支的配电方式如图 11-25 所示，它将一户住宅用电分为三个区域，在配电箱中将用电分作三条分支电路，分别用开关控制各支路供电的通断，三条支路共9根导线通过单路线槽引出，当分支电路1到达用电区域一的合适位置时，将分支电路1从线槽中引到该区域的接线盒，在接线盒再接成三路分支，分别供给餐厅、厨房和过道，当分支电路2到达用电区域二的合适位置时，将分支电路2从线槽中引到该区域的接线盒，在接线盒中接成三路分支，分别供给主卧室、书房和客房，当分支电路3到达用电区域三的合适位置时，将分支电路3从线槽中引到该区域的接线盒，在接线盒接成三路分支，分别供给卫生间、客厅和阳台。

图 11-24　双主干接多分支的配电方式

由于线槽中导线的数量较多，为了方便区别分支电路，可每隔一段距离用标签对各分支电路作上标记。

5. 导线连接点的处理

在室内布线时，除了要安装主干线外，还要安装分支线，而分支线与主干线连接时就会产生连接点。**导线连接点是电气电路的薄弱环节，容易出现氧化、漏电和接触不良等故障，如果采用槽板、套管和暗敷布线时，由于无法看见导线，故连接点出现故障后很难查找。**

图 11-25 多分支的配电方式

正确处理导线连接点可以提高电气电路的稳定性，并且在出现故障后易于检查。处理导线连接点常用的方法是将连接点放在插座和接线盒内。

（1）将导线连接点放在插座内

要安装一个插座，如果按图 11-26a 所示的做法在主干线上接分支线，再将插座接在分支线上，就会产生两个接线点。正常的做法是按图 11-26b 所示的方法，将主干线引入插座，并将连接点放在插座的接线端上，主干线仍引出插座。

（2）将导线连接点放在接线盒中

如果导线分支处没有插座，那么也可以在分支处专门安装一个接线盒。图 11-27a 所示是没有使用接线盒的导线连接，它有两个连接点，采用接线盒后，可以将分支连接点安装在接线盒的两个接线端上，如图 11-27b、c 所示。导线连接点除了可以放在插座和接线盒中，还可以放在开关和灯具的灯座中。由于室内配电导线故障大多数发生在导线连接点，因此，当配电电路出现故障后，可先检查插座、接线盒内的导线连接点。

图 11-26 将导线连接点放在插座内

图 11-27 将导线连接点放在接线盒中

11.3 开关、插座和配电箱的安装

11.3.1 开关的安装

1. 暗装开关的拆卸与安装

（1）暗装开关的拆卸

拆卸是安装的逆过程，在安装暗装开关前，先了解一下如何拆卸已安装的暗装开关。单联暗装开关的拆卸如图 11-28 所示，先用一字螺钉旋具插入开关面板的缺口，用力撬下开关面板，再撬下开关盖板，然后旋出固定螺钉，就可以拆下开关主体。多联暗装开关的拆卸与单联暗装开关大同小异，如图 11-29 所示。

a) 撬下面板　　　　b) 撬下盖板　　　　c) 旋出固定螺钉　　　d) 拆下开关主体

图 11-28 单联暗装开关的拆卸

（2）暗装开关的安装

由于暗装开关是安装在暗盒上的，在安装暗装开关时，要求暗盒（又称安装盒或底盒）已嵌入墙内并已穿线，如图 11-30 所示，暗装开关的安装如图 11-31 所示，先从暗盒中拉出导线，接在开关的接线端，然后用螺钉将开关主体固定在暗盒上，再依次装好盖板和面板即可。

2. 明装开关的安装

明装开关直接安装在建筑物表面。明装开关有分体式和一体式两种类型。

分体式明装开关如图 11-32 所示，分体式明装开关采用明盒与开关组合。在安装分体式明装开关时，先用电钻在墙壁上钻孔，接着往孔内敲入膨胀管（胀塞），然后将螺钉穿过明盒的底孔并旋入膨胀管，将明盒固定在墙壁上，再从侧孔将导线穿入底盒并与开关的接线端连接，最后用螺钉将开关固定在明盒上。明装与暗装所用的开关是一样的，但底盒不同，由于暗装底盒要嵌入墙壁，底部无须螺钉固定孔，如图 11-33 所示。

| a) 未撬下面板 | b) 已撬下面板 | c) 已撬下一个开关盖板 |

图 11-29 多联暗装开关的拆卸

图 11-30 已嵌入墙壁并穿好线的暗盒

暗盒　开关主体 安装螺钉　盖板　面板

图 11-31 暗装开关的安装

图 11-32 分体式明装开关(明盒+开关)

图 11-33 暗盒(底部无螺钉孔)

一体式明装开关如图 11-34 所示,在安装时先要撬开面板盖,才能看见开关的固定孔,用螺钉将开关固定在墙壁上,再将导线引入开关并接好线,然后合上面板盖即可。

图 11-34 一体式明装开关

3. 开关的安装要点

开关的安装要点如下：

1）开关的安装位置以距地约 1.4m，距门口约 0.2m 处为宜；

2）为避免水汽进入开关而影响开关寿命或导致电气事故，卫生间的开关最好安装在卫生间门外，若必须安装在卫生间内，应给开关加装防水盒；

3）开敞式阳台的开关最好安装在室内，若必须安装在阳台，应给开关加装防水盒；

4）在接线时，必须要将相线接开关，相线经开关后再去接灯具，零线直接接灯具。

11.3.2 插座的安装

插座种类很多，常用的基本类型有两孔、三孔、四孔、五孔插座和三相四线插座，还有带开关插座，如图 11-35 所示，从图中可以看出，三孔插座有三个接线端，四孔插座有两个接线端（对应的上下插孔内部相通），五孔插座有三个接线端，三相四线插座有四个接线端，一开三孔插座有五个接线端（两个为开关端，三个为插座端），一开五孔插座也有五个接线端。

三孔插座　　　　　　　　　　四孔插座

五孔插座　　　　　　　　　三相四线插座

一开三孔插座　　　　　　　　一开五孔插座

图 11-35　常用插座及接线端

1. 暗装插座的拆卸与安装

暗装插座的拆卸方法与暗装开关是一样的，暗装插座的拆卸如图 11-36 所示。

暗装插座的安装与暗装开关也是一样的，先从暗盒中拉出导线，按极性规定将导线与插座相应的接线端连接，然后用螺钉将插座主体固定在暗盒上，再盖好面板即可。

2. 明装插座的安装

与明装开关一样，明装插座也有分体式和一体式两种类型。

分体式明装插座如图 11-37 所示，分体式明装插座采用明盒与插座组合，明装与暗装所用的插座是一样的。安装分体式明装插座与安装分体式明装开关一样，将明盒固定在墙壁上，再从侧孔将导线穿入底盒并与插座的接线端连接，最后用螺钉将插座固定在明盒上。

一体式明装插座如图 11-38 所示，在安装时先要撬开面板盖，可以看见插座的螺钉孔和接线端，用螺钉将插座固定在墙壁上，并接好线，然后合上面板盖即可。

3. 插座安装接线的注意事项

在安装插座时，要注意以下事项：

1）在选择插座时，要注意插座的电压和电流规格，住宅用插座电压通常规格为 220V，电流等级有 10A、16A、25A 等，插座所接的负载功率越大，要求插座电流等级越大；

2）如果需要在潮湿的环境（如卫生间和开敞式阳台）安装插座，应给插座安装防水盒；

3）在接线时，插座的插孔一定要按规定与相应极性的导线连接。插座的接线极性规律如图 11-39 所示。**单相两孔插座的左极接 N 线（零线），右极接 L 线（相线）；单相三孔插座的左极接 N 线，右极接 L 线，中间极接 E 线（地线）；三相四线插座的左极接 L_3 线（相线 3），右极接 L_1 线（相线 1），上极接 E 线，下极接 L_2 线（相线 2）。**

图 11-36　暗装插座的拆卸

图 11-37　分体式明装插座（明盒+插座）

图 11-38   一体式明装插座

a) 单相两孔插座   b) 单相三孔插座   c) 三相四线插座

图 11-39   插座的接线极性规律

11.3.3   配电箱的安装

1. 配电箱的外形与结构

家用配电箱种类很多，图 11-40 所示为一个已经安装配电电器并接线的配电箱（未安装前盖）。

2. 配电电器的安装与接线

在配电箱中安装的配电电器主要有断路器和漏电保护器，在安装这些配电电器时，需要将它们固定在配电箱内部的导轨上，再给配电电器接线。

图 11-40   一个已经安装配电电器并接线的配电箱

图 11-41 所示为配电箱电路原理图，图 11-42 是与之对应的配电箱的配电电器接线示意图。三根入户线（L、N、PE）进入配电箱，其中 L、N 线接到总断路器的输入端。而 PE 线直接接到地线公共接线柱（所有接线柱都是相通的），总断路器输出端的 L 线接到 3 个漏电保护器的 L 端和 5 个单极断路器的输入端，总断路器输出端的 N 线接到 3 个漏电保护器的 N 端和零线公共接线柱。在输出端，每个漏电保护器的 2 根输出线（L、N）和 1 根由地线公共接线柱引来的 PE 线组成一个分支电路，而单极断路器的 1 根输出线（L）和 1 根由零线公共接线柱引来的 N 线，再加上 1 根由地线公共接线柱引来的 PE 线组成一个分支电路，由于照明电路一般不需地线，故该分支电路未使用 PE 线。

在安装住宅配电箱时，当箱体高度小于 60cm 时，箱体下端距离地面宜为 1.5m，箱体高度大于 60cm 时，箱体上端距离地面不宜大于 2.2m。

在配电箱接线时，对导线颜色也有规定：相线应为黄、绿或红色，单相线可选择其中一种颜色，零线（中性线）应为浅蓝色，保护地线应为绿、黄双色导线。

图 11-41 配电箱电路原理图

图 11-42 配电箱的配电电器接线示意图

第12章 变频器的使用

12.1 变频器的基本组成与调速原理

12.1.1 异步电动机的调速方式

当三相异步电动机定子绕组通入三相交流电后，定子绕组会产生旋转磁场，旋转磁场的转速 n_0 与交流电源的频率 f 及电动机的磁极对数 p 有如下关系

$$n_0 = 60f/p$$

电动机转子的旋转速度 n（即电动机的转速）略低于旋转磁场的旋转速度 n_0（又称同步转速），两者的转速差称为转差 s， 电动机的转速为

$$n = (1-s)60f/p$$

由于转差 s 很小，一般为 $0.01 \sim 0.05$，为了计算方便，可近似认为电动机的转速与定子的旋转磁场转速相同，即电动机转速近似为

$$n = 60f/p$$

从上面的近似公式可以看出，三相异步电动机的转速 n 与交流电源的频率 f 和电动机的磁极对数 p 有关，当交流电源的频率 f 发生改变时，电动机的转速就会发生变化。通过改变电动机的磁极对数 p 来调节电动机转速的方法称为变极调速。通过改变交流电源的频率来调节电动机转速的方法称为变频调速，变频器是通过改变交流电源频率来调节电动机的转速。

12.1.2 变频器的基本组成

变频器是一种典型的采用了变频技术的电气设备。变频器的功能是将工频（50Hz 或 60Hz）交流电源换成频率可变的交流电源提供给电动机，通过改变输出电源的频率来对电动机进行调速控制。

1. 外形

图 12-1 列出了几种常见的变频器。

2. 变频器的基本结构及原理

变频器种类很多，主要可分为两类：交-直-交型变频器和交-交型变频器。

（1）交-直-交型变频器的结构与原理

交-直-交型变频器利用电路先将工频交流电源转换成直流电源，再将直流电源转换成频率可变的交流电源，然后提供给电动机，通过调节输出电源的频率来改变电动机的转速。交-直-

交型变频器的典型结构如图 12-2 所示。

图 12-1 几种常见的变频器

图 12-2 交-直-交型变频器的典型结构框图

下面对照图 12-2 所示框图说明交-直-交型变频器工作原理。

工频交流电源经整流电路转换成脉动的直流电，直流电再经中间电路进行滤波平滑，然后送到逆变电路，与此同时，控制系统会产生驱动脉冲，经驱动电路放大后送到逆变电路，在驱动脉冲的控制下，逆变电路将直流电转换成频率可变的交流电并送给电动机，驱动电动机运转。改变逆变电路输出交流电的频率，电机转速就会发生相应的变化。

整流电路、中间电路和逆变电路构成变频器的主电路，用来完成交-直-交的转换。由于主电路工作在高电压大电流状态，为了保护主电路，变频器通常设有主电路电压检测和输出电流检测电路，当主电路电压过高或过低时，电压检测电路则将该情况反映给控制电路，当变频器输出电流过大（如电动机负荷大）时，电流取样元件或电路会产生过流信号，经电流检测电路处理后也送到控制电路。当主电路出现电压不正常或输出电流过大时，控制电路通电检测电路获得该情况后，会根据设定的程序做出相应的控制，如让变频器主电路停止工作，并发出相应的报警指示。

控制电路是变频器的控制中心，当它接收到输入调节装置或通信接口送来的指令信号后，会发出相应的控制信号去控制主电路，使主电路按设定的要求工作，同时控制电路还会将有关的设置和机器状态信息送到显示装置，以显示有关信息，便于用户操作或了解变频器的工作情况。

变频器的显示装置一般采用显示屏和指示灯；输入调节装置主要包括按钮、开关和旋钮等；通信接口用来与其他设备（如 PLC）进行通信，接收它们发送过来的信息，同时还将变频器有关信息反馈给这些设备。

（2）交-交型变频器的结构与原理

交-交型变频器利用电路直接将工频交流电源转换成频率可变的交流电源并提供给电动机，通过调节输出电源的频率来改变电动机的转速。交-交型变频器的结构如图 12-3 所示。从图中可以看出，交-交型变频器与交-直-交型变频器的主电路不同，它采用交-交变频电路直接将工频交流电源转换成频率可调的交流电源的方式进行变频调速。

图 12-3　交-交型变频器的结构框图

交-交变频电路一般只能将输入交流电频率降低输出，而工频交流电源频率本来就低，所以交-交型变频器的调速范围很窄，另外这种变频器要采用大量的晶闸管等电力电子器件，导致装置体积大、成本高，故交-交型变频器使用远没有交-直-交型变频器广泛，因此本章主要介绍交-直-交型变频器。

12.2　变频器的结构与接线说明

变频器生产厂家很多，主要有三菱、西门子、富士、施耐德、ABB、安川和台达等，每个厂家都生产很多型号的变频器。虽然变频器种类繁多，但由于基本功能是一致的，所以使用方法大同小异，本章以三菱 FR-A500 系列中的 FR-A540 型变频器为例来介绍变频器的使用。

12.2.1　外形、结构与拆卸

1. 外形

三菱 FR-A540 型变频器外形如图 12-4 所示。

2. 型号含义

三菱 FR-A540 型变频器的型号含义如下：

$$FR - \boxed{A540} - \boxed{0.4} \ K - CH$$

| A540 | 3相400V系列 |
| A520 | 3相200V系列 |

变频器容量
用kW表示

3. 结构

三菱 FR-A540 型变频器结构说明如图 12-5 所示，其中图 12-5a 为带面板的前视结构图，图 12-5b 为拆下面板后的结构图。

4. 面板的拆卸

面板拆卸包括前盖板的拆卸和操作面板（FR-DU04）的拆卸（以 FR-A540-0.4K～7.5K 型号为例）。

（1）前盖板的拆卸

前盖板的拆卸如图 12-6 所示，具体过程如下：

1）用手握住前盖板上部两侧并向下推；

2）握着向下的前盖板向身前拉，就可将前盖板拆下。

（2）操作面板的拆卸

如果仅需拆卸操作面板，可按如图 12-7 所示方法进行操作，在拆卸时，按着操作面板上部的按钮，即可将面板拉出。

图 12-4 三菱 FR-A540 型变频器外形

a) 带面板的前视结构图　　　　　　　　b) 拆下面板后的结构图

图 12-5 三菱 FR-A540 型变频器结构说明

图 12-6 前盖板的拆卸

图 12-7 拆卸操作面板

12.2.2 端子功能与接线

变频器的端子主要有主电路端子和控制电路端子。在使用变频器时，应根据实际需要正确地将有关端子与外部元件（如开关、继电器等）连接起来。

1. 总接线图

三菱 FR-A540 型变频器总接线如图 12-8 所示。

图 12-8　三菱 FR-A540 型变频器总接线

2. 端子功能说明

（1）主电路端子

主电路端子说明见表 12-1。

表 12-1　主电路端子说明

端子记号	端子名称	说　明
R,S,T	交流电源输入	连接工频电源。当使用高功率因数转换器时,确保这些端子不连接(FR-HC)
U,V,W	变频器输出	接三相笼型异步电动机
R₁,S₁	控制电路电源	与交流电源端子 R,S 连接。在保持异常显示和异常输出时或当使用高功率因数转换器(FR-HC)时,请拆下 R-R₁ 和 S-S₁ 之间的短路片,并提供外部电源到此端子
P,PR	连接制动电阻器	拆开端子 PR-PX 之间的短路片,在 P-PR 之间连接选件制动电阻器(FR-ABR)
P,N	连接制动单元	连接选件 FR-BU 型制动单元或电源再生单元(FR-RC)或高功率因数转换器(FR-HC)
P,P₁	连接改善功率因数 DC 电抗器	拆开端子 P-P₁ 间的短路片,连接选件改善功率因数用电抗器(FR-BEL)
PR,PX	连接内部制动电路	用短路片将 PX-PR 间短路时(出厂设定)内部制动电路便生效(7.5K 以下装有)
⏚	接地	变频器外壳接地用,必须接大地

（2）控制电路端子

控制电路端子说明见表 12-2。

表 12-2　控制电路端子说明

类型	端子记号	端子名称	说　明	
输入信号	STF	正转起动	STF 信号处于 ON 便正转,处于 OFF 便停止。程序运行模式时为程序运行开始信号(ON 开始,OFF 静止)	当 STF 和 STR 信号同时处于 ON 时,相当于给出停止指令
	STR	反转起动	STR 信号 ON 为逆转,OFF 为停止	
	STOP	起动自保持选择	使 STOP 信号处于 ON,可以选择起动信号自保持	
	RH,RM,RL	多段速度选择	用 RH,RM 和 RL 信号的组合可以选择多段速度	输入端子功能选择（Pr.180 到 Pr.186）用于改变端子功能
	JOG	点动模式选择	JOG 信号 ON 时选择点动运行(出厂设定)。用起动信号(STF 和 STR)可以点动运行	
	RT	第 2 加/减速时间选择	RT 信号处于 ON 时选择第 2 加减速时间。设定了[第 2 力矩提升][第 2V/F(基底频率)]时,也可以用 RT 信号处于 ON 时选择这些功能	
	MRS	输出停止	MRS 信号为 ON(20ms 以上)时,变频器输出停止。用电磁制动停止电机时,用于断开变频器的输出	
	RES	复位	用于解除保护电路动作的保持状态。使端子 RES 信号处于 ON 在 0.1s 以上,然后断开	
	AU	电流输入选择	只在端子 AU 信号处于 ON 时,变频器才可用直流 4~20mA 作为频率设定信号	输入端子功能选择（Pr.180 到 Pr.186）用于改变端子功能
	CS	瞬停电再起动选择	CS 信号预先处于 ON,瞬时停电再恢复时变频器便可自动起动。但用这种运行必须设定有关参数,因为出厂时设定为不能再起动	
	SD	公共输入端子(漏型)	接点输入端子和 FM 端子的公共端。直流 24V,0.1A(PC 端子)电源的输出公共端	
	PC	直流 24V 电源和外部晶体管公共端接点输入公共端(源型)	当连接晶体管输出(集电极开路输出),例如可编程控制器时,将晶体管输出用的外部电源公共端接到这个端子时,可以防止因漏电引起的误动作,这端子可用于直流 24V,0.1A 电源输出。当选择源型时,这端子作为接点输入的公共端	

（起动接点·功能设定）

（续）

类型		端子记号	端子名称	说　明	
模拟	频率设定	10E	频率设定用电源	DC10V，容许负荷电流10mA	按出厂设定状态连接频率设定电位器时，与端子10连接
		10		DC5V，容许负荷电流10mA	当连接到10E时，请改变端子2的输入规格
		2	频率设定（电压）	输入DC0~5V（或DC0~10V）时5V（DC10V）对应于最大输出频率。输入输出成比例。用参数单元进行输入直流0~5V（出厂设定）和DC0~10V的切换。输入阻抗10kΩ，容许最大电压为直流20V	
		4	频率设定（电流）	DC4~20mA，20mA为最大输出频率，输入，输出成比例。只在端子AU信号处于ON时，该输入信号有效，输入阻抗250Ω，容许最大电流为30mA	
		1	辅助频率设定	输入DC0~±5V或DC0~±10V时，端子2或4的频率设定信号与这个信号相加。用参数单元进行输入DC0~±5V或DC0~±10V（出厂设定）的切换。输入阻抗10kΩ，容许电压±DC20V	
		5	频率设定公共端	频率设定信号（端子2,1或4）和模拟输出端子AM的公共端子。请不要接大地	
输出信号	接点	A,B,C	异常输出	指示变频器因保护功能动作而输出停止的转换接点，AC200V,0.3A,DC30V,0.3A，异常时：B-C间不导通（A-C间导通），正常时：B-C间导通（A-C间不导通）	输出端子的功能选择通过（Pr.190到Pr.195）改变端子功能
	集电极开路	RUN	变频器正在运行	变频器输出频率为起动频率（出厂时为0.5Hz，可变更）以上时为低电平，正在停止或正在直流制动时为高电平。容许负荷为DC24V,0.1A	
		SU	频率到达	输出频率达到设定频率的±10%（出厂设定，可变更）时为低电平，正在加/减速或停止时为高电平。容许负荷为DC24V,0.1A	
		OL	过负荷报警	当失速保护功能动作时为低电平，失速保护解除时为高电平。容许负荷为DC24V,0.1A	
		IPF	瞬时停电	瞬时停电，电压不足保护动作时为低电平，容许负荷为DC24V,0.1A	
		FU	频率检测	输出频率为任意设定的检测频率以上时为低电平，以下时为高电平，容许负荷为DC24V,0.1A	
		SE	集电极开路输出公共端	端子RUN,SU,OL,IPF,FU的公共端子	
	脉冲	FM	指示仪表用	可以从16种监视项目中选一种作为输出，例如输出频率，输出信号与监视项目的大小成比例	出厂设定的输出项目：频率容许负荷电流1mA 60Hz时1440脉冲/s
	模拟	AM	模拟信号输出		出厂设定的输出项目：频率输出信号0到DC10V 容许负荷电流1mA
通信	RS-485	—	PU接口	通过操作面板的接口，进行RS-485通信 ·遵守标准：EIA　RS-485标准 ·通信方式：多任务通信 ·通信速率：最大：19200bit/s ·最长距离：500m	

12.3　操作面板的使用

变频器的主电路和控制电路接好后，就可以对变频器进行操作。变频器的操作方式较多，最常用的方式就是在面板上对变频器进行各种操作。

12.3.1 操作面板介绍

变频器安装有操作面板，面板上有按键、显示屏和指示灯，通过观察显示屏和指示灯来操作按键，可以对变频器进行各种控制和功能设置。三菱 FR-A540 型变频器的操作面板如图 12-9 所示。

操作面板按键和指示灯的功能说明见表 12-3。

图 12-9 三菱 FR-A540 型变频器的操作面板

表 12-3 操作面板按键和指示灯的功能说明

按键	MODE 键	可用于选择操作模式或设定模式
	SET 键	用于确定频率和参数的设定
	▲/▼ 键	·用于连续增加或降低运行频率。按下这个键可改变频率 ·在设定模式中按下此键,则可连续设定参数
	FWD 键	用于给出正转指令
	REV 键	用于给出反转指令
	STOP RESET 键	·用于停止运行 ·用于保护功能动作输出停止时复位变频器(用于主要故障)
指示灯	Hz	显示频率时点亮
	A	显示电流时点亮
	V	显示电压时点亮
	MON	监视显示模式时点亮
	PU	PU 操作模式时点亮
	EXT	外部操作模式时点亮
	FWD	正转时闪烁
	REV	反转时闪烁

12.3.2 操作面板的使用

1. 模式切换

要对变频器进行某项操作，须先在操作面板上切换到相应的模式，例如要设置变频器的工作频率，须先切换到"频率设定模式"，再进行有关的频率设定操作。在操作面板可以进行五种模式的切换。

变频器接通电源后（又称上电），变频器自动进入"监视模式"，如图 12-10 所示，操作面板上的"MODE"键可以进行模式切换，第一次按"MODE"键进入"频率设定模式"，再按"MODE"键进入"参数设定模式"，反复按"MODE"键可以进行"监视、频率设定、参数设定、操作、帮助"五种模式切换。当切换到某一模式后，操作"SET"键或"

▲"或"▼"键则对该模式进行具体设置。

图 12-10 模式切换操作方法

2. 监视模式的设置

监视模式用于显示变频器的工作频率、电流大小、电压大小和报警信息，便于用户了解变频器的工作情况。

监视模式的设置方法是：先操作"MODE"键切换到监视模式（操作方法见模式切换），再按"SET"键就会进入频率监视，如图 12-11 所示，然后反复按"SET"键，可以让监视模式在"电流监视"、"电压监视"、"报警监视"和"频率监视"之间切换，若按"SET"键超过 1.5s，会自动切换到上电监视模式。

图 12-11 监视模式的设置方法

3. 频率设定模式的设置

频率设定模式用来设置变频器的工作频率，也就是设置变频器逆变电路输出电源的频率。

频率设定模式的设置方法是：先操作"MODE"键切换到频率设定模式，再按"▲"或"▼"键可以设置频率，如图 12-12 所示，设置好频率后，按"SET"键就将频率存储下来（也称写入设定频率），这时显示屏就会交替显示频率值和频率符号 F，这时若按下"MODE"键，显示屏就会切换到频率监视状态，监视变频器工作频率。

图 12-12 频率设定模式的设置方法

4. 参数设定模式的设置

参数设定模式用来设置变频器各种工作参数。三菱 FR-A540 型变频器有近千种参数，每种参数又可以设置不同的值，如第 79 号参数用来设置操作模式，其可设置值有 0~8，若将 79 号参数值设置为 1 时，就将变频器设置为 PU 操作模式，将参数值设置为 2 时，会将变频器设置为外部操作模式。将 79 号参数值设为 1，通常记作 Pr. 79 = 1。

参数设定模式的设置方法是：先操作"MODE"键切换到参数设定模式，再按"SET"键开始设置参数号的最高位，如图 12-13 所示，按"▲"或"▼"键可以设置最高位的数值，最高位设置好后，按"SET"键会进入中间位的设置，按"▲"或"▼"键可以设置中间位的数值，再用同样的方法设置最低位，最低位设置好后，整个参数号设置结束，再按"SET"键开始设置参数值，按"▲"或"▼"键可以改变参数值大小，参数值设置完成后，按住"SET"键保持 1.5s 以上时间，就将参数号和参数值存储下来，显示屏会交替显示参数号和参数值。

图 12-13　参数设定模式的设置方法

5. 操作模式的设置

操作模式用来设置变频器的操作方式。在操作模式中可以设置外部操作、PU 操作和 PU 点动操作。外部操作是指控制信号由控制端子外接的开关（或继电器等）输入的操作方式；PU 操作是指控制信号由 PU 接口输入的操作方式，如面板操作、计算机通信操作都是 PU 操作；PU 点动操作是指通过 PU 接口输入点动控制信号的操作方式。

操作模式的设置方法是：先操作"MODE"键切换到操作模式，默认为外部操作方式，按"▲"键切换至 PU 操作方式，如图 12-14 所示，再按"▲"键切换至 PU 点动操作方式，按"▼"可返回到上一种操作方式，按"MODE"会进入帮助模式。

图 12-14 操作模式的设置方法

6. 帮助模式的设置

帮助模式主要用来查询和清除有关记录、参数等内容。

帮助模式的设置方法是：先操作"MODE"键切换到帮助模式，按"▲"键显示报警记录，再按"▲"清除报警记录，反复按"▲"键可以显示或清除不同内容，按"▼"可返回到上一种操作方式，具体操作如图 12-15 所示。

图 12-15 帮助模式的设置方法

12.4 变频器的使用

变频器最基本的功能是对电动机进行正、反转和调速控制。在使用变频器对电动机进行正、反转和调速控制时，既可以使用面板来操作（PU 操作），也可以使用控制端子外接的开关和电位器来操作（外部操作）。

12.4.1 使用变频器的面板控制电动机正、反转

使用变频器的面板对电动机进行正、反转控制又称 PU 操作方式。

1. 接线

在操作变频器面板前，需要对变频器主电路进行接线，接线如图 12-16 所示。

图 12-16 PU 操作方式的接线

2. 操作过程

采用 PU 操作方式对电动机进行正、反转控制的操作过程见表 12-4。

表 12-4 PU 操作方式对电动机进行正、反转控制的操作过程

操作说明	示 图
第一步：接通电源并设置操作模式 将断路器合闸，为变频器接通工频电源，再观察操作面板显示屏的 PU 指示灯（外部操作指示灯）是否亮（默认亮），若未亮，可操作"MODE"键切换到操作模式，并用▲和▼键将操作模式设定为 PU 操作	
第二步：设定运行频率 首先按"MODE"键切换到频率设定模式，然后按"▲"和"▼"键将频率改为 50.00Hz，按"SET"键存储设定频率值	
第三步：起动 按"FWD"或"REV"键，电动机起动，显示屏自动转为监视模式，并显示变频器输出频率	

（续）

操作说明	示 图
第四步:停止 按"STOP/RESET"键,电动机减速后停止	

12.4.2 使用变频器外接的开关和电位器控制电动机正、反转和调速

使用变频器外接的开关和电位器对电动机正、反转和调速控制又称外部操作方式。在使用外部操作方式时，通过操作与控制电路端子连接的部件（如开关、继电器触点和电位器等）来控制变频器的运行。

1. 接线

在操作变频器面板前，需要对变频器主电路和控制电路进行接线，接线如图 12-17 所示。先将控制电路端子外接的正转（STF）或反转（STR）开关接通，然后调节频率电位器同时观察频率表，就可以调节变频器输出电源的频率，驱动电动机以合适的转速运行。

图 12-17 外部操作方式的接线

2. 操作过程

采用外部操作方式对电动机进行正、反转和调速控制的操作过程见表 12-5。

表 12-5 外部操作方式对电动机进行正、反转和调速控制的操作过程

操作说明	示图
第一步:接通电源并设置外部操作模式 将断路器合闸,为变频器接通工频电源,再观察操作面板显示屏的"EXT"指示灯(外部操作指示灯)是否亮(默认亮),若未亮,可操作"MODE"键切换到操作模式,并用"▲"和"▼"键将操作模式设定为外部操作	
第二步:起动 将正转或反转开关拨至"ON",电动机开始起动运行,同时面板上指示运转的 STF 或 STR 指示灯亮 注:在起动时,将正转和反转开关同时拨至"ON",电动机无法起动,在运行时同时拨至"ON"会使电动机减速至停转	
第三步:加速 将频率设定电位器顺时针旋转,显示屏显示的频率值由小变大,同时电动机开始加速,当显示频率达到 50.00Hz 时停止调节,电动机以较高的恒定转速运行	
第四步:减速 将频率设定电位器逆时针旋转,显示屏显示的频率值由大变小,同时电动机开始减速,当显示频率值减小到 0.00Hz 时电动机停止运行	
第五步:停止 将正转或反转开关断开	

12.4.3 变频器带保护电路控制电动机正、反转和调速

给变频器增加保护电路的好处在于,当变频器出现故障时保护电路可以切断电源,防止

故障范围扩大。变频器带保护功能的电动机正、反转和调速控制电路如图 12-18 所示。该电路采用了一个三档开关 SA，SA 有"正转"、"停止"和"反转" 3 个位置，调速使用电位器 RP，本方式也属于变频器的外部操作方式。

图 12-18 变频器带保护功能的电动机正、反转和调速控制电路

电路工作原理说明如下：

1）起动准备。按下按钮 SB₂→接触器 KM 线圈得电→KM 常开辅助触点和主触点均闭合→KM 常开辅助触点闭合锁定 KM 线圈得电（自锁），KM 主触点闭合为变频器接通主电源。

2）正转控制。将开关 SA 拨至"正转"位置，STF、SD 端子接通，相当于 STF 端子输入正转控制信号，变频器 U、V、W 端子输出正转电源电压，驱动电动机正向运转。调节端子 10、2、5 外接电位器 RP，变频器输出电源频率会发生改变，电动机转速也随之变化。

3）停转控制。将开关 SA 拨至"停转"位置（悬空位置），STF、SD 端子连接切断，变频器停止输出电源，电动机停转。

4）反转控制。将开关 SA 拨至"反转"位置，STR、SD 端子接通，相当于 STR 端子输入反转控制信号，变频器 U、V、W 端子输出反转电源电压，驱动电动机反向运转。调节电位器 RP，变频器输出电源频率会发生改变，电动机转速也随之变化。

5）调速控制。在正转或反转时，调节电位器 RP，端子 2 输入电压发生变化，变频器从 U、V、W 端子输出的电源频率发生变化，电动机转速随之改变。

6）变频器异常保护。若变频器运行期间出现异常或故障，变频器 B、C 端子间内部等效的常闭开关断开，接触器 KM 线圈失电，KM 主触点断开，切断变频器输入电源，对变频器进行保护。

若要切断变频器输入主电源，须先将开关 SA 拨至"停止"位置，让变频器停止工作，再按下按钮 SB₁，接触器 KM 线圈失电，KM 主触点断开，变频器输入电源被切断。

第13章 PLC入门

13.1 认识 PLC

13.1.1 什么是 PLC

　　PLC 是英文 Programmable Logic Controller 的缩写，意为可编程序逻辑控制器，是一种专为工业应用而设计的控制器。世界上第一台 PLC 于 1969 年由美国数字设备公司（DEC）研制成功，随着技术的发展，PLC 的功能越来越强大，不仅限于逻辑控制，因此美国电气制造协会 NEMA 于 1980 年对它进行重命名，称为可编程序控制器（Programmable Controller），简称 PC，但由于 PC 容易和个人计算机 PC（Personal Computer）混淆，故人们仍习惯将 PLC 当作可编程序控制器的缩写。

　　由于可编程序控制器一直在发展中，至今尚未对其下最后的定义。**国际电工学会（IEC）对 PLC 最新定义为：**

　　可编程序控制器是一种数字运算操作电子系统，专为在工业环境下应用而设计，它采用了可编程序的存储器，用来在其内部存储执行逻辑运算、顺序控制、定时、计数和算术运算等操作的指令，并通过数字的、模拟的输入和输出，控制各种类型的机械或生产过程，可编程序控制器及其有关的外围设备，都应按易于与工业控制系统形成一个整体、易于扩充其功能的原则来设计。

　　图 13-1 所示为几种常见的 PLC。

图 13-1　几种常见的 PLC

13.1.2 PLC 面板介绍

1. 两种 PLC 形式

PLC 的基本单元又称 CPU 单元或主机单元，对于整体式 PLC，PLC 的基本单元自身带有一定数量的 I/O 端子（输入和输出端子）LC 1 LC，可以作为一个 PLC 独立使用。在组建 PLC 控制系统时，如果基本单元的 I/O 端子不够用，除了可以选用点数更多的基本单元外，也可以给点数少的基本单元连接其他的 I/O 单元，以增加 I/O 端子，如果希望基本单元具有一些特殊处理功能（如温度处理功能），而基本单元本身不具备该功能，给基本单元连接温度模块就可解决这个问题。

扫一扫看视频

图 13-2a 所示为一种形式的 PLC，它是一台能独立使用的基本单元，图 13-2b 所示为另一种形式的 PLC，它是由基本单元连接扩展单元组成。一个 PLC 既可以是一个能独立使用的基本单元，也可以是基本单元与扩展单元的组合体，由于扩展单元不能单独使用，故单独的扩展单元不能称作 PLC。

a) PLC形式一(基本单元)　　　　　　b) PLC形式二(基本单元+扩展单元)

图 13-2　两种形式的 PLC

2. PLC 基本单元面板说明

PLC 类型很多，这里以三菱 FX_{2N} 基本单元为例说明。三菱 FX_{2N} 基本单元（型号为 FX_{2N}-32MR）外形如图 13-3a 所示，该面板各部分名称如图 13-3b 标注所示。

a)

图 13-3　三菱 FX_{2N} 基本单元面板及说明

b)

图 13-3　三菱 FX$_{2N}$ 基本单元面板及说明（续）

13.1.3　PLC 控制与继电器控制的比较

扫一扫看视频

PLC 控制是在继电器控制基础上发展起来的，为了让读者能初步了解 PLC 控制方式，下面以电动机正转控制为例对两种控制系统进行比较。

1. 继电器正转控制

图 13-4 所示为一种常见的继电器正转控制电路，可以对电动机进行正转和停转控制，图 13-4a 为主电路，图 13-4b 为控制电路。

图 13-4　继电器正转控制电路

电路工作原理说明如下：

按下起动按钮 SB$_1$，接触器 KM 线圈得电，主电路中的 KM 主触点闭合，电动机得电运转，与此同时，控制电路中的 KM 常开自锁触点也闭合，锁定 KM 线圈得电（即 SB$_1$ 断开后

KM 线圈仍可得电）。

按下停止按钮 SB₂，接触器 KM 线圈失电，KM 主触点断开，电动机失电停转，同时 KM 常开自锁触点也断开，解除自锁（即 SB₂ 闭合后 KM 线圈无法得电）。

2. PLC 正转控制

图 13-5 所示为 PLC 正转控制电路，它可以实现图 13-4 所示的继电器正转控制电路相同的功能。PLC 正转控制电路也可分作主电路和控制电路两部分，PLC 与外接的输入、输出部件构成控制电路，主电路与继电器正转控制主电路相同。

图 13-5　PLC 正转控制电路

在组建 PLC 控制系统时，先要进行硬件连接，再编写控制程序。PLC 正转控制电路的硬件接线如图 13-5b 所示，PLC 输入端子连接 SB₁（起动）、SB₂（停止）和电源，输出端子连接接触器线圈 KM 和电源。PLC 硬件连接完成后，再在电脑中使用专门的 PLC 编程软件编写图 13-5a 所示的梯形图程序，然后通过电脑与 PLC 之间的连接电缆将程序写入 PLC。

PLC 软、硬件准备好后就可以操作运行。操作运行过程说明如下：

按下起动按钮 SB₁，PLC 端子 X0、COM 之间的内部电路与 24V 电源、SB₁ 构成回路，有电流流过 X0、COM 端子间的电路，PLC 内部程序运行，运行结果使 PLC 的 Y0、COM 端子之间的内部电路导通，接触器线圈 KM 得电，主电路中的 KM 主触点闭合，电动机运转，松开 SB₁ 后，内部程序维持 Y0、COM 端子之间的内部电路导通，让 KM 线圈继续得电（自锁）。

按下停止按钮 SB₂，PLC 端子 X1、COM 之间的内部电路与 24V 电源、SB₂ 构成回路，有电流流过 X1、COM 端子间的电路，PLC 内部程序运行，运行结果使 PLC 的 Y0、COM 端子之间的内部电路断开，接触器线圈 KM 失电，主电路中的 KM 主触点断开，电动机停转，松开 SB₂ 后，内部程序让 Y0、COM 端子之间的内部电路维持断开状态。

13.2　PLC 的组成与工作原理

13.2.1　PLC 的组成

PLC 种类很多，但结构大同小异，典型的 PLC 控制系统组成方框图如图 13-6 所示。在组建 PLC 控制系统时，需要给 PLC 的输入端子接有关的输入设备（如按钮、触点和行程开关等），给输出端子接有关的输出设备（如指示灯、电磁线圈和电磁阀等），另外，还需要将编好的程序通过通信接口输入 PLC 内部存储器，如果希望增强 PLC 的功能，可以将扩展单元通过扩展接口与 PLC 连接。

图 13-6　典型的 PLC 控制系统组成方框图

PLC 内部主要由 CPU、存储器、输入接口、输出接口、通信接口和扩展接口等组成。

1. CPU

CPU 又称中央处理器，是 PLC 的控制中心，它通过总线（包括数据总线、地址总线和控制总线）与存储器和各种接口连接，以控制它们有条不紊地工作。CPU 的性能对 PLC 工作速度和效率有较大的影响，故大型 PLC 通常采用高性能的 CPU。

CPU 的主要功能有：

1）接收通信接口送来的程序和信息，并将它们存入存储器；

2）采用循环检测（即扫描检测）方式不断检测输入接口送来的状态信息，以判断输入设备的状态；

3）逐条运行存储器中的程序，并进行各种运算，再将运算结果存储下来，然后经输出接口对输出设备进行有关的控制；

4）监测和诊断内部各电路的工作状态。

2. 存储器

存储器的功能是存储程序和数据。PLC 通常配有 ROM（只读存储器）和 RAM（随机存储器）两种存储器，ROM 用来存储系统程序，RAM 用来存储用户程序和程序运行时产生的数据。

系统程序由厂家编写并固化在 ROM 存储器中，用户无法访问和修改系统程序。系统程序主要包括系统管理程序和指令解释程序。系统管理程序的功能是管理整个 PLC，让内部各个电路能有条不紊地工作。指令解释程序的功能是将用户编写的程序翻译成 CPU 可以识别和执行的程序。

用户程序是用户通过编程器输入存储器的程序，为了方便调试和修改，用户程序通常存放在 RAM 中，由于断电后 RAM 中的程序会丢失，所以 RAM 专门配有后备电池供电。有些

PLC 采用 EEPROM（电可擦写只读存储器）来存储用户程序，由于 EEPROM 存储器中的内部可用电信号进行擦写，并且掉电后内容不会丢失，因此采用这种存储器后可不要备用电池。

3. 输入/输出接口

输入/输出接口又称 I/O 接口或 I/O 模块，是 PLC 与外围设备之间的连接部件。PLC 通过输入接口检测输入设备的状态，以此作为对输出设备控制的依据，同时 PLC 又通过输出接口对输出设备进行控制。

PLC 的 I/O 接口能接受的输入和输出信号个数称为 PLC 的 I/O 点数。I/O 点数是选择 PLC 的重要依据之一。

PLC 外围设备提供或需要的信号电平是多种多样的，而 PLC 内部 CPU 只能处理标准电平信号，所以 I/O 接口要能进行电平转换，另外，为了提高 PLC 的抗干扰能力，I/O 接口一般采用光电隔离和滤波功能，此外，为了便于了解 I/O 接口的工作状态，I/O 接口还带有状态指示灯。

（1）输入接口

PLC 的输入接口分为开关量（又称数字量）输入接口和模拟量输入接口，开关量输入接口用于接受开关通断信号，模拟量输入接口用于接受模拟量信号（连续变化的电压或电流）。模拟量输入接口采用 A/D 转换电路，将模拟量信号转换成数字量信号。图 13-7 所示为 PLC 的一种开关量输入接口电路。

图 13-7　PLC 的开关量输入接口电路

输入接口的电源由 PLC 内部 24V 直流电源提供。当闭合输入开关后，有电流流过光电耦合器和输入指示灯，电流途径是：24V 正→光电耦合器内部的发光管→指示灯发光二极管→电阻 R_1→输入端子出→输入开关→COM 端子入→24V 负，光电耦合器内的发光管发光，其光敏管受光导通，给内部电路送入一个信号，由于光电耦合器内部是通过光线传递，故可以将外部电路与内部电路进行有效的电气隔离，输入指示灯点亮用于指示输入端子有输入。R_2、C 为滤波电路，用于滤除输入端子窜入的干扰信号，R_1 为限流电阻。

（2）输出接口

PLC 的输出接口也分为开关量（又称数字量）输出接口和模拟量输出接口。模拟量输出接口采用 D/A 转换电路，将数字量信号转换成模拟量信号，开关量输出接口采用的电路形式较多，根据使用的输出开关器件不同可分为：继电器输出接口电路、晶体管输出接口电路和双向晶闸管输出接口电路。三种类型开关量输出接口如图 13-8 所示。

图 13-8a 为继电器输出接口电路，当 PLC 内部电路输出信号时，有电流流过输出指示灯和继电器 KA 线圈，继电器常开触点 KA 闭合，负载有电流通过，电流途径：外部电源（直流或交流）的一端→负载→输出端子入→闭合的 KA 常开触点→COM 端子出→外部电源的另一端。继电器输出接口电路采用的继电器触点无极性，故负载电源可以是交流，也可以是直流，由于触点通断速度慢，因此输出响应慢，动作频率低。

a) 继电器输出接口电路

b) 晶体管输出接口电路

c) 双向晶闸管输出接口电路

图 13-8 PLC 的三种类型开关量输出接口电路

图 13-8b 为晶体管输出接口电路，它采用光电耦合器与晶体管配合使用。当 PLC 内部电路输出信号时，有电流流过输出指示灯和光电耦合器内的发光管，发光管导通发光，光敏管则受光导通，外部的 DC 电源通过负载和导通的光敏管为晶体管的基极提供电压，晶体管导通，有电流流过负载，电流途径是：DC 电源正→负载→输出端子入→导通的晶体管→熔断器 FU→COM 端子出→DC 电源负。晶体管输出接口电路采用的晶体管有极性，故外部负载电源只能是直流电源，由于晶体管通断速度快，故输出响应快，动作频率高。

图 13-8c 为双向晶闸管输出接口电路，它采用双向晶闸管型光电耦合器。当 PLC 内部电路输出信号时，有电流流过输出指示灯和光电耦合器的发光管，双向光电晶闸管则受光导通，有电流流过负载，电流途径是：外部交流电源一端→负载→输出端子入→导通的晶闸管→熔断器 FU→COM 端子出→外部交流电源的另一端。晶闸管输出接口电路的输

出响应速度快，动作频率高，常用于驱动交流负载。

4. 通信接口

PLC 配有通信接口，PLC 可通过通信接口与监视器、打印机、其他 PLC 和计算机等设备实现通信。PLC 与编程器或写入器连接，可以接收编程器或写入器输入的程序；PLC 与打印机连接，可将过程信息、系统参数等打印出来；PLC 与人机界面（如触摸屏）连接，可以在人机界面直接操作 PLC 或监视 PLC 工作状态；PLC 与其他 PLC 连接，可组成多机系统或连成网络，实现更大规模控制；与计算机连接，可组成多级分布式控制系统，实现控制与管理相结合。

5. 扩展接口

为了提升 PLC 的性能，增强 PLC 控制功能，可以通过扩展接口给 PLC 增加一些专用功能模块，如高速计数模块、闭环控制模块、运动控制模块和中断控制模块等。

6. 电源

PLC 一般采用开关电源供电，与普通电源相比，PLC 电源的稳定性好、抗干扰能力强。PLC 的电源对电网提供的电源稳定度要求不高，一般允许电源电压在其额定值±15%的范围内波动。有些 PLC 还可以通过端子往外提供直流 24V 稳压电源。

13.2.2　PLC 的工作方式

PLC 是一种由程序控制运行的设备，其工作方式与微型计算机不同，微型计算机运行到结束指令 END 时，程序运行结束。PLC 运行程序时，会按顺序逐条执行存储器中的程序指令，当执行完最后的指令后，并不会马上停止，而是又重新开始再次执行存储器中的程序，如此周而复始，PLC 的这种工作方式称为循环扫描方式。

PLC 的工作过程如图 13-9 所示。

PLC 通电后，首先进行上电初始化，将内部电路恢复到起始状态，然后进行自我诊断，检测内部电路是否正常，以确保系统能正常运行，诊断结束后对通信接口进行扫描，若接有外设则与其通信。通信接口无外设或通信完成后，系统开始进行输入采样，检测输入设备（开关、按钮等）的状态，然后根据输入采样结果依次执行用户程序，程序运行结束后对输出进行刷新，即输出程序运行时产生的控制信号。以上过程完成后，系统又返回，重新开始自我诊断，以后不断重复上述过程。

图 13-9　PLC 的工作过程

PLC 有两个工作状态：RUN（运行）状态和 STOP（停止）状态。当 PLC 工作 RUN 状态时，系统会完整执行图 13-9 所示的过程，当 PLC 工作在 STOP 状态时，系统不执行用户程序。PLC 正常工作时应处于 RUN 状态，而在编制和修改程序时，应让 PLC 处于 STOP 状态。PLC 的两种工作状态可通过开关进行切换。

PLC 工作在 RUN 状态时，完整执行图 13-9 所示过程所需的时间称为扫描周期，一般为 1~100ms。扫描周期与用户程序的长短、指令的种类和 CPU 执行指令的速度有很大的关系。

13.2.3 PLC 用户程序的执行过程

PLC 的用户程序执行过程很复杂，下面以 PLC 正转控制电路为例进行说明。图 13-10 所示为 PLC 正转控制电路，为了便于说明，图中画出了 PLC 内部等效图。

图 13-10 中 PLC 内部等效图中的 X0、X1、X2 称为输入继电器，它由线圈和触点两部分组成，由于线圈与触点都是等效而来，故又称为软线圈和软触点，Y0 称为输出继电器，它也包括线圈和触点。PLC 内部中间部分为用户程序（梯形图程序），程序形式与继电器控制电路相似，两端相当于电源线，中间为触点和线圈。

图 13-10 PLC 正转控制电路（用户程序执行过程说明图）

用户程序执行过程说明如下：

当按下起动按钮 SB₁ 时，输入继电器 X0 线圈得电，它使用户程序中的 X0 常开触点闭合，输出继电器 Y0 线圈得电，它一方面使用户程序中的 Y0 常开触点闭合，对 Y0 线圈供电锁定外，另一方面使输出端的 Y0 常开触点闭合，接触器 KM 线圈得电，主电路中的 KM 主触点闭合，电动机得电运转。（注：当 PLC 某端子外接开关闭合时，内部对应编号的触点状态会变反，如常开触点会闭合，常闭触点会断开）。

当按下停止按钮 SB₂ 时，输入继电器 X1 线圈得电，它使用户程序中的 X1 常闭触点断开，输出继电器 Y0 线圈失电，用户程序中的 Y0 常开触点断开，解除自锁，另外输出端的 Y0 常开触点断开，接触器 KM 线圈失电，KM 主触点断开，电动机失电停转。

若电动机在运行过程中电流过大，热继电器 FR 动作，FR 触点闭合，输入继电器 X2 线圈得电，它使用户程序中的 X2 常闭触点断开，输出继电器 Y0 线圈失电，输出端的 Y0 常开触点断开，接触器 KM 线圈失电，KM 主触点闭合，电动机失电停转，从而避免电动机长时间过流运行。

13.3 PLC 编程软件的使用

要让 PLC 完成预定的控制功能，就必须为它编写相应的程序，并将程序写入 PLC。不同厂家生产的 PLC 通常需要配套的软件进行编程。下面介绍三菱 FXGP/WIN-C 编程软件的使用，该软件可对三菱 FX 系列 PLC 进行编程。

13.3.1 软件的安装和启动

1. 软件的安装

在购买三菱 FX 系列 PLC 时会配带编程软件，读者也可以到易天电学网（www. xxITee. com）免费索取 FXGP/WIN-C 软件。

打开 FXGPWINC 文件夹，找到安装文件 SETUP32. EXE，双击该文件即开始安装 FXGP/WIN-C 软件，如图 13-11 所示。

图 13-11　双击 SETUP32. EXE 文件开始安装 FXGP/WIN-C 软件

2. 软件的启动

FXGP/WIN-C 软件安装完成后，从开始菜单的"程序"项中找到"FXGP_ WIN-C"图标，如图 13-12 所示，单击该图标即开始启动 FXGP/WIN-C 软件。启动完成的软件界面如图 13-13 所示。

图 13-12　启动 FXGP_WIN-C 软件

图 13-13　FXGP_WIN-C 软件界面

13.3.2　程序的编写

1. 新建程序文件

要编写程序，需要先新建程序文件。新建程序文件过程如下：

执行菜单命令"文件→新文件"，也可单击"🗋"图标，弹出"PLC 类型设置对话框"，如图 13-14 所示，选择"FX2N/FX2NC"类型，单击"确认"，即新建一个程序文件，如图 13-15 所示，它提供了"指令表"和"梯形图"两种编程方式，若要编写梯形图程序，可单击"梯形图"编辑窗口右上方的"最大化"按钮，可将该窗口最大化。

在窗口的右方有一个浮置的工具箱，如图 13-16 所示，它包含有各种编写梯形图程序的工具，各工具功能如图标注说明。

图 13-14　"PLC 类型设置"对话框

2. 程序的编写

编写程序过程如下：

1）单击浮置的工具箱上的"⊣⊢"工具，弹出输入元件对话框，如图 13-17 所示，在该框中输入"X000"，确认后，在程序编写区出现常开触点符号 X000，高亮光标自动后移；

图 13-15　新建一个程序文件

2）单击工具箱上的"{-}"工具，弹出输入元件对话框，如图 13-18 所示，在该框中输入"T2 K200"，确认后，在程序编写区出现线圈符号，符号内的"T2 K200"表示 T2 线圈是一个延时动作线圈，延迟时间为 0.1s×200＝20s；

3）再依次使用工具箱上的"-| |-"输入"X001"，用"{-}"输入"RST T2"，用"-| |-"输入"T2"，用"{-}"输入"Y000"。

图 13-16　工具箱各工具功能说明

图 13-17　"输入元件"对话框

图 13-18 在对话框内输入 "T2 K200"

编写完成的梯形图程序如图 13-19 所示。

若需要对程序内容进行编辑，可用鼠标选中要操作的对象，再执行 "编辑" 菜单下的各种命令，就可以对程序进行复制、粘贴、删除和插入等操作。

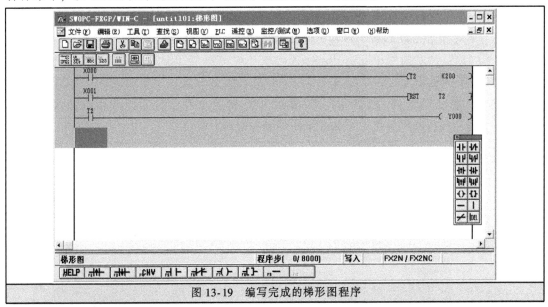

图 13-19 编写完成的梯形图程序

13.3.3 程序的转换与传送

梯形图程序编写完成后，需要先转换成指令表程序，然后将计算机与 PLC 连接好，再将程序传送到 PLC 中。

1. 程序的转换

单击工具栏中的 "🖨" 工具，也可执行菜单命令 "工具→转换"，软件自动将梯形图程序转换成指令表程序。执行菜单命令"视图→指令表"，程序编程区就切换到指令表形式，如图 13-20 所示。

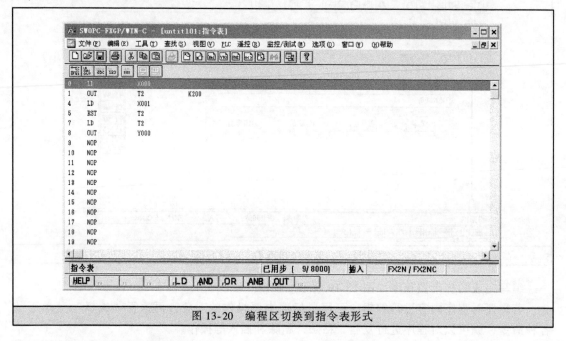

图 13-20 编程区切换到指令表形式

2. 计算机与 PLC 的连接

要将计算机中编写好的程序写入 PLC，需要用专门的通信电缆将编程计算机与 PLC 连接起来。图 13-21 所示为使用 USB-SC09-FX 电缆（即 USB 转 RS422 电缆）将计算机与三菱 FX_{2N} 型 PLC 连接起来，电缆的 USB 接口插入计算机的 USB 端口，电缆的另一接口插入 PLC 的编程端口。在往 PLC 写入程序时，需要给 PLC 接上电源。为了让计算机能识别 USB-SC09-FX 电缆，需要在计算机中安装该电缆的驱动程序。

图 13-21 使用 USB-SC09-FX 电缆连接计算机与三菱 FX_{2N} 型 PLC

3. 程序的传送

要将编写好的程序传送到 PLC 中，可执行菜单命令"PLC→传送→写出"，出现"PC

程序写入"对话框，如图 13-22 所示，选择
所有范围，确认后，编写的程序就会全部
送入 PLC。

　　如果要修改 PLC 中的程序，可执行菜
单命令"PLC→传送→读入"，PLC 中的程
序就会读入计算机编程软件中，然后就可
以对程序进行修改。

图 13-22　"PC 程序写入"对话框

13.4　PLC 应用系统的开发流程及举例

13.4.1　PLC 应用系统的一般开发流程

　　PLC 应用系统的一般开发流程如图 13-23 所示。

13.4.2　PLC 控制电动机正、反转的开发举例

　　下面通过开发一个电动机正、反转控制电路为例来
说明 PLC 应用系统的开发过程。

1. 明确系统的控制要求

　　系统要求通过 3 个按钮分别控制电动机连续正转、
反转和停转，还要求采用热继电器对电动机进行过载保
护，另外要求正反转控制联锁。

2. 确定输入/输出设备，并为其分配合适的 I/O 端子

　　系统要用到的输入/输出设备及对应的 PLC 端子见
表 13-1。

3. 绘制系统控制电路图

　　PLC 控制电动机正、反转电路图如图 13-24 所示。

图 13-23　PLC 应用系
统的一般开发流程

表 13-1　系统用到的输入/输出设备和对应的 PLC 端子

输入			输出		
输入设备	对应 PLC 端子	功能说明	输出设备	对应 PLC 端子	功能说明
SB$_2$	X000	正转控制	KM$_1$ 线圈	Y000	驱动电动机正转
SB$_3$	X001	反转控制	KM$_2$ 线圈	Y001	驱动电动机反转
SB$_1$	X002	停转控制			
FR 常开触点	X003	过载保护			

4. 编写 PLC 控制程序

　　启动三菱 FXGP/WIN-C 编程软件，编写如图 13-25 所示的梯形图控制程序。

　　下面对照图 13-24 电路图来说明图 13-25 梯形图程序的工作原理：

　　1）正转控制

图 13-24　PLC 控制电动机正、反转电路图

当按下 PLC 的 X000 端子外接按钮 SB$_2$ 时→该端子对应的内部输入继电器 X000 得电→程序中的 X000 常开触点闭合→输出继电器 Y000 线圈得电，一方面使程序中的 Y000 常开自锁触点闭合，锁定 Y000 线圈供电，另一方面使程序中的 Y000 常闭触点断开，Y001 线圈无法得电，此外还使 Y000 端子内部的硬触点闭合→Y000 端子外接的 KM$_1$ 线圈得电，它一方面使 KM$_1$ 常闭联锁触点断开，KM$_2$ 线圈无法得电，另一方面使 KM$_1$ 主触点闭合→电动机得电正向运转。

图 13-25　电动机正、反转控制梯形图程序

2）反转控制

当按下 X001 端子外接按钮 SB$_3$ 时→该端子对应的内部输入继电器 X001 得电→程序中的 X001 常开触点闭合→输出继电器 Y001 线圈得电，一方面使程序中的 Y001 常开自锁触点闭合，锁定 Y001 线圈供电，另一方面使程序中的 Y001 常闭触点断开，Y000 线圈无法得电，还使 Y001 端子内部的硬触点闭合→Y001 端子外接的 KM$_2$ 线圈得电，它一方面使 KM$_2$ 常闭联锁触点断开，KM$_1$ 线圈无法得电，另一方面使 KM$_2$ 主触点闭合→电动机两相供电切换，反向运转。

3）停转控制

当按下 X002 端子外接按钮 SB$_1$ 时→该端子对应的内部输入继电器 X002 得电→程序中的两个 X002 常闭触点均断开→Y000、Y001 线圈均无法得电，Y000、Y001 端子内部的硬触点均断开→KM$_1$、KM$_2$ 线圈均无法得电→KM$_1$、KM$_2$ 主触点均断开→电动机失电停转。

4）过载保护

当电动机过载运行时，热继电器 FR 发热元件使 X003 端子外接的 FR 常开触点闭合→该端子对应的内部输入继电器 X003 得电→程序中的两个 X003 常闭触点均断开→Y000、Y001

线圈均无法得电，Y000、Y001 端子内部的硬触点均断开→KM₁、KM₂ 线圈均无法得电→KM₁、KM₂ 主触点均断开→电动机失电停转。

5. 将程序写入 PLC

在计算机中用编程软件编好程序后，如果要将程序写入 PLC，需要做以下工作：

1）用专用编程电缆将计算机与 PLC 连接起来，再给 PLC 接好工作电源，如图 13-26 所示；

2）将 PLC 的 RUN/STOP 开关置于"STOP"位置，再在计算机编程软件中执行 PLC 程序写入操作，将写好的程序由计算机通过电缆传送到 PLC 中。

图 13-26 PLC 与计算机的连接

6. 模拟运行

程序写入 PLC 后，将 PLC 的 RUN/STOP 开关置于"RUN"位置，然后用导线将 PLC 的 X000 端子和 COM 端子短接一下，相当于按下正转按钮，在短接时，PLC 的 X000 端子的对应指示灯正常应该会亮，表示 X000 端子有输入信号，根据梯形图分析，在短接 X000 端子和 COM 端子时，Y000 端子应该有输出，即 Y000 端子的对应指示灯应该会亮，如果 X000 端指示灯亮，而 Y000 端指示灯不亮，可能是程序有问题，也可能是 PLC 不正常。

若 X000 端子模拟控制的运行结果正常，再对 X001、X002、X003 端子进行模拟控制，并查看运行结果是否与控制要求一致。

7. 安装系统控制电路，并进行现场调试

模拟运行正常后，就可以按照绘制的系统控制线路图，将 PLC 及外围设备安装在实际现场，线路安装完成后，还要进行现场调试，观察是否达到控制要求，若达不到要求，需检查是硬件问题还是软件问题，并解决这些问题。

8. 系统投入运行

系统现场调试通过后，可试运行一段时间，若无问题发生可正式投入运行。